高强铝合金热处理工艺、应力腐蚀与氢脆

宋仁国　祁　星　著

科学出版社

北京

内 容 简 介

本书是有关高强铝合金热处理工艺、应力腐蚀与氢脆方面的首部专著，主要介绍了作者二十多年来对高强铝合金热处理工艺、应力腐蚀与氢脆研究的相关成果。全书共分 6 章，内容包括：绪论、高强铝合金热处理工艺、高强铝合金热处理工艺优化、高强铝合金的应力腐蚀、高强铝合金的氢脆、高强铝合金应力腐蚀开裂机理。

本书可作为高等院校相关专业的本科生和研究生以及从事有色金属材料与加工的科研、设计、生产和应用的科研人员、工程技术人员及管理人员的学习参考书。

图书在版编目（CIP）数据

高强铝合金热处理工艺、应力腐蚀与氢脆/宋仁国，祁星著. 一北京：科学出版社，2020.6

ISBN 978-7-03-065424-3

Ⅰ. ①高… Ⅱ. ①宋… ②祁… Ⅲ. ①高强度合金－铝合金－热处理②高强度合金－铝合金－应力腐蚀③高强度合金－铝合金－氢脆 Ⅳ. ①TG166.3②TG178.2

中国版本图书馆 CIP 数据核字（2020）第 095562 号

责任编辑：许 蕾/责任校对：杨聪敏
责任印制：赵 博/封面设计：许 瑞

科 学 出 版 社 出版

北京东黄城根北街 16 号
邮政编码：100717
http://www.sciencep.com

北京厚诚则铭印刷科技有限公司印刷

科学出版社发行 各地新华书店经销
*
2020 年 6 月第 一 版 开本：720 × 1000 1/16
2024 年 6 月第四次印刷 印张：15 1/4
字数：307 000

定价：129.00 元
（如有印装质量问题，我社负责调换）

前　言

高强铝合金具有比重小、强度高、加工性能好及焊接性能优良等特点，被广泛地应用于航空航天、工兵装备、车辆、建筑、桥梁以及更为具体的大型压力容器等国防和民用工业领域。尤其在航空航天领域，高强铝合金占有十分重要的地位，是航空航天领域的主要结构材料之一。

高强铝合金主要是以 Al-Zn-Mg-Cu 为基的合金。早在 20 世纪 20 年代，德国科学家就开始研究和开发 Al-Zn-Mg 系合金，但由于该系合金存在严重的应力腐蚀现象而未得到应用。直到 20 世纪 40 年代初才发展了加入 Cu、Mn 和 Cr 等元素的 Al-Zn-Mg-Cu 系合金。Cu、Mn 和 Cr 等元素的加入显著地改善了该系合金的抗应力腐蚀性能(SCR)和抗剥落腐蚀性能，其中最早应用的是 7075 铝合金。其后于 20 世纪 70 年代末 80 年代初，在 7075 铝合金的基础上，为满足某些特殊性能的要求，通过调整合金元素的含量，又发展了几种新型合金。例如，为了获得良好的综合性能，采用以 Zr 代替 Cr 的方法，并同时提高合金元素 Cu 的含量及 Zn/Mg 比而研制出了 7050 铝合金。对于 7050 铝合金本身，为了寻求 Al-Zn-Mg-Cu 合金薄板的最佳强度和韧性，通过降低 Fe、Si 杂质的含量，又发展出了 7175 铝合金，进而开发了纯度更高的 7475 高强铝合金。20 世纪 90 年代，美国、英国、日本等工业发达国家利用先进的喷射成形技术开发出了含锌量 8%以上(最高达 14%)、抗拉强度 σ_b 为 760~810MPa、延伸率 δ 为 8%~13%的新一代高强铝合金，用于制造交通运输领域的结构件及其他强度要求高、SCR 好的高应力结构件。国内高强铝合金的研究开发起步较晚。20 世纪 80 年代初，东北轻合金加工厂和北京航空材料研究院开始研制 Al-Zn-Mg-Cu 系高强铝合金。目前，普通 7000 系高强铝合金的生产和应用已进入到实用化阶段，产品主要包括 7075、7175 和 7050 等，用于各种航空器结构件的制造。20 世纪 90 年代中期，北京航空材料研究院采用常规半连续铸造法试制成功了 7A55 高强铝合金，近来又开发出强度更高的 7A60 铝合金。总体来看，国内外学者对高强铝合金的热处理工艺及其性能等进行了大量的研究，已经取得了很多重要进展，并极大地促进了该类材料在航空、高铁、汽车等工业生产中的广泛应用。但目前关于强度、韧性、塑性、SCR 之间的矛盾一直没有得到很好的解决；此外高强铝合金的应力腐蚀开裂(SCC)机理相当复杂，影响 SCC 的因素也很多，迄今为止尚未形成统一的理论。因此想要深入了解并掌握高强铝合金的热处理工艺、强韧化及 SCC 机理，还需要进行大量的研究与试验，从而开发出强度高、塑性好、SCC 敏感性低的热处理新工艺，使其在更多领域得到实际的应用。

　　本书按照笔者的学术观点来组织有关素材，介绍与评述国内外的最新研究成果，并重点介绍笔者及课题组二十多年来的研究成果。本书共6章，第1章主要介绍和评述有关高强铝合金热处理工艺、应力腐蚀与氢脆的国内外研究现状及发展趋势；第2章至第6章的主要内容分别为高强铝合金热处理工艺、高强铝合金热处理工艺优化、高强铝合金的应力腐蚀、高强铝合金的氢脆、高强铝合金应力腐蚀开裂机理等的相关研究结果。

　　本书由常州大学的宋仁国教授与祁星博士研究生共同撰写；全书由宋仁国教授统稿。

　　本书的出版得到国家自然科学基金项目(50771093、51371039、51871031)的资助，特此表示感谢。感谢笔者的两位恩师——东北大学的曾梅光教授与北京科技大学的褚武扬教授，本书的很多观点是在继承和发扬二位导师的学术思想基础上形成和发展起来的；感谢我们课题组已经毕业的从事高强铝合金热处理工艺、应力腐蚀与氢脆研究的研究生们——陈小明、李杰、张宇、任建平、何源、熊京元、祁星、祁文娟、金骁戎、孙斌、张晓燕，本书中所有涉及我们课题组的研究成果均是笔者和这些研究生们所取得的成果；在此也向有关文献的作者表示诚挚谢意以及向有可能被遗漏的参考文献的作者表示歉意与谢意；最后感谢何望昭女士在本书撰写期间给予笔者重要的理解与支持及生活上的关心和照顾。由于作者水平有限，书中难免存在一些疏漏与不足，恳请读者批评指正。

宋仁国

2019 年 12 月于常州大学

目　　录

第1章 绪 论

1.1 高强铝合金发展概况

高强铝合金主要是以 A1-Cu-Mg 和 A1-Zn-Mg-Cu 为基的合金。前者的静强度略低于后者，但使用温度却比后者高。A1-Cu-Mg 系合金是发展最早的一种热处理强化型合金，早在 20 世纪 20 年代，德国科学家就研制出了 Al-Cu-Mg 系合金。航空工业的发展，促进了该系合金的改进。20 世纪 20 年代和 30 年代相继开发出了 2014 和 2024 合金，随后又开发了 2618 合金。Al-Cu-Mg 系合金的发展较为成熟，已先后定型了十几个牌号。这些合金作为航空材料，已得到了广泛的应用[1-6]。近年来，又有一些高性能的合金问世。例如，通过提高 2024 合金的纯度而开发了 2124 合金；通过调整 2024 合金 Cu 和 Mg 的含量而开发了 2048 合金。2124 和 2048 合金不仅保持了 2024-T851 的强度、疲劳性能、抗腐蚀性能和高温性能，而且改善了 2024-T851 中厚板的延伸率及断裂韧性，而短横向（S-T 方向）性能的改善尤为显著。2024-T851 的短横向断裂韧性为 $18.28 \sim 22.86 \mathrm{MPa} \cdot \mathrm{m}^{1/2}$，2124-T851 提高到 $26.28 \mathrm{MPa} \cdot \mathrm{m}^{1/2}$，而 2048-T851 则为 $28.63 \mathrm{MPa} \cdot \mathrm{m}^{1/2}$[7]。

Al-Zn-Mg 系合金虽然在 20 世纪 30 年代就已开始研究，但是由于该系合金存在严重的应力腐蚀现象而未得到广泛应用。直到 20 世纪 40 年代初才发展了加入 Cu、Mn 和 Cr 等元素的 Al-Zn-Mg-Cu 系合金。Cu、Mn 和 Cr 等元素的加入显著地改善了该系合金的抗应力腐蚀和抗剥落（或层状）腐蚀性能[8-10]。该系合金中最早得到应用的是 7075 合金。其后在 7075 合金的基础上，为满足某些特殊性能的要求，通过调整合金元素的含量，又开发出了几种新型合金。例如，为了提高强度，增加了合金中 Zn、Mg 元素的含量，出现了 7178 合金；为了提高塑性、改善锻件的短横向性能，降低了 Zn 的含量，产生了 7079 合金；为了获得良好的综合性能，采用了以 Zr 代 Cr 的方法，并同时提高合金元素 Cu 的含量及 Zn/Mg 质量比（以下简称 Zn/Mg 比），而研制了 7050 合金。对于 7050 合金本身，为了寻求 A1-Zn-Mg-Cu 合金薄板和中厚板的最佳强度和韧性，通过降低 Fe、Si 杂质的含量，又开发出了 7175 铝合金，进而开发了纯度更高的 7475 合金[11]。

国内对 Al-Zn-Mg-Cu 系合金的研究起步较晚，在 20 世纪 80 年代还处于仿制和试验阶段。从 20 世纪 80 年代开始，北京航空材料研究所和东北轻合金加工厂开始研制 7000 系高强高韧铝合金。目前，普通的 7000 系铝合金的生产和应用已进入实用化阶段，产品主要包括 7075、7175 和 7050 等，用于制造各类航空器结构件。20 世纪 90 年代中期，北京航空材料研究所采用常规半连续铸造法成功研制了 7A55 超高强铝合金，随后又开发出强度更高的 7A60 铝合金。"九五"期间，在国家科技攻关和"863"项目的支持下，北京有色金属研究总院和东北轻合金加工厂开始仿制俄罗斯 B96Ⅱ合金成分的超高强 7000 系铝合金以及具有更高的锌含量的喷射成形超高强铝合金，采用喷射沉积和半连续铸造工艺，制成各种尺寸的模锻件、棒材及无缝管材等，合金的强度、延伸率基本达到了国外 20 世纪 90 年代中期的水平。近年来，东北大学等科研机构对低频电磁半连续铸造高合金化超高强铝合金进行了研究，亦已开发出低频电磁半连续铸造技术[12,13]。该技术在高频、中频或工频电磁铸造时不仅可达到晶粒细化、表面质量改进和抑制开裂的效果，而且还可大大提高溶质元素的固溶度，这为高合金化的超高强铝合金的制备创造了条件。

一般来说，高强铝合金在强度、塑性、韧性及抗应力腐蚀性能方面存在着一定的矛盾。随着强度的提高，塑性、韧性及抗应力腐蚀性能等都有下降的趋势。如何在保持强度不降低或降低很少的情况下，较大幅度地提高其他性能，是研究人员十分关注的问题。1966 年波音公司的三个工程师发现，Fe、Si 杂质的含量对高强铝合金的断裂韧性有极大的影响。当使用高纯材料时，7178-T6 薄板的断裂韧性可提高到 22～26MPa·m$^{1/2}$。这是因为，在铸造或加工过程中形成的 1μm 以上的化合物质点，如 Al$_7$Cu$_2$Fe、Mg$_2$Si、(Fe, Mn)Al$_6$ 和 CuAl$_2$ 等，在低应力下即容易破裂，并在破裂的质点处形成孔洞(voids)，进而在继续施加外力的情况下，形成宏观裂纹。若大幅度降低或消除 Fe、Si 杂质含量，则前三种化合物质点可以减少或消除，这样即可大幅度地提高合金的塑性和韧性。近年来，Al-Zn-Mg 系和 Al-Zn-Mg-Cu 系合金均出现了几种低 Fe、Si 杂质含量的合金。相比于 2024 合金，2124 合金允许 Fe、Si 含量从 0.5%分别降低到 0.3%和 0.2%，合金断裂韧性提高了近 1.5%。Al-Zn-Mg-Cu 系中断裂韧性最好的合金是在 7075 合金基础上发展起来的 7475，它的高断裂韧性主要是通过大幅度降低 Fe、Si 杂质的允许含量而获得的。图 1-1 是 Fe、Si 杂质对合金断裂韧性(K_{IC})的影响情况[14]。由此可见，Fe、Si 含量对合金短横向的 K_{IC} 有较大的影响。因此，近期发展的许多新型铝合金从开始阶段就严格控制 Fe、Si 等杂质的含量。

在合金成分的影响方面，除杂质含量外，合金元素的作用等因素也是不可忽略的。7075 合金的平均 Zn/Mg 比是 2.24，而综合性能最好的 7050 合金的平均 Zn/Mg 比则为 2.76。据此可以看出，在一定范围内适当地提高 Zn/Mg 比，可以使合金获得良好的综合性能。对于高 Cu 合金来说，合金在 T_s 温度的组织随着 Zn/Mg 比的提高，可由双相区向单相区转移。反之，若 Zn/Mg 比低时，S 相(Al$_2$CuMg)和 θ 相(CuAl$_2$)的体积含量比高，它们与 Fe、Si 的夹杂一样，都能起裂纹源的作用。较高的 Zn/Mg 比对静强度无疑是有提高作用的[15]。有人提出[7]，若把 Zn/Mg 比提高到 3.5 左右，可获得良好的静强度、疲劳强度和断裂韧性。尽管在合金的抗应力腐蚀性能（stress corrosion resistance, SCR）方面还有不同的见解[16-19]，但一些实验表明，较高的 Zn/Mg 比对 SCR 是有益的[20]。

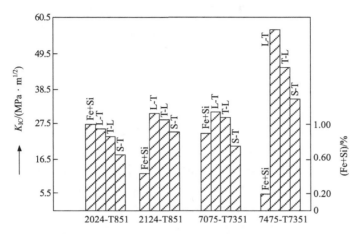

图 1-1 Fe、Si 杂质含量对合金 K_{IC} 的影响[14]

Cu 是高强铝合金中极为重要的合金元素，Al-Zn-Mg 系合金加入了 Cu 才得到了实际应用。Cu 是为提高该系合金的 SCR 性能而加入的，它的有效作用是通过提高沉淀相的弥散度和改善晶间结构，如优化晶界沉淀相（grain boundary precipitates, GBP）、晶界无析出带（precipitation free zones, PFZ）；降低晶内和晶界电位差，改变沿晶腐蚀特点等来实现的。人们还发现，加入适量的 Cu，合金的疲劳强度和抗疲劳裂纹扩展能力都得到了提高，这在湿空气中尤为明显。

现代高强铝合金发展的另一特点是重视微量元素的作用，如 Mn、Cr、Zr、Ti 等。这些微量元素的加入对合金的静强度影响并不大，但它们能通过与其他合金元素的作用，结合热处理及其他生产工艺来改变合金的显微组织，如沉淀相的尺寸、数量和分布等，从而大大提高合金的综合性能。在 Al-Zn-Mg 系合金中添加元素 Ag，既能增加由于产生 GP 区而生成的硬化组分，又能促进细小的立方晶系 T 相（$Al_6(Cu,Ag)Mg_4$）的沉淀。含 Ag 的合金对时效硬化有着较高的敏感性。在 Al-Zn-Mg-Cu 系合金中，Ag 也同样对沉淀相的形核有着促进作用[9]。

总体来看，国内外学者对高强铝合金的热处理工艺及其性能等进行了大量的研究，已经取得了很多重要进展，并极大地促进了该类材料在航空、高铁、汽车等工业生产中的广泛应用。

1.2　高强铝合金热处理工艺研究现状

在新型合金不断研制的同时，人们仍在不断地开发原有的合金，并不断地改进热处理工艺，以使原有合金发挥更好的功效。高强铝合金的热处理工艺主要包括固溶和时效，合金时效处理之前，先要通过固溶处理。固溶处理的目的是使 Cu、Mg、Zn 或 Si 这类硬化溶质溶入铝基固溶体中，以获得高浓度的过饱和固溶体，为时效热处理做准备。

1.2.1　固溶处理

典型的固溶工艺有：单级固溶、强化固溶以及高温预析出[21,22]。

（1）单级固溶：即采取单一的温度和时间进行的固溶处理，是目前最常用的固溶工艺。单级固溶处理须避免因生成过渡液相而使晶界弱化的过烧现象，这需将固溶温度控制在多相共晶点之下，导致残余结晶相的固溶不易完全，从而降低了合金的断裂韧性。因此，单级固溶在工业应用中不能满足人们对材料性能的需求。

（2）强化固溶：分为三个阶段。第一阶段，在相对较低的温度下保温一段时间，这个阶段的固溶是影响合金力学性能的主要因素；第二阶段，以一定的速度升到一个较高温度；第三阶段，在这个较高的温度下保温一段时间。逐步升温处理可使极限固溶温度高于多相共晶温度，同时能避免组织过烧，有效强化了残余结晶相的固溶，显著提高合金的力学性能[23]。因此，强化固溶与单级固溶相比，在不提高合金元素总含量的条件下提高了固溶体的过饱和度，同时减少了粗大未溶结晶相，对于提高时效析出程度和改善抗断裂性能具有积极意义，是提高合金综合性能的一种有效途径。但在工业应用中仍存在两个问题：①随着温度升高，合金晶粒逐渐长大，晶粒长大又会导致强度下降；②温度的升高也会导致合金中的过剩相逐渐减少，第二相的弥散强化作用降低，从而使合金软化。

（3）高温预析出：指先在高温下充分固溶，然后在略低于固溶温度下保温，即通过两步固溶来改善晶界和晶内的析出状态，使合金具有良好的综合力学性能，尤其使抗 SCC（stress corrosion cracking，应力腐蚀开裂）性能得到显著提高。

此外，还有多级固溶、固溶降温处理等固溶工艺。

1.2.2　时效处理

高强铝合金时效处理的目的是从过饱和固溶体中析出第二相以达到对合金基体的强化作用。析出相的大小、数量和分布等决定了合金的强度、韧性以及 SCR 性能。典型的时效工艺有：峰值时效（T6）、双级时效、回归再时效（RRA）、特种峰时效以及"双峰"时效。其中双级时效、回归再时效、特种峰时效都被称为分级时效[24-27]。

(1)峰时效(T6)：即一级完全时效，是目前最常见的时效工艺。时效后，合金晶内析出细小的半共格弥散相，晶界分布较粗大的连续链状质点，这种晶界组织对 SCC 和剥落腐蚀十分敏感。合金经过该工艺处理后，虽然强度达到峰值，但抗 SCC 性能较差，因此，在很大程度上限制了其在工业中的应用。目前，即使标明峰时效状态的材料，也常常要在峰时效后，在 150～170℃之间进行短时高温时效，以获得较好的晶间结构。美国使用的 7050 厚板在 120℃/24h 进行峰时效后，还在 150℃的温度下处理 11～12h，使合金具有较高的强度，SCR 性能也得到了改善。

(2)双级时效：分两个阶段。第一阶段为低温预时效，相当于成核阶段；第二阶段是高温时效，为稳定化阶段。双级时效是目前较为常用的时效工艺。这种工艺是为了获得基体沉淀相(matrix precipitates, MPt)、GBP 和 PFZ 的最佳组合而制定的时效工艺。它在低温下主要获得以 GP 区为主的细小沉淀相；而在 150～180℃范围内，通过过渡相的沉淀和晶界结构的变化，获得均匀弥散的 MPt 和较大而不连续的 GBP 结构，同时，PFZ 也增宽。双级时效后合金晶界上分布着断续的粗大沉淀相，这种晶界组织提高了抗 SCC 性能，但基体中强化相同时长大粗化，使合金强度大约下降 10%～15%，同时，也导致了塑性和韧性不同程度的下降。有人认为，先高温后低温的双级时效制度将更有利于材料的综合性能的提升[28]。对 2214 合金的研究表明，基体中的针状 S'相(A1CuMgSi)和片状的 θ 相(Al_2Cu)与晶界处的平衡相(Al_2Cu)在高温中短时间时效即能同时出现，在低温时效阶段，则有更多的 MPt 析出。所以，先高温后低温与先低温后高温的双级时效制度相比，前者在综合性能方面更好。

(3)回归再时效(RRA)：分三个阶段。第一阶段，在较低温度下进行峰值预时效，显微组织与上述峰时效状态的相同。第二阶段，在较高温度下进行短时回归处理，经回归处理后，晶内的 η'相又都溶解到固溶体内，晶界上连续链状析出相合并和集聚，不再连续分布。这种晶界组织提高了 SCR 和抗剥落腐蚀性能，但是晶内 η'相的溶解大大降低了合金的强度。第三阶段，在较低温度下再时效，达到峰值强度，晶内重新析出细小弥散的部分共格 η'相，晶界仍为不连续的非共格析出相。时效后，合金晶内组织与峰时效的晶内组织相似，晶界组织与双级时效后的晶界组织相似。这种组织综合了峰时效和双级时效的优点，使合金具有良好的 SCR 及强韧性。但是该工艺过程比较复杂，工艺参数较多且难以控制。

回归再时效制度是一种特殊的三级时效制度。这种制度是 20 世纪 70 年代初为改善 7075 合金的 SCR 而提出的[29,30]。由于回归再时效的回归时间短，仅能用于薄板，而迫切需要改进的则是厚板的 S-T 方向的 SCR，因此回归再时效一直未能得到广泛的实际应用。近几年，人们已把研究的回归温度降到 165～200℃，这样就延长了回归的保温时间，使得回归再时效的应用又向前推进了一步。国外称这种低温回归处理的时效制度为三级时效。

(4)特种峰时效：分为两个阶段。第一阶段，在较低温度下进行峰值预时效，显微组织与峰时效状态相同；第二阶段，在较高温度下进行短时回归处理。这种时效制度和三级时效相比少了第三阶段。通过合理选择高温回归温度及时间能使合金的强度和韧性同时达到较高的峰值。该时效制度的具体工艺参数有待研究以便为实际的工业应用提供有效的参考。

(5)"双峰"时效：阎大京[21]在研究 7475 铝合金超长时效过程中发现两个时效硬化峰，两个峰的强度相差不大；Wang 等[31]和宋仁国等[32]在研究 7175 铝合金时也发现了类似的现象，并进行了进一步研究，结果发现第二峰的 SCC 敏感性比第一峰低得多。这样就找到一条在不损失强度的前提下提高抗应力腐蚀性能的新思路。在这里，我们把这种超长时间且强度、硬度等性能出现"双峰"的时效工艺称为"双峰"时效工艺。其可使合金具有高强度、高韧性以及高的 SCR，而且工艺参数容易控制。然而，这种新工艺在其他 7000 系铝合金中是否具有普适性及其机理等还有待进一步研究。

1.2.3　形变热处理

除了时效处理之外，还有一种不太常见的热处理方式，称为形变热处理（thermomechanical treatment, TMT）。形变热处理是通过冶金途径来改善合金机械性能的有效方法。这种方法主要适合用于航空航天结构用的合金。实践表明，这种方法对改善广泛应用的 7075 和 2024 合金具有明显的效果。对于前者，主要是在保证强度的情况下，使其 SCR 提高了许多；而对于后者，则是大幅度地提高了合金的断裂韧性。形变热处理有两种形式：最终形变热处理（final thermomechanical treatment，FTMT）和中间形变热处理（intermediate thermomechanical treatment，ITMT）。前者是通过铸锭均匀化后的冷轧或温轧，然后进行再结晶，均匀化处理，再进行常规的热处理；而后者则是把形变和热处理作为最后一道工序。TMT 由于受材料、温度及变形量等因素的影响，虽没有得到广泛的应用，但其对性能提高的幅度却是不容忽视的。Wanhill[33]对 2024 合金进行了高温 FTMT，结果表明，合金的屈服强度比 T851 状态提高了 16%，并保持了相等的韧性及 SCR。2048 合金经 T3××FTMT 后，既提高了强度，又保持或略微提高了合金的韧性。FTMT 的实质是将位错的组态引入到研究的试样中。通过这种工艺，使 MPt 与位错组态相互制约，以达到最佳配合。如果进行冷加工和低温时效，则可获得比常规热处理更高的强度水平。若冷加工或温热加工后进行高温时效，则能够改善合金的强度和 SCR 综合性能。ITMT 主要改变厚板短横向性能。众所周知，常规热处理后，材料短横向性能低是由于凝固过程中第二相金属间化合物沿铸锭晶界析出，在以后的加工过程中，铸锭的组织沿加工方向拉长，形成扁平的非再结晶组织。这种被拉长的晶界包含大量的第二相质点，而在与短横向垂直的平面上存在着几乎是连续的容易破裂的痕迹。采用 ITMT，就是利用较大的变形量，使合金在加工过程中发生再结晶，从而大大细化了铸态组织。铸态组织的析出相（第二相）溶入固溶体中并在随后进行的均匀化处理过程中以细小而均匀分布的质点形式析出，因而改善了合金的短横向性能。

关于高强铝合金热处理更为详细的阐述以及各种热处理方式对铝合金机械性能和抗应力腐蚀性能的影响等，将在本书第 2 章进一步描述。关于高强铝合金的热处理工艺优化将在本书第 3 章加以介绍。

1.3 高强铝合金的显微组织

A1-Zn-Mg-Cu 系合金是在 Al-Zn-Mg 系合金的基础上发展起来的，它的时效沉淀顺序、沉淀相的微观结构及其与性能之间关系等方面的研究，都是以 Al-Zn-Mg 系合金的研究结果为基础进行的。它们的时效沉淀顺序已经利用各种探测技术进行了详细的研究[34-38]。一般认为其沉淀相的析出顺序为

$$\alpha（过饱和固溶体）\rightarrow GP 区 \rightarrow \eta'（MgZn_2）\rightarrow \eta（MgZn_2）$$

这一沉淀过程是呈连续变化的。如图 1-2 所示，GP 区与基体共格，形状为球形。在较高温度下时效，球形的 GP 区沿基体的 (111) 面伸展，随着时效时间的延长和温度的升高，其厚度虽无明显的增加，但直径却迅速增大。η' 相为过渡相，与基体保持半共格，六方结构，呈针状。η 相为平衡相，与基体非共格，六方结构，呈板条状，高温长时效后能转变成立方结构的三元化合物 T 相（$Al_2Mg_3Zn_3$）。

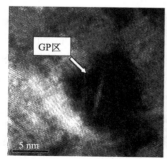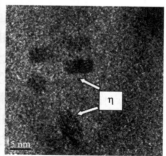

图 1-2 高强铝合金的显微组织[39]

铝合金的显微组织与性能有着密切的关系，尤其是高强铝合金，其强度、韧性和 SCC 敏感性等受热处理条件的影响特别显著。组织参数微小变化，其性能即

可发生大幅度波动。Al-Zn-Mg-Cu 系合金的基体沉淀相(MPt)、晶界沉淀相(GBP)和晶界无析出带(PFZ)的特性,基本上决定了合金的性能[40]。而贯穿在整个固溶处理、淬火和时效过程的热处理就是通过最佳工艺参数的选择,以达到三个组织参数间的良好配合,使合金具有最佳的综合性能或满足某些结构材料所必需的特性。

1. MPt 对合金性能的影响

合金的强度主要依赖于基体组织,即 MPt 决定着合金的强度,这一点是没有异议的。在固溶处理和淬火后的整个时效过程中,合金的强度基本上依照各时效阶段的基体组织而变化。但是,什么样的 MPt 对强度贡献最大,何种 MPt 能获得最佳的强韧性与抗应力腐蚀性能的配合,人们所持的观点是不同的[41-43]。到底是 GP 区还是 η′过渡相对强度的贡献最大,这个问题至今还未得出肯定的结论。有人认为,主要强化相是 GP 区,即基体组织中刚刚出现 η′相时,合金的强度最高;如果时效到以 η′相为主时,强度则明显下降。有研究人员[44]用共格与半共格质点的强化公式(变形过程中位错线以切过和绕过的方式通过沉淀相质点)计算了7075 铝合金的强度,发现在峰时效状态下,用半共格公式计算出来的强度值更接近于实测值,因此认为,7075 铝合金中的主要强化相是 η′相而不是 GP 区。还有人认为[45],GP 区与 η′相各占半时,合金的强度最高。上述几种观点在一定程度上是相互矛盾的。如果从综合性能的角度去讨论 MPt 的影响,则会发现,以 η′相为主的基体,强化相将更有利于合金的 SCR 和断裂韧性等性能。因为在以 GP 区为主要强化相的合金中,MPt 的强度低,基体一旦发生变形,在大量滑移系开动的同时,一些有利的位向一经位错滑移通过,后续的滑移将连续发生,从而减少了粒子在滑移面上的有效截面积,甚至会发生 GP 区的溶解。这时会产生严重变形的滑移带,在晶界附近产生应力集中点,从而导致 SCR 和断裂韧性的下降。如 MPt 以 η′相为主,则位错线是以 Orowan 机制通过沉淀相质点的,所以不会产生过多的强度薄弱区。合金的时效处理从 T6× 过渡到 T73× 状态,目的就是要获得更多的 η′相和一定数量的 η 相。如果仅站在强度的立场上来考虑 MPt,无论是何种质点作为强化相,其体积分数越大,越弥散,强化效果就越好。若沉淀相质点的强度较高,且分布均匀,则必然对 SCR 及韧性有利。这是因为这些分布均匀、强度较高的质点,能更有力地阻碍变形过程中位错线的运动,且不易引起应力集中。根据上面的观点可知,如果 MPt 是由体积分数相差不多的 GP 区与 η′相组成,即在均匀分布的 η′相质点间包含着一定数量的 GP 区,则这种 MPt 就不会在变形过程中形成较窄的滑移带和强度薄弱区,因此会有利于合金的韧性及塑性。另外,这种结构对 SCC 也有一定的抑制作用。RRA 制度之所以能获得较高的强度和不太差的 SCR,这也与 MPt 中的 GP 区和 η′相互相弥补彼此的不足是分不开的。当然，对于 SCR，晶界结构及化学性质起着相当重要的作用，这一点将在后面进行详细评述。

2. GBP 对合金性能的影响

对于 GBP，理论工作的研究虽然取得了一定的进展，但与 MPt 比起来，相差甚远。GBP 在很大程度上依赖于晶界结构，很难定量描述某种 GBP 的作用。因为即使同一种合金在相同的热处理制度下，GBP 的大小和形态也会因晶界不同而出现较大的差异。但有一个现象是得到普遍承认的，即连续网状分布的 GBP 对合金的性能最为不利。这是因为，晶界区是材料在变形过程中的协调区，在时效过程中晶界沉淀相一般多为 η′相或 η 相，它们相对于基体有一定的可动性，因而阻碍了变形过程中晶粒的相对运动，对材料的塑性及韧性十分有害。另外，对于 SCC 敏感性来说，如果用阳极溶解来解释开裂过程，则连续分布的 GBP 很容易促进活化-钝化或钝化-再活化过程，从而提高 SCC 敏感性。用氢脆的机理来解释 SCC 现象也同样会得出这种 GBP 结构会提高合金的 SCC 敏感性的结论。但另一种观点认为，GBP 的长大对提高合金的 SCR 是更为重要的因素[46]。从现象上看，合金无论从 T6×过渡到 T73×或 T76×状态，还是采用 RRA 处理，GBP 都有一定程度的长大，而且体积分数也增加，这一点可能与固溶状态的 Mg 减少有关。另外，GBP 的长大也提高了晶界的强度。这样，从阳极溶解和氢脆的 SCC 理论都可以部分地解释 SCR 提高的原因。

3. PFZ 对合金性能的影响

影响合金性能的另一个组织参数是 PFZ。PFZ 的变化常常受到 GBP 的影响，二者很难截然分开。由于各学者在研究中用不同的方法获得 PFZ[47-49]，故而对其就有不同的看法。有人认为，PFZ 对合金的塑性及 SCR 有利；而另一些人则认为，增宽 PFZ 对上述性能有害；还有人认为，PFZ 的宽度变化对合金的性能影响不大。最近对断裂韧性的研究结果表明，PFZ 对断裂韧性虽有影响，但 PFZ 本身的性质更为重要。认为 PFZ 增宽对合金性能不利的人，他们对实验结果的解释是，PFZ 的增宽会使自身强度变低，在拉伸变形过程中会优先沿着强度较低的 PFZ 发生变形和加工硬化，最终导致沿晶断裂。而用"应力弛豫模型"解释 PFZ 增宽对性能有利的理论，则基于 PFZ 内强度虽比基体强度低，但能在变形过程中发生硬化，并能协调晶粒间的相互运动，因而能通过"弛豫"来消除应力集中。实际上，真正能说明问题的应该是 PFZ 与基体间的强度差，这个差值很大时，必然造成变形集中在 PFZ 内。如果加工硬化也弥补不了这一差别，PFZ 内就会优先形成严重变形的滑移带，造成空位聚集而引起断裂。尽管许多实验已经证实晶界的确是 Mg、Zn 等元素偏聚的地方，但人们对晶界的固溶强化效果还不了解。然而，过窄的

PFZ，无论对晶界的应力松弛还是对强度的提高，都会产生不利的影响。在讨论晶界的行为时，人们常常避开对 PFZ 的讨论，设法消除 PFZ 的影响，只借助于 MPt 和 GBP 的变化来讨论如何提高合金的性能。

综上所述，从 Al-Zn-Mg-Cu 系合金显微组织与性能的研究结果可以看出，合金的强度主要由 MPt 决定。均匀弥散的 η′加上均匀分布的 GP 区能获得最佳的强化效果。然而合金的塑性、韧性及 SCR 都明显受到晶界结构及化学性质的影响。当溶质浓度较大时，由于空位贫乏而变宽的 PFZ 将对 SCR 起到有利的作用。同时，较大的不连续分布的 GBP 也有助于 SCR 的提高。目前，国外所采用的或正在研究的一些热处理工艺，如分级时效、中断淬火和 RRA 等，都是为了获得更宽的 PFZ 和不连续分布的 GBP。

1.4　晶界及晶界偏析研究现状

1.4.1　晶界结构研究进展

晶界对多晶体材料的物理和化学性质有着重要的影响。材料的强度和断裂等力学行为，以及几乎所有的重要动力学现象，都受到晶界的控制，例如晶界扩散、偏聚、作为高温蠕变和烧结过程中点缺陷的源和阱等。人们很早就认识到了多晶材料的许多性能与晶界的结构有关，并不断地作出努力以搞清晶界的结构和性质，以及它们与性能之间的关系。然而，由于早期在实验上难以对晶界进行原子尺度上的结构观察和化学分析，特别是这两者的结合，以至在很长的时间内对晶界结构的认识只停留在猜测和模型假设上。近代研究技术的进步和晶体缺陷理论的发展为深入研究晶界结构提供了坚实的基础和良好的条件，使晶界结构在近二十年来成为材料科学领域中的研究热点。

目前，人们已经可以从原子尺度上对晶界结构及化学成分进行理论计算和实验观察分析[50,51]，从而对晶界的原子结构及其与性能之间关系的了解有了很大的进步。近几十年来，关于晶界结构，人们提出了许多模型[52,53]，如非晶模型、位错模型、小岛模型、旋错模型以及晶界结构的几何理论(重位点阵和 O 点阵模型)等。

1.4.2　晶界及晶界偏析的实验研究

任何晶界模型或理论的正确与否最终必须通过实验来直接或间接地验证。各种近代实验研究手段和方法的运用大大加深了人们对晶界结构的认识，也帮助人们理解各种物理现象与晶界结构之间的关系，这些反过来又推动了晶界理论的发展。因此，实验技术在晶界及晶界偏析的研究中起着相当重要的作用。

1. 金相技术

晶界的研究首先是从实验开始的，最早和最基本的实验方法是金相研究，直到现在金相技术仍然是最通常和重要的研究晶界的手段。高温金相技术的出现为晶界、相界和畴界的运动提供了直接观测方法，利用高温金相显微镜研究相变、再结晶和晶界迁移等非常行之有效。

2. TEM 观察

TEM 已被广泛地用于晶界的研究，它可以用来确定晶界的几何参量，观察晶界的结构和不完整性，如晶界位错墙或网络；也可以通过动态原位观察来研究某些物理过程，如晶界滑移、位错与晶界的交互作用等。

至今，已有许多运用 TEM 进行的晶界位错研究。例如，作为点阵位错墙的小角晶界模型已被许多实验所证实。对那些略偏离于低 Σ 短周期晶界中的位错网络也在 TEM 中观察到，并且发现，晶界位错之间的间隔完全符合用 Frank 公式所预测的相应 DSC 位错间的距离值。对晶界位错伯格斯矢量的详尽分析也不乏其例，Balluffi 和 Schober[54]在 Au 双晶中观察到了位错网络并确定了其伯格斯矢量，Knowles 等[55]在不锈钢 Σ9 晶界中发现了非初基 DSC 位错，Humble 和 Forwood[56]发现利用上、下晶粒同时满足双束衍射会使得位错衬度很容易和很可靠地与模拟计算相匹配。

3. 原子像观察

现代电子显微镜点分辨率的提高，使得晶界原子结构的直接观察成为可能。在高分辨透射电镜(HRTEM)中，通过使几个衍射束参与成像，则可以由相位衬度机制获得原子图像(晶格像)。大多数的高分辨研究都在那些具有较大单胞的材料中进行。例如，第一个晶界结构像是 Chinh 等[57]在 GeΣ9(110)倾转晶界中观察到的；Krakow 和 Smith[58]观察了 Au 中一系列小角及大角[110]倾转晶界的原子结构；Ishida 和 Ichinose[59]也在 Au 中获得了 Σ11(113)晶界的原子像，其原子排列与计算机模拟结构非常吻合；在某些研究中还获得了应变衍衬像，它可以用来解释位错结构；Bourret 在 Ge[001]对称倾转 Σ25(1710)晶界中运用应变衬度的多束明场和点阵条纹像确定了非均匀分布的初基 DSC 位错；Pénisson 和 Vystavel[60]观察了 Mo 的 Σ41 晶界，通过环绕位错画出伯格斯回路，发现了两个不同的伯格斯矢量。此外，还有许多运用 HRTEM 来研究晶界原子结构的例子。

晶界原子像的观察除了运用 HRTEM 外，还可以用场离子显微镜(field-ion microscope, FIM)及其有关技术。FIM 是别具一格的原子直接成像方法，它能清晰地显示样品表层的原子排列及缺陷，并在此基础上发展到用原子探针鉴定其中单个原子的元素类别。在场离子显微镜中，每一个亮点对应着样品尖端表面的一个突出原子，对已知点阵类型的晶体样品，场离子图像的注释是毫无困难的。场离子图像能直观地显示晶体的对称性，据此可以方便地确定样品的晶体学位向及各极点的指数。人们最早用 FIM 研究晶界原子结构，并获得了很大成功。FIM 获得的图像可以清晰地显示晶界两侧原子的排列和位向关系，因此现有的晶界结构理论在很大程度上依赖于它的观察结果。此外，也常用 FIM 进行晶界偏析的研究，例如，用来确定金属间化合物 Ni_3Al 中偏聚 B 原子占据的位置以及其他合金元素的位置。

4. X 射线及电子衍射技术

X 射线及电子衍射技术也已运用到晶界结构的研究中，可以用来研究以下几个问题。首先是晶界结构的周期性。很明显，如果晶界产生了新的反射，则它一定是周期结构。此外，通过分析晶界反射的位置，能以很直观的方法确定单胞的性质，即其对称性和维数。其次用衍射技术可以探查存在于小角和大角晶界中的弛豫模式，例如晶界中是否存在初晶和二次位错。衍射技术的另一个作用是测量晶界厚度。

5. 内耗

内耗实验在晶界研究和晶界理论发展中起过很重要的作用。葛庭燧(T S Ke)[61]用扭摆研究了多晶 Al 内耗峰值。与单晶 Al 相比，多晶 Al 显示出晶界的黏滞性耗散。为了研究晶界以及其他各种可动界面的动力学过程和耗散行为，内耗实验也是相当重要的研究方法。

6. 双晶技术

晶界结构与各种晶界性质之间的关系，是晶界研究的重要内容，利用双晶体来进行这方面的研究是很必要的。目前，为制取具有对称倾转晶界的双晶体，根据取向差的不同，Y 型籽晶法被用来制备具有小角晶界(取向差 $\theta < 20°$)的双晶体；而匹配籽晶法则用以制取大角晶界的双晶体。为制取具有扭转晶界的双晶体，须采用单晶体切割旋转法。采用上述技术，可制取不同取向差的双晶体，获得一系列不同角度的倾转晶界或扭转晶界，可用以系统地研究晶界腐蚀、晶界断裂、晶界硬化、晶界滑动、晶界扩散及晶界迁移等晶界行为。

7. 表面分析技术

晶界偏析的研究依赖于表面分析技术，随着真空技术和电子技术的发展，各种具有高分析灵敏度的探测仪及相应技术不断出现，从而使界面研究有了飞跃性发展。其中，主要的分析技术有俄歇电子能谱(AES)、X 射线光电子能谱(XPS)、二次离子质谱(SIMS)、背散射离子质谱(ISS)、低能电子衍射(LEED)等。近年来出现的显微径迹照相法对研究某些元素的晶界偏析也很有成效。

1.4.3 晶界偏析的研究

晶界偏析是合金中普遍存在的金属学现象，对合金的物理、化学和力学性能等均有着重要的影响。许多晶界现象，如晶界迁移、晶界滑动、晶界腐蚀、晶界硬化以及与这些现象相关的强度与断裂、蠕变抗力、电子传输腐蚀等行为都与晶界元素的偏析有关[62, 63]。从更深层次的探讨出发，晶界结构和偏析元素的种类是控制晶界偏析的两个基本因素，也是晶界偏析研究的基本出发点。晶界偏析的研究工作自俄歇能谱仪揭示了微量元素在晶界偏析引起金属脆性以来已有很大进展。目前除了俄歇能谱分析外，有离子探针和放射性同位素法等手段，还有精密电阻法等配合分析方法，着重分析的是 S、Sn、P、C、O 和 B 等元素在晶界的偏析，也包括研究 B 在晶界的非平衡偏聚。关于晶界偏析对晶间脆性的影响及辐照对偏聚的影响等也都是目前进行着的重要研究课题。此外，晶界偏析对价电子密度及电荷分布状态的影响方面也取得了新的研究结果。

1.4.4 晶界行为控制研究展望

既然晶界结构对多晶材料的性能有较大的影响，若能对晶界结构通过加工工艺和合金化加以控制，得到对性能有利的晶界结构，将对材料科学与工程应用产生十分深远的影响。可以预料，在人们对晶界结构及其对性能影响方面的知识系统化之后，就将步入"根据晶界设计开发材料"的时代。

对晶界行为的控制可以归纳为以下几个方面：

(1)晶界密度控制。通过加工工艺和合金化条件的改变细化晶粒，由此提高材料的形变破断强度，提高塑性和改善电磁性能。

(2)晶界几何参数控制。使晶界的取向和二面角与特定方向(如应力、磁场)一致，从而提高蠕变强度以及超导性。

(3)晶界形态控制。这方面的内容主要是改变晶界面的密度及弯曲程度、晶界析出物的形态及密度，达到抑制晶界腐蚀、提高蠕变强度的目的。

(4)晶界化学成分控制。可以说这方面的控制是晶界研究领域中最本质的问题，尤其是通过微量元素的添加对晶界结构和行为产生影响，提高晶界强度和塑性。

晶界的结构本身影响着晶界的性质和行为，迄今为止的理论研究主要在于深入揭示晶界的结构，建立正确的物理模型，进行定量的计算，确定晶界结构与晶界性质的内部联系[64]。今后晶界行为研究的首要任务是研究各种晶界现象(如晶界扩散、晶界腐蚀、晶界偏析、晶界沉淀、晶界迁移、晶界滑动、晶界硬化及晶界断裂等)的特征与内在规律,其次是研究这些晶界现象与晶界结构的关系。此外,也应加强晶界问题的基础研究,它与晶界研究的实验技术相辅相成,并将促进材料科学中界面特性的应用研究。

1.5 高强铝合金应力腐蚀与氢脆研究现状

受到应力的金属材料在腐蚀介质的作用下发生特殊破坏的现象称为应力腐蚀,这类腐蚀断裂的断口一般穿过晶粒,发生穿晶断裂,因此也称作穿晶腐蚀。当金属材料由于热处理或者加工不当使内部产生残余应力时,很容易在腐蚀介质中发生应力腐蚀;当金属材料的构件作为受力部件时,也很容易发生应力腐蚀。这样就导致了金属构件在一个较低的应力下发生脆性断裂,可能会引起不可预测的事故。

早在 19 世纪就有学者发现,黄铜制品在氨水中会发生应力腐蚀开裂[65],因为黄铜加工后内部存在的残余应力在铵离子 NH_4^+ 作用下发生应力腐蚀导致开裂;之后又发现了铝合金的阳极溶解,这是铝合金在潮湿空气、含有卤族离子的水溶液、有机溶剂中的应力腐蚀。应力腐蚀必须满足两个必要的前提条件,即在有腐蚀介质的环境中发生,同时必须受到一定的应力。如铝合金在碱性氯化钠水溶液中阳极极化较长时间后,断面上会出现穿晶应力腐蚀裂纹。这是因为点蚀坑中的腐蚀产物能起到楔子的作用,从而产生横向张应力[66,67]。

应力腐蚀开裂有一定的滞后性,即当应力还在一个相对较低的阶段时,裂纹就开始形核并扩展。此外,应力腐蚀敏感性和时效制度有很大的关系。实验表明,对于高强铝合金,当时效时间不足时,合金的应力腐蚀敏感性较大,长时间的时效能够有效降低铝合金的应力腐蚀敏感性,但是时效时间过长会降低铝合金的力学性能,因此许多学者希望找到一种使二者能够达到平衡的热处理方式,如双峰时效、回归再时效等。

从宏观上看,在潮湿空气或者带有卤族离子的溶液中的 SCC 机理可分为氢致开裂型和阳极溶解型两类[68]。铝合金的 SCC 究竟是氢致开裂还是阳极溶解目前尚存在争议。早期人们认为铝合金的 SCC 机理是阳极溶解,20 世纪 70 年代初有学者发现有些铝合金的 SCC 是由氢脆引起的,也有研究者提出是氢脆和阳极溶解的共同作用。近年来很多人提出腐蚀过程促进局部塑性变形而导致 SCC 的新机理,他们认为腐蚀过程能促进局部塑性变形。吕宏等[69]的工作表明,一边被保护的黄铜和 α-Ti 薄片试样分别在氨水和甲醇溶液中自腐蚀,保护面会发生鼓出,这是黄铜脱 Zn 层界面和 α-Ti 钝化膜界面产生了腐蚀引起的拉应力的作用。在大多数阳极溶解控制的腐蚀过程中,一个钝化膜或者脱合金层会在合金表面形成,这个钝化膜或者脱合金层对 SCC 有很大的影响。实验表明[70-74]，大部分金属在腐蚀溶液中浸泡一段时间后在慢应变速率拉伸机上拉伸时，会有一个附加的拉应力，这个应力与外应力的方向平行，这是钝化膜的存在导致的。透射电镜(TEM)原位观察证实，在浸泡腐蚀的过程中裂纹会使位错发生滑移并开始运动，这也许是浸泡腐蚀后产生的膜致应力和外加拉应力的协同效果，二者共同作用加速了位错的运动。

阳极溶解理论认为，阳极金属与腐蚀介质的电化学反应导致了铝合金基体的不断溶解，进而导致了应力腐蚀裂纹的萌生。对于阳极溶解的作用机制、产生机理等问题还存在一些争论和难点，这些问题目前还不是十分清楚。围绕这些问题，人们提出了许多阳极溶解模型，如沿晶择优溶解、滑移溶解、膜破裂、腐蚀产物楔入、蠕变、隧道腐蚀、表面合金化等模型。

1.5.1 高强铝合金中的氢脆现象

20 世纪 70 年代以前，铝合金的 SCC 机理一直是以阳极溶解理论为主的。该理论由 Mears 等[75]首先提出，尔后又经 Gilbert 和 Grubl 等[76]分别进行了补充。Dix 认为，晶界析出相的电位与晶界无析出带及基体的电位在电解质环境中有所不同，所以晶界上的析出相易于最先发生溶解而产生裂纹，因而导致了沿晶界的电化学腐蚀开裂。后来，Sedricks 等[77]又提出了无析出区优先溶解的观点，他认为裂尖的应力集中造成了晶界无析出带的首先滑移而使表面膜破裂，裸露出来的无析出带作为阳极优先溶解，然后再形成新的表面膜，这个过程的不断反复造成了 SCC。电化学理论能够解释一些实验现象，如电位的变化造成裂纹扩展速率的相应改变，以及温度对 SCC 裂纹扩展速率的影响等。因此在较长的一段时期内，SCC 的电化学机理一直占着主导地位。但到了 1969 年，Grubl 等[76]首次发现，高强铝合金也能显示氢致塑性损失(氢脆)。他们把拉伸试样加载后在 2%的 NaCl 溶液中浸泡，控制应力不让它产生应力腐蚀，从溶液中取出后再进行拉伸，则延伸率相对下降 36%，同时出现部分沿晶断口。如通过完全热处理把氢消除，则塑性完全恢复，也不会出现沿晶断口。随后一系列的工作表明，7000 系铝合金(如 7075、7178、7039、7079 以及不含 Cu 的 Al-Zn-Mg 合金)均能显示明显的氢致塑性损失。

电子显微技术的发展，拓宽了人们的视野。有许多人发现，在发生 SCC 的过程中，晶界析出相并没有溶解。因此，阳极溶解理论开始受到怀疑，并导致了异常活跃的电化学溶解机理同氢致断裂机理之间的长期学术争论。为搞清究竟是何种机理在起作用，人们又提出了一些判别方法，并进行了大量研究。研究人员先后发现，7075 铝合金在 3.5%NaCl 水溶液中的 SCC 断口与氢脆断口具有相似的表面形貌[78,79]。祁文娟等[80]发现腐蚀反应生成的氢被铝合金吸收后引起脆化，但在干氢中却没有裂纹加速现象。质谱技术得到应用后，人们不断发现，铝合金的 SCC

断裂面上分布着氢,而且渗透到试样内部一定距离,另外还在表面观察到了氢泡的存在。此外有人在电镜下观察到,试样 SCC 断口两边吻合极好,同时还观察到了由于裂纹扩展的不连续性造成的一系列条痕,这在阳极溶解条件下是不可能出现的。其他一些学者的大量工作表明,虽然不能完全否认电化学作用的存在,但氢致断裂是起主要作用的。

1.5.2　高强铝合金氢脆的特点

1. 内氢脆与外氢脆

高强铝合金氢脆最明显的特点就是不显示"外"氢脆,即在高压氢气中拉伸不会显示明显的塑性损失。顶裂纹试样在干燥的高压氢气中也不会产生滞后开裂。例如,Speidel[81]的工作表明,7075-T73 合金在 $P = 70$MPa 的高压氢气中塑性并不下降。Montgrain 和 Swann[82]也发现,高纯 Al-Zn-Mg 合金在干氢中不显示氢脆,但在湿空气中则显示明显的脆性。

和钢不同,铝合金表面存在一层致密的氧化膜,很可能正是由于这层氧化膜的存在从而阻碍了分子氢的吸附和分解,即在高压氢气中原子氢不能进入试样,因而不会显示塑性损失。基于这种考虑,如氢气中混有活性的原子氢,则它就能进入铝合金中从而引起氢致塑性损失。

如果给试样预充氢后拉伸,高强铝合金则表现出塑性损失,这就是所谓的"内"氢脆。常用的充氢方法有两种,即阴极充氢和在湿空气中浸泡。如果介质中含有水蒸气,则可通过与新鲜表面发生反应形成原子氢:

$$2Al+3H_2O \rightarrow Al_2O_3+6[H]$$

这样形成的原子氢具有活性,可以进入材料内部,通过扩散或位错输运到应力集中的地方,从而引起氢脆。湿空气环境下影响原子氢进入试样的主要因素有以下几个:

　　(1)氧化膜的本质;

　　(2)氧化膜的厚度;

　　(3)预充氢时环境的温度;

　　(4)环境的相对湿度。

而阴极充氢影响原子氢进入试样的主要因素则为

　　(1)充氢电流密度;

　　(2)充氢时间;

　　(3)电解液;

　　(4)毒化剂。

和钢一样,铝合金的内氢脆也随着试样含氢量的增加而变得更为敏感。如

Al-5.6Zn-2.6Mg 合金在 130℃时效到最大抗拉强度(σ_b=400MPa)后在 70℃的饱和水蒸气中放置充氢，随充氢时间的增长，延伸率明显下降，如图 1-3 所示。

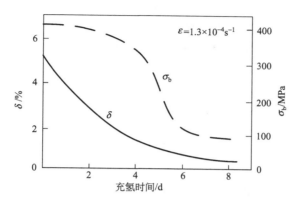

图 1-3　Al-Zn-Mg 合金 δ 和 σ_b 随充氢时间的变化

2. 氢脆的可逆性

高强铝合金氢脆的另一特点是具有可逆性，即如果充氢后接着把氢除去，则其塑性和未充氢试样相同。由此可知，氢脆是由原子氢控制的。如 7179-T651 合金在空气中慢拉伸(ε=1.7×10^{-5}s^{-1}，持续时间约为 4h)，由于拉伸过程中能吸氢，故塑性损失 12%。如预先在 70℃的流动水中放置 5h，则相对真空中的塑性损失为 76%。但如预充氢后在真空中放置 1h，则氢能被抽走，而不再显示塑性损失。如充氢后在空气中放置 150h，则塑性也能得到恢复，如图 1-4 所示。图 1-4 也表明，随着氢的除去，断口上的沿晶比例逐渐下降，最后则全部是韧窝断口。

3. 氢脆断口

关于高强铝合金的氢脆断口形貌，各文献报道的结果相差很大，这主要是各自实验条件和试样处理方法的不同造成的。

早期的工作都认为，显示氢致塑性损失的铝合金断口是沿晶的，且和应力腐蚀断口相同。如 Grubl[76]的结果表明，Al-Zn-Mg 合金在 2% NaCl 溶液中充氢后塑性损失 36%，断口(氢渗入区)是沿晶的。若把氢除去，则塑性完全恢复，断口也全部由韧窝构成。Montgrain 和 Swann[82]的工作表明，Al-Zn-Mg 合金在 20℃的湿空气中放置 8 天后断口是沿晶的。Scamans 等[83]重复了这个实验结果。Ciaraldi 等[84]的结果指出，Al-Zn-Mg 合金在湿空气中放置充氢后，若慢拉伸(ε=1.3×10^{-4}s^{-1})，则断裂应变下降 54%，相应的有 30%的沿晶断口(试样中心由于没有氢渗入，故是韧性断口)；但若快拉伸(ε=10^{-2}s^{-1})，则不显示塑性损失，从而也不出现沿晶断口。这就表明，氢致沿晶断口是由原子氢的扩散过程所控制的。图 1-4 也说明了这一点，随着原子氢的扩散跑出，断口形貌也发生了变化，在断口形貌发生突变处，塑性回复也有一个突变。但 Thompson 和 Bernstein[85]的一系列工作表明，7075 和 2124 合金的氢脆断口全是韧窝断口，至多能找到一些二次裂纹。如 7075-T651 在 pH=1 的 HCl 溶液中充氢 10h 并控制电位为–1500mV（相当于电流密度 200mA/cm^2），随后在–98℃的温度下进行拉伸，塑性损失高达 45%，但断口仍然是韧窝型的，和未充氢试样不同的是多了一些二次裂纹。随后的工作表明，把 7075 铝合金时效到欠时效（100℃/24h）状态、峰时效状态（T6）以及过时效状态，其最大塑性损失高达 30%以上，而断口则是韧性断口，间或有一些二次裂纹。因此，铝合金的氢脆断口并非总是沿晶的。总体上来说，铝合金的氢脆断口可以有沿晶和穿晶两种类型。由此可见，氢在高强铝合金中损伤晶界的同时也会对基体造成损伤，断口形貌在很大程度上取决于断面上氢浓度的高低。

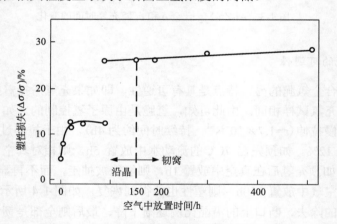

图 1-4　7179-T651 塑性随室温放置时间的变化

　　由于铝合金充氢后可以产生韧性断口，因而氢致塑性损失就并不总是和脆性断口相关联，这一点和钢是一样的。与钢相同，充氢铝合金的断口形貌还和其他因素有关，因而在相同的塑性损失条件下，断口形貌可以完全不同。

1.5.3　影响氢脆敏感性的因素

1. 成分对氢脆敏感性的影响

　　Scamans 等[83]对高纯度的 Al-Zn-Mg 合金研究发现，加入 1.7%的 Cu 或 0.14%的 Cr 能使 Al-Zn-Mg 的氢脆敏感性下降，而 7075（含 Cu、Cr、Si、Mn 的 Al-Zn-Mg 合金）的氢脆敏感性则更小，如图 1-5 所示。他们随后的工作表明，在高纯度的 Al-Zn-Mg 合金中加入 Cu、Fe 和 Ni 能使其 120℃热充氢后的氢脆敏感性大大下降，如图 1-6 所示，在 120℃热充氢的同时就产生时效析出，故充氢时间小于 10h 所显示的塑性损失是由时效引起的。对高纯 Al-Zn-Mg 合金，当充氢时间超过 20h 后就会在晶界择优腐蚀，产生氢化物，从而塑性损失急剧升高。加入 Fe、Cu 和 Ni 能使晶界腐蚀能力下降，从而使氢致塑性损失大大下降。他们认为，Al-Zn-Mg 晶界腐蚀是 Mg 在晶界富集而形成的 $MgZn_2$ 择优溶解造成的。因 Fe 和 Ni 在 Al 中的溶解度极低，故在凝固时，这些元素优先在晶界上偏析，从而阻碍了时效过程中 Mg 在晶界的偏析，这样就将大大降低热水充氢后的塑性损失。

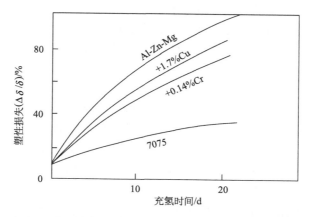

图 1-5　加入 Cu(1.7%) 和 Cr(0.14%) 对 Al-Zn-Mg 合金氢脆敏感性的影响

图上也列出了 7075 合金的结果(50℃湿空气充氢)

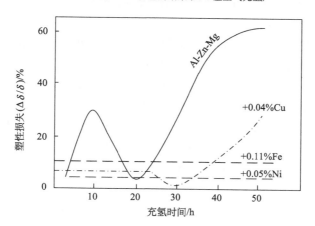

图 1-6　加入 Cu、Fe、Ni 对高纯度 Al-Zn-Mg 合金氢脆敏感性的影响

120℃海水中充氢，相当于充氢后又重新固溶处理

2. 显微组织与氢脆的关系

高强铝合金的氢脆敏感性与显微组织参数密切相关。经过不同时效处理的高强铝合金对氢致损伤的抵抗力也有很大区别。对大多数 7000 系铝合金及其他一些铝合金的研究发现，欠时效材料的氢脆抵抗力最差，过时效材料的氢脆抵抗力最强，峰时效居中[86]。关于显微组织对氢脆敏感性的影响，由于热处理往往同时导致多个微观组织参数的变化，因此要想确定单一显微组织参数对氢脆敏感性的影响是非常困难的。尽管这方面已进行了大量的研究[87-89]，但至今仍说法各异。总括起来说，基体共格沉淀相 GP 区、晶界弥散相的弥散度、晶界无析出带宽度等显微组织参数均不同程度地影响高强铝合金的氢脆敏感性。

3. 晶界偏析与氢脆的关系

由于高强铝合金的 SCC 是沿着晶界进行的，因此晶界的化学成分必然会对抗应力腐蚀性能造成影响。1970 年以来，有些学者开始提出晶界上溶质原子的固溶偏析可能会对铝合金的 SCC 产生严重影响的看法。这种观点后来得到了大量实验的证实。许多学者研究发现，晶界上存在重要的固溶 Mg 偏析，而且过时效状态固溶 Mg 偏析的水平要低于峰时效和欠时效状态。

为了研究晶界偏析对 SCC 敏感性的影响，Joshi 等[20]借助俄歇能谱仪研究了固溶温度与 7075 铝合金 SCC 敏感性的关系，发现晶界上固溶元素 Mg、Zn、Cu 的偏析量与应力腐蚀开裂的平台速率有着明显的关系。他们还发现，在 438℃固溶温度附近，晶界上固溶 Mg 元素的偏析水平最低，相应材料的 SCC 裂纹扩展平台速率也最低。这充分说明了晶界上固溶元素的偏析与 7075 高强铝合金的环境损伤敏感性有着密切的联系。为了更进一步研究晶界偏析与氢脆敏感性的关系，宋仁国等[62]研究了 7050 铝合金晶界 Mg 偏析与疲劳裂纹顶端氢浓度之间的关系，结果发现，裂纹顶端富集的氢量随晶界固溶 Mg 偏析浓度的增加而增加，如图 1-7 所示。由此不难看出，Mg 与 H 之间存在着某种相互作用，这也从实验上证实了 Viswanadham 和 Sun[36]关于 Mg-H 相互作用的假说。

在前人工作的启发下，20 世纪 80 年代以来许多学者对合金固溶元素偏析与氢致损伤的关系进行了大量研究[90,91]。大量直接和间接的证据都表明，无论是平衡的还是非平衡的晶界偏析，都会促进铝合金的 SCC。Mg 偏析的作用在于如下几个可能的方式：

(1) 在局部(如晶界同表面的交界处)，Mg 促进了氢从电解液中向金属中的渗入。

(2) 加速了氢在金属中的输运速度。

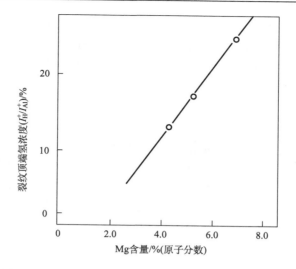

图 1-7　晶界固溶 Mg 含量和疲劳裂纹顶端氢浓度的关系

（3）造成氢在局部的化学吸附，或者在某些合金中产生氢化物，为脆化的产生创造了条件。

4. 应变速率对氢脆敏感性的影响

许多研究表明，氢脆敏感性与应变速率有着密切的关系。Taheri 等[92]详细地研究了应变速率对 7075 铝合金不同时效状态组织（UT:120℃/12h,T6:120℃/24h,T76:163℃/24h）氢脆敏感性的影响，如图 1-8 所示。

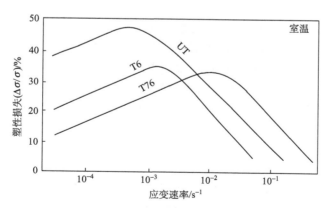

图 1-8　三种时效状态的 7075 铝合金氢致塑性损失随应变速率的变化

结果表明，每种组织都存在一个最大临界应变速率，高于这个应变速率则不会发生氢脆现象。这个临界应变速率和位错周围氢气团的临界逃逸速率有关。要确定临界应变速率就需要先确定氢气团的临界逃逸速率，而临界逃逸速率又取决于位错的运动速率。原因是当氢气团的逃逸速率大于位错运动速率时，氢可以被位错以气团形式携带到陷阱和缺陷处，造成氢脆。反之，当逃逸速率低于位错的运动速率时，氢难以跟上位错运动，因而就不会因氢的局部偏聚而造成性能的明显损失。

1.5.4 氢致断裂理论

氢致断裂的机理研究一直是很活跃的领域。到目前为止，已提出了很多有关氢致断裂的理论(如氢压理论、弱键理论等)，但仍没有哪一个机理能获得大多数人的承认。作者认为，氢致断裂的形式和特征是多种多样的，很难用某一种理论解释所有的实验现象。因此，本节将简要介绍一下各种理论，并对各种理论的适用性和局限性进行评述。

1. 氢压理论

氢压理论是 Zapffe and Sims[93]在 1941 年为解释酸洗及阳极腐蚀(浸泡充氢)过程中产生的氢致裂纹和氢脆而提出来的。他认为，如果金属中含有过饱和氢，则它们会在各种不均匀处结合成分子氢，从而产生巨大的内压力，这个内压力将协助外应力使氢致裂纹产生和扩展。即氢压的存在将使断裂应力变小，材料变"脆"。事实上，早在 1935 年，Benenk 等[94]为了解释钢中白点形成的机理时就曾提出了氢压理论。他们认为，当氢浓度较高时，显微缺陷处的氢压可以超过材料的断裂强度，因而即使不存在内应力或外应力也可形成氢致裂纹(即断口上的白点)。当然，如果存在内应力(如相变应力、温差应力等)，它将会叠加在氢压上，从而使氢致裂纹更容易产生。

分子氢压是产生氢鼓泡和氢诱发裂纹的主要原因，这一点是大家公认的。但目前有争议的问题是氢压理论能否解释应力诱发氢致滞后裂纹和氢致塑性损失。楮武扬[95]认为，分子氢压理论的最根本弱点是无法解释氢致滞后裂纹过程中的可逆性现象。研究表明，对滞后开裂有贡献的是原子氢或原子氢集团而不是分子氢。用分子氢无法解释各种可逆现象，而只有用原子氢(或原子氢集团)才能解释。

2. 弱键理论

弱键理论认为，在裂纹尖端存在三向应力区，应力梯度容易造成氢向裂纹尖端的长程扩散，使裂纹尖端处发生氢的局部富集，造成金属原子间的键合力下降。当偏聚达到一定浓度时，材料就会在较低的应力下发生破坏。氢降低金属键合力的观点已得到了间接的实验证实。

关于氢使键合力下降的物理本质，当原子氢进入过渡金属后其 1s 电子将进入没有填满的 d 带。因为对过渡族金属来说，排斥力来源于 d 带和 s 带的重叠

（图 1-9（a））。因此，充氢后 d 带电子密度升高，从而 s 带和 d 带重合部分就增大，如图 1-9（b）所示。s 带和 d 带重合部分的电子密度增大就相当于原子间的排斥力增大，这就如同附加一个使原子分离的力，即氢的 ls 电子进入金属 d 带将使原子结合力下降（键合减弱）。

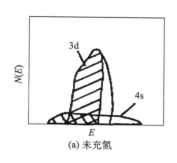
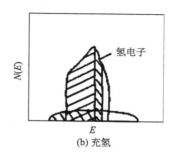

图 1-9 Ni 中 s 带和 d 带的状态密度

上述观点只能定性地解释过渡金属及其合金的氢脆，但对于高强铝合金的氢脆问题，因 Al 没有 3d 带，因而弱键理论的解释也就难以直接应用。然而铝合金的氢脆及氢致滞后开裂过程和铁合金及镍合金等并没有本质的区别，应当认为它们遵循统一的氢致断裂机制。因此，如果认为弱键理论正确，则对其物理本质就必须进行更进一步的研究和探讨。

3. 晶界吸附理论

Scamans 等[83]观察到了铝合金 SCC 裂纹扩展的不连续性，经分析后，对弱键理论加以补充而提出了晶界吸附理论。他们认为晶界与表面相交处的水分，与铝合金反应生成具有活性的原子氢。氢原子吸附，扩散至晶格中，沿晶界优先偏聚，导致前沿晶界强度下降，引起开裂。但由于反应产物的阻碍，氢的渗入很快停止，当开裂造成 Al_2O_3 膜破坏后，上述过程重新开始，这样就导致 SCC 成为沿晶界步进式的间断开裂。其他学者的工作也证实了这种不连续开裂现象。

4. "Mg-H" 复合体理论

Viswanadham 和 Sun[36]在综合分析了许多学者的有关工作后，提出了"Mg-H"复合体理论。该理论认为，晶界上存在着过量的自由 Mg。过量的自由 Mg 易与 H 形成"Mg-H"复合体，这样将导致晶界上氢固溶度的增加，氢在晶界上的偏聚将降低晶界的结合能，从而促进裂纹的扩展。

"Mg-H"复合体理论能够较好地解释许多现象[96]。例如，晶界沉淀相上氢泡产生的原因，被认为是在湿空气环境下时效时，晶界上的自由 Mg 由于 $MgZn_2$

粒子的长大而不断减少,而原先与 Mg 复合的 H 则随着时效的深入而过饱和,因而 H 就会在 $MgZn_2$ 与晶界的界面处以氢泡形式放出。这种解释与 Christodoulou 对氢泡成因与位置的观察是极其一致的。尽管 Mg-H 相互作用已得到了某些实验证实,但 Mg 与 H 之间究竟以何种方式相互作用而导致脆化,尚有待于进一步的研究。

5. 应力诱发氢化物致脆理论

Ciaraldi 等[84]运用 JEOL-200TEM 证明了铝氢化合物的存在。他们在水蒸气环境下对 Al-5.6Zn-2.6Mg 进行拉伸,在断口中发现 AlH_3 化合物,为密排六方晶体结构,晶格常数为 a=2.90Å、c=4.55Å。他们认为铝氢化合物不是在增氢过程中形成的,而是在拉应力作用下诱发产生的。铝氢化合物很脆,在拉应力作用下,本身能脆断或沿基体的相界面优先断裂,从而引起铝合金的氢脆效应。铝氢化合物很不稳定,在电子束的轰击下极易分解,因此不易被人们发现。但也有研究表明,氢与铝并不能形成化合物。因此,应力诱发氢化物致脆理论仍有待于进一步的实验证实。

6. 氢致滞后塑性变形理论

对于包括高强铝合金在内的许多材料,褚武扬等[97]提出了氢促进裂纹尖端塑性变形的理论。他们认为,当合金的强度和应力强度因子(K_I)均大于临界值时,氢环境会导致裂纹尖端的塑性区尺寸及变形量随时间的增长而增加,即发生了氢致滞后变形。该变形达到一定程度时,就会导致氢致滞后开裂和 SCC。

然而上述氢致滞后塑性变形理论存在一定的局限性。最近,褚武扬等[98]在氢致滞后塑性变形理论的基础上,又提出了氢促进局部塑性变形从而促进韧断的机理。他认为,通过氢促进裂纹尖端发射位错、促进位错的运动以及降低键合力,在低的外应力(或 K_I)下,微裂纹就能在无位错区中形核。但正是由于外应力低,周围的位错源不能运动,从而不能通过滑移钝化成孔洞,故形成的应力裂纹类型为解理裂纹,断口类型为脆性的;而如果外应力升高,周围的位错源开始运动,使得微裂纹能够转化成孔洞,这种机制下形成的断口类型则为韧性断口。总的来说断口的类型依赖于外应力 K_I 和氢含量 C,K_I 大、C 低为韧性断口,反之为脆性。

关于高强铝合金应力腐蚀和氢脆的实验研究和理论分析将在第 4 章和第 5 章中展开。

参 考 文 献

[1] 褚武扬, 乔利杰, 陈奇志, 等. 断裂与环境断裂. 北京: 科学出版社, 2000.

[2] Christodoulou L, Flower H M. Hydrogen embrittlement and trapping in Al-6%—Zn-3%— Mg.

Acta Metallurgica, 1980, 28: 481.

[3] 宋仁国. 高强度铝合金的研究现状与发展趋势. 材料导报, 2000, (1): 20-21.

[4] 宋仁国. 高强度铝合金热处理工艺优化与氢致断裂机理研究. 沈阳: 东北大学, 1996: 34-46.

[5] Robinson J S, Tanner D A. The influence of aluminum alloy quench sensitivity on the magnitude of heat treatment induced residual stress. Materials Science Forum, 2006, 524-525: 305-310.

[6] 周鸿章, 李念奎. 超高强铝合金强韧化的发展过程及方向//铝——21 世纪基础研究与技术发展研讨会论文集(第一分册). 2002: 56-57.

[7] 洪永先. 高强度变形铝合金断裂韧度的改进. 轻金属, 1979, (5): 37.

[8] 高云震. 现代铝合金的研究和发展. 轻金属, 1981, (12): 50.

[9] Mondolfo L F. Aluminium Alloys: Structure and Properties. London: Butterworths, 1976, 845.

[10] 金延, 李春志, 赵英涛, 等. 7050 合金显微结构分析. 金属学报, 1991, 27(5): A317.

[11] 张福全, 乔志伟, 陈振华, 等. 微量液相与 7475 铝合金的超塑性变形. 矿业工程, 2007, 27(4): 71-73.

[12] 陈小明, 宋仁国, 李杰. 7xxx 系铝合金的研究现状及发展趋势. 材料导报, 2009, 23(2): 67-70.

[13] Song R G, Tseng M K. Grain boundary segregation and intergranular brittleness in high strength aluminum alloys. Transaction of Nonferrous Metals Society of China, 1995, 5(3): 97.

[14] 林肇琦, 孙贵经. 高强铝合金的显微组织与机械性能. 轻金属, 1979, (01): 12-19.

[15] Nishi M, Matsuda K, Miura N, et al. Effect of the Zn/Mg ratio on microstructure and mechanical properties in Al-Zn-Mg alloys. Materials ence Forum, 2014, 794-796:479-482.

[16] Park J K, Ardell A J. Microstructures of the commercial 7075 Al alloy in the T651 and T7 tempers. Metallurgical Transactions, 1983, 14A(10): 1957-1967.

[17] Song R G, Zhang B J, Tseng M K, et al. Investigation of hydrogen induced ductile-brittle transition in 7175 aluminum alloy. Acta Metallurgica Sinica, 1996, 9(4): 287.

[18] Heinz A, Haszler A, Keidel C. Recent development in aluminum alloys for aerospace applications. Materials Science and Engineering A, 2000, A280: 102-107.

[19] Song R G, Dietzel W, Zhang B J, et al. Stress corrosion cracking and hydrogen embrittlement of an Al-Zn-Mg-Cu alloy. Acta Materialia, 2004, 52(16): 4727-4743.

[20] Joshi A, Shastry C R, Levy M. Effect of heat treatment on solute concentration at grain boundaries in 7075 aluminum alloy. Metallurgical Transactions A, 1981, 12A(6): 1081-1088.

[21] 阎大京. 从 7475 铝合金的时效看 Al-Zn-Mg-Cu 系合金的强化. 材料工程, 1991, (2): 15-19.

[22] Qi X, Song R G, Qi W J, et al. Effects of polarisation on mechanical properties and stress corrosion cracking susceptibility of 7050 aluminium alloy. Corrosion Engineering Science and Technology, 2014, 49(7):643-650.

[23] 陈小明, 宋仁国, 李杰, 等. 固溶、时效对 7003 铝合金组织与性能的影响. 宇航材料工艺, 2009, (5): 65-69.

[24] 熊京远, 宋仁国, 杨京, 等. 7xxx 系铝合金双级双峰时效工艺研究. 轻合金加工技术, 2010, 38(11): 41-44.

[25] Oliveira A F, Barros M C, Cardoso K R, et al. The effect of RRA on the strength and SCC resistance on AA7075 and AA7150 aluminum alloys. Material Science and Engineering, 2004, A379: 321-326.

[26] Uguz A, Martin J W. The effect of retrogression and reageing on the ductile fracture toughness of Al-Zn-Mg alloys containing different dispersoid phases. Journal of Material Science, 1995, 30: 5923-5926.

[27] Braun R. Slow strain rate testing of aluminum alloy 7050 in different tempers using various synthetic environments . Corrosion, 1997, 53 (6): 467-474.

[28] Zheng Y, Xu C, Xiao W L. The effects of two-stage aging on the microstructure and mechanical properties of the new Al-Si-Cu-Mg alloy. Materials Science Forum, 2016(850): 581-586.

[29] Chen H, Guo X Z, Chu W Y, et al. Martensite caused by passive film-induced stress during stress corrosion cracking in type 304 stainless steel. Materials Science and Engineering A, 2003, (358): 122-127.

[30] Osaki S, Itoh D, Naka M. SCC properties of 7050 series aluminum alloys in T6 and RRA tempers. Journal of Japan Institute of Light Metals, 2001, (4): 222-227.

[31] Wang Z X, Li H, Miao F F, et al. Improving the intergranular corrosion resistance of Al-Mg-Si-Cu alloys without strength loss by a two-step aging treatment. Materials Science and Engineering A, 2014, 590: 267-273.

[32] 宋仁国, 张金宝, 曾梅光, 等. 7175 铝合金时效"双峰"应力腐蚀敏感性的研究. 金属热处理学报, 1996, 17(2): 51-54.

[33] Wanhill R J H. Low stress intensity fatigue crack growth in 2024-T3 and T351. Engineering Fracture Mechanics, 1988, 30(2): 233-260.

[34] Wloka J, Hack T, Virtanen S. Influence of temper and surface condition on the exfoliation behaviour of high strength Al-Zn-Mg-Cu alloys. Corrosion Science, 2007, 49(3): 1437-1449.

[35] 倪培相, 左秀荣, 吴欣凤. Al-Zn-Mg 系合金研究现状. 轻合金加工技术, 2007, 35(1): 7-11.

[36] Viswanadham R K, Sun T S. Determination of fracture modes in cemented carbides by auger lectron spectroscopy. Scripta Metallurgica, 1979, 13(8): 767-770.

[37] Song R G, Tseng M K, Zhang B J, et al. Grain boundary segregation and hydrogen-induced fracture in 7050 aluminum alloy. Acta Materialia, 1996, 44(8): 3241-3248.

[38] 谷亦杰, 李永霞, 张永刚, 等. 7050 合金 RRA 沉淀析出的 TEM 研究. 航空材料学报, 2000, 20(4): 1-5.

[39] 陈小明, 宋仁国, 李杰, 等. 固溶时间对 7003 铝合金组织与性能的影响. 金属热处理, 2009,

34(2): 47-50.

[40] Andreatta F, Terryn H. Effect of solution heat treatment on galvanic coupling between intermetallics and matrix in AA7075-T6. Corrosion Science, 2003, 45(8): 1733-1746.

[41] Najjar D, Magnin T, Warner T J. Influence of critical surface defects and localized competition between anodic dissolution and hydrogen effects during stress corrosion cracking of a 7050 aluminum alloy. Materials Science and Engineering A, 1997, 238(2): 293-302.

[42] Srivatsan T S. Microstructure, tensile properties and fracture behavior of aluminum alloy 7150. Material Science and Engineering A, 2000, 281: 292.

[43] 李春梅, 陈志谦, 程南璞, 等. 7055超高强、超高韧铝合金力学性能分析. 金属热处理, 2008, (1): 100-104.

[44] 华明建, 李春志, 王鸿渐. 微观组织对 7075 铝合金的屈服强度和抗应力腐蚀性能的影响. 金属学报, 1988, 24 (1): 41-46.

[45] Wang D, Ma Z Y. Effect of pre-strain on microstructure and stress corrosion cracking of over-aged 7050 aluminum alloy. Journal of alloy and Compounds, 2009, 469(1/2): 445-450.

[46] Auger P, Raynal J M, Bemole M, et al. Etude aux rayons X et par micro scopic electrnique de la Precipitation dans les alliages Al-Zn-Mg and Al-Zn-Mg-Cu revenues entre 100 et 300℃. Memoi--res Scientifiques Revue de Metallurgie, 1974, 9: 557-568.

[47] 尚勇, 张立武. 高强铝合金的热处理技术. 上海有色金属, 2005, (2): 97-702.

[48] Unwin P, Loriner G. Origin of the grain boundary Precipitate free zone. Acta Metallurgica, 1969, 17(11): 1363-1377.

[49] Li J X, Chu W Y, Wang Y B, et al. In situ TEM study of stress corrosion cracking of austenitic stainless steel. Corrosion Science, 2003, 45: 1355-1365.

[50] Guo X J, Gao K W, Qiao L J, et al. The correspondence between susceptibility to SCC of brass and corrosion-induced tensile stress with various pH values. Corrosion Science, 2002, 44: 2367-2378.

[51] Li J F, Peng Z W, Li C X, et al. Mechanical properties, corrosion behaviors and microstructure of 7075 aluminum alloy with various aging statements. Transactions of Nonferrous Metals Society of China, 2008, 18: 755-762.

[52] Adler P N. Influence of microstructure on the mechanical properties and stress corrosion susceptibility of 7075 aluminum alloy. Metallurgical Transcactions, 1972, 3(2): 3191-3200.

[53] Burleigh T D. The postulated mechanisms for stress corrosion cracking of aluminum alloy. Corrosion, 1991, 47: 90-98.

[54] Balluffi R W, Schober T. On the structure of high angle grain boundaries with particular reference to a recent plane matching approach. Scripta Metallurgica, 1972, 6(8): 697-706.

[55] Knowles K M, Smith D A, Clark W A T. On the use of geometric parameters in the theory of interphase boundaries. Scripta Metallurgica, 1982, 16(4): 413-416.

[56] Humble P, Forwood C T. A dynamical treatment of the stress-induced dissociation of triangular frank dislocation loops in FCC metals. Physica Status Solidi, 1968, 29(1): 99-106.

[57] Chinh N Q, Kovacs Z, Reich L. New approach to the electric aging of dielectrics. Materials Science Forum, 1996, 217: 1293-1298.

[58] Krakow W, Smith D A. A high-resolution electron microscopy investigation of some low-angle and twin boundary structures. Ultramicroscopy, 1987, 22: 47.

[59] Ishida Y, Ichinose H. Mössbauer spectrum of 57Fe associated with the vacancy in aluminum. Scripta Metallurgica, 1977, 11(7): 539-542.

[60] Pénisson J M, Vystavel T. Measurement of the volume expansion of a grain boundary by the phase method. Ultramicroscopy, 2002, 90(2-3): 163-170.

[61] 葛庭燧. 铝合金中位错与替代式溶质原子交互作用引起的低频振幅内耗峰. 金属学报, 1980, 16(2): 218-230.

[62] 宋仁国, 张宝金, 曾梅光. 7175 铝合金的应力腐蚀与晶界 Mg 偏析的作用. 金属学报, 1997, 33(6): 595-601.

[63] 李海, 毛庆忠, 王芝秀, 等. 高温预时效+低温再时效对 Al-Mg-Si-Cu 合金力学性能及晶间腐蚀敏感性的影响. 金属学报, 2014, 50(11): 1357-1366.

[64] Tanner D A, Robinson J S. Residual stress magnitudes and related properties in quenched aluminum alloys. Materials Science and Technology, 2006, 22(1): 77-85.

[65] Hardwick D A, Thompson A W, Bernstein I M. The effect of copper content and heat treatment on the hydrogen embrettlement of 7050-type alloys. Corrosion Science, 1988, 28(12): 1127-1137.

[66] 刘继华, 李荻, 朱国伟, 等. 7075 铝合金应力腐蚀敏感性的 SSRT 和电化学测试研究. 腐蚀与防护, 2005, 26(1): 6-9.

[67] Lee S M, Pyun S I, Chun Y G. A critical evaluation of the stress-corrosion cracking mechanism in high-strength aluminum alloys. Metallurgical Transactions A, 1991, 22A (10): 2407-2414.

[68] 祁星, 宋仁国, 王超, 等. 阴极极化对 7050 铝合金应力腐蚀行为的影响. 中国有色金属学报, 2014, 24(3): 631-636.

[69] 吕宏, 郭献忠, 高克玮, 等. α-Ti 在甲醇中应力腐蚀和膜致应力的研究. 自然科学进展, 2000, 10(8): 729-733.

[70] 祁星, 宋仁国, 祁文娟, 等. 极化电位对 7050 铝合金应力腐蚀敏感性和膜致应力的影响. 航空材料学报, 2014, 34(2):40-45.

[71] Qiao L J, Chu W Y, Miao H, et al. Strength effect in stress corrosion cracking of high strength steel in aqueous solution. Metallurgical Transactions A, 1993, 24: 959-963.

[72] Lu H, Gao K W, Chu W Y. Determination of tensile stress induced by dezincification layer during corrosion for brass. Corrosion Science, 1998, 40: 1663-1670.

[73] Lin J C, Liao H L, Jehng J C. Effect of heat treatments on the tensile strength and SCC-

resistance of AA7050 in an alkaline solution. Corrosion Science, 2006, 48: 3139-3156.

[74] Gest R J. Troiano A R. Stress corrosion and hydrogen embrittlement in an aluminum alloy. Corrosion, 1974, 30(8): 274-279.

[75] Mears R B, Brown R H, Dix E H. Symposium on stress corrosion cracking of metals. ASTM and AIME, 1944: 329.

[76] Grubl W, Brungs O. Investigation of the mechanism of stress corrosion cracking in Al-Zn-Mg-Cu alloys. Metall, 1969, 23:1020-1025.

[77] Sedriks A J, Green A S, Slattery P W. Stress corrosion cracking of titanium and Ti-Al alloys in methanol-iodine solutions. The Science, Technology and Application of Titanium, 1970, 27(2): 283-291.

[78] Ambrish S, Yuanhua L, Wanying L. Plant derived cationic dye as an effective corrosion inhibitor for 7075 aluminum alloy in 3. 5% NaCl solution. Journal of Industrial and Engineering Chemistry, 2014, 20(6): 4276-4285.

[79] Renuka V, Tyler J S, Shashank K C, et al. 3D X-ray microtomography and mechanical characterization of corrosion-induced damage in 7075 aluminium (Al)alloys. Corrosion Science, 2018, 139: 97-113.

[80] 祁文娟, 宋仁国, 祁星, 等. 7050 铝合金氢致附加应力与氢脆的研究. 中国有色金属学报, 2015, 25(5): 1185-1192.

[81] Speidel M O. Design against environment-sensitive fracture. Mechanical Behaviour of Materials, 1980, 1: 109-137.

[82] Montgrain L, Swann P R. Hydrogen in metals, ASM, 1974: 575-584.

[83] Scamans G M, Birbilis N, Buchheit R G. Corrosion of aluminum and its alloys. Shreir's Corrosion, 2010, 3: 1974-2010.

[84] Ciaraldi S W. Microstructural observations on the sulfide stress cracking of low alloy steel tubulars. Corrosion, 1984, 40(2): 232-238.

[85] Thompson A W, Bernstein I M. The role of plastic fracture processes in hydrogen embrittlement. The Physical Metallurgy of Fracture, 1978: 249-254.

[86] 孙斌, 宋仁国, 李海, 等. 阴极极化对不同时效状态 7003 铝合金应力腐蚀行为的影响. 材料热处理学报, 2015, (10):62-68.

[87] Hou W, Liang C. Eight year atmospheric exposure of steels in China. Corrosion, 1999, 55(1): 65-73.

[88] Yue T M, Dong C F, Yan L J. The effect of laser surface treatment on stress corrosion cracking behavior of 7075 aluminum alloy. Materials Letters, 2004, 58(5): 630-635.

[89] Deshais G, Newcomb S B. The influence of microstructure on the formation of stress corrosion cracks in 7XXX series aluminum alloys. Materials Science Forum, 2000, 331: 1635-1640.

[90] 张宇. 7xxx 系铝合金晶界偏析研究进展. 材料热处理技术, 2011, 40(10): 34-37.

[91] 宋仁国, 曾梅光, 张宝金, 等. 7050 铝合金晶界偏析与应力腐蚀、腐蚀疲劳行为的研究. 中国腐蚀与防护学报, 1996, 16(1): 1-8.

[92] Taheri M, Albrecht J, Bernsteir I M, et al. Strain-rate effects on hydrogen embrittlement of 7075 aluminum. Scripta Metallurgica, 1979, 13: 871-875.

[93] Zapffe C A, Sims C E. Cause of pinholes and some related defects in enamel coatings on cast iron. Journal of the American Ceramic Society, 1941, 24: 249-256.

[94] Bennek H H, Moller H. Stress corrosion cracking behavior of a Al-Zn-Mg-Cu alloy. Stahl u. Eisen,1935, 35: 321-327..

[95] 褚武扬. 氢损伤和滞后断裂. 北京：冶金工业出版社, 1988.

[96] 宋仁国, 耿平, 张宝金, 等. 7175 铝合金晶界偏析与阴极渗氢过程中的 Mg-H 相互作用. 航空材料学报, 1997, 17(4): 37.

[97] 褚武扬, 李世琼, 肖纪美. 钢中氢致裂纹机构研究. 金属学报, 1981, (1): 90-101.

[98] 褚武扬, 谷飚, 高克玮. 应力腐蚀机理研究的新进展. 腐蚀科学与防护技术, 1995, 7(2): 97-101.

第2章 高强铝合金热处理工艺

7000系铝合金的研究基本上集中在两方面，一是开发高强、高韧、低应力腐蚀的新合金，来满足航空航天等工业领域的需求；二是探究合理的热处理工艺来达到各种民用要求。优化热处理工艺的目的是改善高强铝合金综合性能，通过选择合理的工艺参数，以得到MPt、GBP、PFZ等参数之间的最佳配合。Al-Zn-Mg-Cu系高强铝合金的热处理工艺主要包括：固溶淬火、均匀化、时效处理，其中时效又包括单级时效、双级时效、形变时效、特种峰时效和回归再时效等[1]。本章主要介绍高强铝合金的固溶和典型时效热处理工艺，以及通过热处理对铝合金进行强韧化的机理。

2.1 试 验 方 法

在进行高强铝合金热处理工艺相关研究和分析的介绍之前，首先介绍一下本章所采用的一些试验和分析方法，包括力学性能测试和微观组织分析等。

2.1.1 洛氏硬度测试

在洛氏硬度计上进行洛氏硬度测试。试验前，依次用200#、400#、600#、800#、1000#、1200#砂纸将试样表面打磨光，除去热处理过程中形成的氧化膜，硬度测试严格按照国家标准GB/T 230.1《金属洛氏硬度试验》进行，每个试样测试5个点后取平均值。

2.1.2 拉伸试验

拉伸试验的试样长轴沿原材料的短横向取样，严格按照国家标准GB/T 228.1《金属材料室温拉伸试验方法》加工(图 2-1)，测试试样的屈服强度$\sigma_{0.2}$、抗拉强度σ_b及延伸率δ等，测定3个试样取平均值。试验前，依次用200#、400#、600#、800#、1000#、1200#砂纸将试样表面磨光，除去氧化膜。试验过程中采用位移控制，引伸计标距为25mm，拉伸速率为1mm/min，环境温度为(25±2)℃，试样断于引伸计标距内为有效试样。

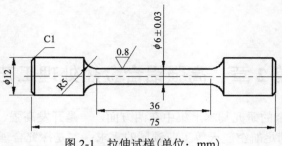

图 2-1　拉伸试样(单位：mm)

2.1.3　光学显微组织分析

将截取的试样依次用 200#、400#、600#、800#、1000#、1200#水磨砂纸预磨后进行机械抛光，用混合酸腐蚀，其成分为：$2.5\%HNO_3+1.5\%HCl+1.0\%HF+95\%H_2O$，腐蚀时间 30s 左右。待光亮的表面失去光泽变成银灰色后立即用清水冲洗，再用酒精漂洗，吹风机吹干，在显微硬度及图像分析系统上对腐蚀前后的试样进行显微组织观察和分析。

2.1.4　X 射线衍射仪(XRD)物相分析及晶格常数计算

用线切割将 7000 系合金试样切成大小为 10mm×10mm×4mm 的长方体，用金相砂纸将试样表面打磨平整。采用 X 射线衍射仪进行物相分析及晶格常数测量，试验条件为 Cu-Ka 射线，波长为 1.540562Å，工作电压 40kV，管电流 250mA，扫描速度 5.00°/min，并利用 Jade6.0 软件进行数据处理，计算基体在不同工艺参数下的晶格常数。

2.1.5　断裂韧性测试

材料的断裂具有各向异性，沿长横向(L-T 方向)取样，如图 2-2 所示，从原材料上取样前需对其组织的方向性进行辨别，包括试样主变形方向(L)、最小变形方向(T)及第三正交方向(S)。利用标准紧凑拉伸(compact tension，CT)试样进行平面应变断裂韧性(K_{IC})试验，试验方法按照 GB4161—2007 进行，尺寸如图 2-3 所示。在 INSTRON8801 材料试验系统制备机器上测试疲劳裂纹，并采用负荷控制加载，利用自行设计的夹具，并保证其边界条件与所使用的 K 标定一致。首先预制疲劳裂纹，采用正弦波加载，频率为 3Hz，选择的最大载荷要保证使疲劳循环开始阶段的最大应力强度因子不超过材料 K_{IC} 估计值。试验的最大载荷不超过 8kN，疲劳预制裂纹长度控制在 2.5mm 左右，疲劳总循环周次按国标规定控制在 $2\times10^4\sim1\times10^5$ 次之间。拉伸时采用位移控制，拉伸速度控制在 1mm/min。拉伸时用计算机记录载荷 P 和裂纹张开位移 V，试样刀口标距为 10mm。试验完成后，

得到 P-V 关系曲线。按标准测定并输入断口上的裂纹值，计算机则自动计算出 P_q、P_{max}/P_q、K_q 值（其中，P_q 为特定的条件载荷，P_{max}/P_q 为最大载荷与特定的条件载荷的比值，K_q 为断裂韧性的条件值），并自动对 K_q 值的有效性进行校核，如果满足有效性要求，则为 K_{IC}。每组试验取 3 个试样分别测定 K_{IC} 值，将其平均值作为该组的 K_{IC}。

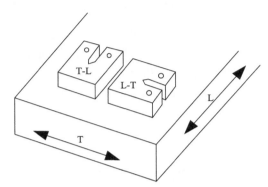

图 2-2　断裂韧性取样方向

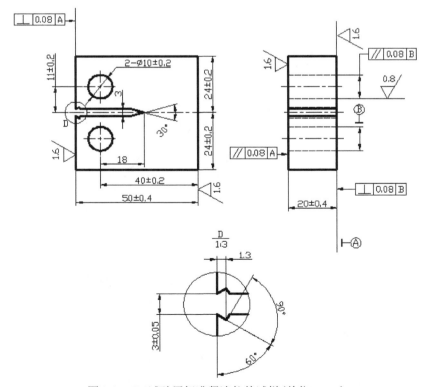

图 2-3　K_{IC} 试验用标准紧凑拉伸试样（单位：mm）

2.1.6　扫描电镜(SEM)分析

利用扫描电镜(带有能谱仪)进行微观组织、拉伸断口、断裂韧性断口形貌观察，并对韧窝内的粒子用扫描电镜配套的能谱仪测定其元素组成。

2.1.7　透射电镜(TEM)、能谱仪(EDS)及电子束衍射花样分析

先将面积约 $1cm^2$、厚度为 3～4mm 的试样经粗水磨砂纸打磨至 0.5mm 以下，然后在水磨机上抛光至 $100\mu m$ 左右，再经机械减薄至 $20\mu m$ 左右厚度后将样品冲成 $\phi 3mm$ 的圆片；双喷电解液由硝酸和甲醇按 1∶2 配比组成混合液，温度控制在 $-30～-20℃$，在精密离子减薄仪上对薄圆片进行减薄、穿孔，制成透射电镜样品。

在透射电镜上(加速电压为 160kV)观察合金的基体沉淀相、晶界沉淀相以及晶界无析出带等的变化规律，并对不同时效状态下合金的晶界进行能谱分析。晶界上取一点，沿晶界两侧各取 2 个点，如图 2-4 所示，每种时效状态下分析 3～5 条晶界的化学成分，然后取其平均值。

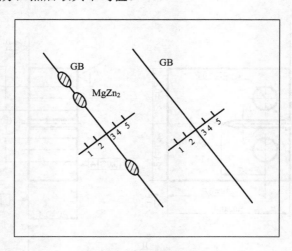

图 2-4　晶界能谱分析图

在透射电镜上利用选区电子衍射功能确定基体析出相的类型，并通过强化理论计算析出相对铝合金的强化方式，进而确定析出相对基体的强化方式。

2.1.8　高分辨透射电镜(HRTEM)分析

在高分辨透射电镜上观察经各种时效处理的 7000 系铝合金基体及晶界上的析出相，主要研究析出相的形貌、析出相之间的转变规律、析出相与基体位向关

系以及其晶格常数变化规律等。

2.2　高强铝合金固溶处理工艺

如本书第 1 章所述,铝合金时效处理之前,先要通过固溶处理以获得过饱和固溶体,因此固溶处理是铝合金热处理的基础。7000 系铝合金中含有多种复杂的强化相、粗大的第二相粒子和杂质相。这些粗大的未溶相广泛分布于晶内、晶界处,对合金性能产生了很大的影响[2,3]。一方面粗大相的存在会降低基体的饱和固溶度;另一方面其高能量的边界上易聚集时效析出相粒子,从而影响强化相的析出效果,最终导致合金强度的降低。因此,固溶处理是 7000 系铝合金热处理的关键步骤之一,其主要通过改变晶粒形态与尺寸、合金元素的固溶程度,来影响合金强度、硬度、塑性和韧性、抗应力腐蚀性。

从沉淀动力学来说,固溶处理后,固溶体过饱和,不仅对溶质原子过饱和而且对空位晶体缺陷也是过饱和,处于双重过饱和状态。沉淀过程是一种原子扩散过程,而空位的存在是原子扩散必须具备的条件,故固溶体中的空位浓度及其溶质原子间的交互作用性质必然对沉淀动力学产生很大影响[4]。另外,在合金的开发过程中,常通过提高合金元素的含量来提高合金的强度,但如果可溶结晶相未得到充分固溶,将对合金的综合性能产生不利影响。对时效强化效果而言,提高固溶度和增加合金元素含量作用相似。固溶时如果有大量未溶相残留,并连续分布于晶界上,会导致晶界易于过早断裂。

对于固溶处理,应该注意如下两个问题:①固溶处理温度:炉内温度要均匀,参照国内外固溶处理资料选择固溶处理温度,必须考虑防止过烧、晶粒粗化等,尽可能采用较高的加热温度,同时重视温度的均匀性。但是温度有一个范围,如果温度高于这个范围,合金中的低熔点组成物(共晶体)在加热过程中会发生过渡液相所导致的晶界第二相连续分布、吸气等组织过烧现象;如果温度低于这个范围,强化相无法完全溶解,必将影响合金的强度。另外,在热处理过程中,固溶处理的温度必须均匀。②固溶转移时间:即试样从出炉到进入淬火槽液的间隔时间。在转移过程中,试样温度急剧下降可能导致固溶体发生局部分解,从而降低时效过程中的强化效果,尤其会增加合金的晶间腐蚀。试样出炉后温度每降低 5℃,将导致合金强度下降 18%,为此,在实验中应尽可能缩短转移时间,大概控制在 3s 以内[5]。

2.2.1　固溶温度对高强铝合金性能的影响

固溶处理的温度是一个十分重要的参数。在 380～500℃之间,即在固溶温度区间内进行固溶处理,接着冷却到室温并时效,可使合金获得良好的机械性能,但不能排除合金中的第二溶解相 Al_2CuMg 的熔化。如果进行快速加热，局部富集的该相会在 485～490℃时熔化[6]。另外，η 相的熔化温度在 467～489℃之间，若超过这个温度就有过烧的危险。一般来说，在没有发生过烧的情况下，固溶温度越高，固溶的合金元素浓度也就越大，淬火后的过饱和固溶体的浓度也就越高，理论上时效后应有更高的强度。固溶温度的上限是合金中低熔点共晶转变温度，固溶时的加热温度必须低于共晶转变温度。对于超高强铝合金，既要求有高的强度又要求有足够的韧性，其加热温度范围很窄，应该控制在严格的范围内，通常控制在±5℃以内[7]。

　　图 2-5 和图 2-6 分别是 7003 铝合金在不同固溶温度下的显微硬度($HV_{0.1}$)和力学性能。从图 2-5 可以看出，时效前合金的显微硬度随着固溶温度的提高而不断降低，在经过 120℃/50h 人工时效和 60d 自然时效后，合金的显微硬度明显提高，在 470℃时达到峰值(140$HV_{0.1}$)。对于力学性能，经过 120℃/50h 人工时效和 60d 自然时效后，合金的抗拉强度和屈服强度随着固溶温度的提高先升高到最大值，后又下降；合金的塑性随着固溶温度的提高先降低至最小值，后又回升。

　　7050 铝合金也存在类似的规律，图 2-7 和图 2-8 分别为不同固溶温度对 7050 铝合金硬度和力学性能的影响。由图可见，合金的硬度随着固溶温度呈先上升后下降的趋势，同样在约 470℃时达到硬度峰值。对于力学性能，随着固溶温度升高，抗拉强度和屈服强度都先增大到峰值后再降低，当固溶温度为 470℃时，抗拉强度和屈服强度达到最大值，而延伸率此时最低。

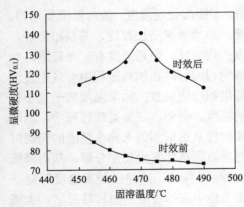 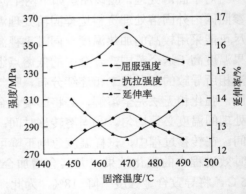

图 2-5　7003 铝合金不同固溶温度下的硬度　　图 2-6　7003 铝合金不同固溶温度下的力学性能

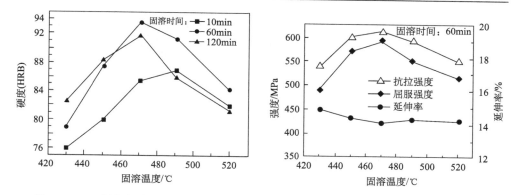

图 2-7　7050 铝合金不同固溶温度下的硬度　　图 2-8　7050 铝合金不同固溶温度下的力学性能

2.2.2　固溶时间对高强铝合金性能的影响

图 2-9 和图 2-10 分别是 7003 铝合金在不同固溶时间下的显微硬度($HV_{0.1}$)和力学性能。从图 2-9 可以看出，合金的显微硬度随着固溶时间的延长先降低后升高。经过 120℃/50h 人工时效和 60d 自然时效后，合金的显微硬度明显提高，且显微硬度随着固溶时间的变化具有与随固溶温度变化相似的规律，即都是先升高后降低，70min 固溶处理的试样显微硬度最大，为 $140HV_{0.1}$。从图 2-10 可见，经过 120℃/50h 人工时效和 60d 自然时效后，随着固溶时间的延长，合金的抗拉强度和屈服强度先升高到最大值后又下降，而塑性则先降低至最小值后又回升。

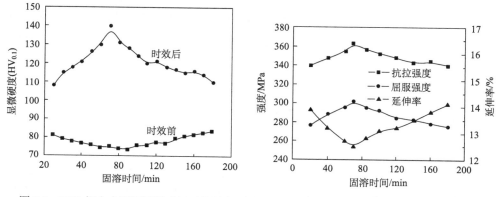

图 2-9　7003 铝合金不同固溶时间下的硬度　　图 2-10　7003 铝合金不同固溶时间下的力学性能

图 2-11 和图 2-12 分别为不同固溶时间对 7050 铝合金硬度和力学性能的影响。如图 2-11 所示，固溶温度为 430℃时，合金硬度随固溶时间的增加而增大，固溶时间在 80min 前曲线斜率较大，之后硬度增大趋势平缓，总体硬度值增加不大；在 470℃温度下固溶，得到合金硬度与固溶时间的曲线，合金硬度在 0~60min 阶段

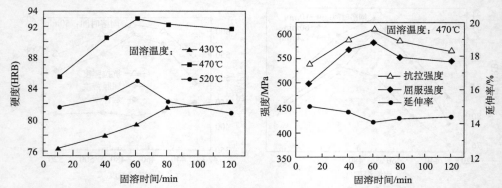

图 2-11 7050 铝合金不同固溶时间下的硬度　图 2-12 7050 铝合金不同固溶时间下的力学性能

增加较明显，60min 时达到最大，之后硬度值开始降低，下降率较小，合金硬度维持在较高水平；经过 520℃不同时间固溶处理后，合金的硬度值先增加，60min 后呈下降趋势。由图 2-12 可知，随固溶时间的延长，合金的抗拉强度和屈服强度呈先增大后减小的趋势。固溶时间在 60min 时，合金的强度最大，这与图 2-11 中 470℃下硬度随固溶时间的变化是一致的。由试验结果发现，在 470℃/60min 状态下合金的综合力学性能较好。

由图 2-5 至图 2-12 可见，470℃/60～70min 固溶的试样经时效后的析出强化效果较好，合金硬度及强度较高，综合力学性能最好。出现这种现象的主要原因有：①温度的提高使相变驱动力增加，可减少析出相的临界形核尺寸，提高形核率；②温度的提高使溶质原子在合金中的扩散速率增大，使固溶体成分更加均匀；③有合适的保温时间，保证了第二相固溶充分，且无新的第二相析出。上述原因共同促使了时效析出相数量的增加，且更加细小、均匀，增加了强化效果。另外，固溶效果的判定还要综合考虑回复再结晶的程度及第二相强化、固溶强化和沉淀强化的效果等因素，具体见下文的讨论。

2.2.3 固溶处理对高强铝合金组织的影响

1. 不同固溶温度对合金组织的影响

以 7050 铝合金为例，不同固溶温度下合金组织固溶态金相显微照片（OM）如图 2-13 所示。可以看出，固溶温度的升高一方面使固溶更加充分，另一方面使亚晶粒数量减少，晶粒长大。7050 高强铝合金合金化程度高，因此含有多种复杂的强化相、粗大的第二相粒子以及有害的杂质相。这些粗大的未溶相分布在晶界与晶内，对合金的性能产生很大的影响，此外粗大相的存在也使基体饱和固溶度降低，同时高能量的边界会使时效析出相粒子容易聚集，影响强化相的析出效果，降低合金的强度。

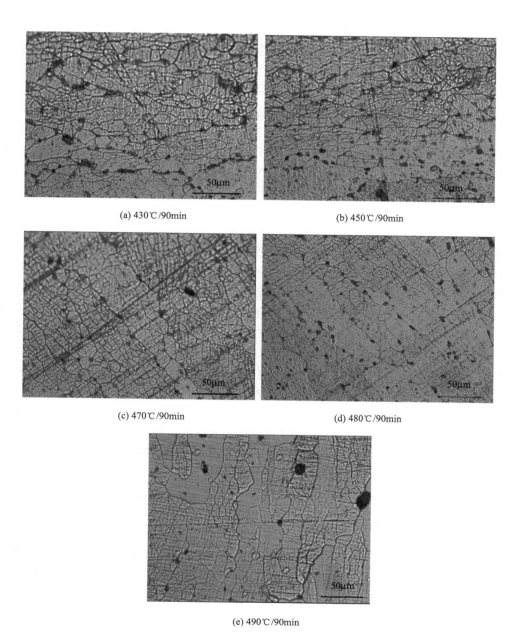

(a) 430℃/90min

(b) 450℃/90min

(c) 470℃/90min

(d) 480℃/90min

(e) 490℃/90min

图 2-13　不同固溶温度合金组织固溶态下的金相显微照片(OM)

430℃时固溶温度低，组织中存在大量的未溶粗大相，时效过程的析出强化效果很弱，合金硬度值很低。随着固溶温度的升高，基体固溶程度增大，未溶相逐渐回溶入基体组织内，分布在晶界及晶内的粗大相减少，过饱和程度提高，时效驱动力增大，基体组织性能得到较大改善，合金硬度值提高很大。进一步提高固溶温度，粗大未溶相溶解更加彻底，但是组织中的金属间化合物开始聚集长大，影响了合金时效过程的强化效果，硬度值开始降低。当温度达到490℃时，组织中出现过烧现象，低熔点共晶相产生的过渡液相将弱化晶界，并影响时效析出过程，对合金性能非常不利，过烧组织的硬度值很低。

图2-14为选取430℃/90min、470℃/90min以及490℃/90min固溶处理，经人工时效后的拉伸断口照片及合金微观组织形貌照片。

可以看出430℃/90min固溶处理后的合金经过时效处理后的断口为韧窝断裂，韧窝大而深，大韧窝里包含较多细小韧窝，大小韧窝相连在一起。相应的组织形貌照片表明，沉淀相析出较少，粒子粗大。合金在430℃/90min固溶方式下存在较大的粗大未溶相，这些粗大的未溶相与基体存在非共格界面，较大的界面能使沉淀析出相容易在其周围析出，沉淀析出强化作用不强，位错在组织中的运动受到阻碍较小，容易产生塑性变形，合金的强度低、延伸率高、塑性好。

从固溶处理为470℃/90min合金时效态拉伸断口照片中可以看出，拉伸断口韧窝细小，尺寸分布均匀。组织形貌的扫描电镜照片显示时效过程中沉淀析出相颗粒细小，分布弥散，强化效果高于430℃/90min固溶处理的组织。470℃/90min固溶处理合金组织中的粗大相溶解，提高了基体的固溶程度，均匀弥散、颗粒细小的强化相析出效果好，组织回复再结晶程度低，合金强度及延伸率都维持在较高水平。490℃/90min固溶处理合金经人工时效后拉伸断口形貌为以韧窝断裂为主的混合断口，断口韧窝较大，韧窝之间部分出现沿晶断裂面。组织形貌照片显示，490℃过烧状态下，组织中存在过渡液相聚集的粗大颗粒，粗大粒子周围成为沉淀析出相的聚集场所，合金时效析出效果较差，过烧组织弱化晶界造成沿晶断裂。

2. 不同固溶时间对合金组织的影响

由上述分析可知，在470℃时，合金的力学性能最好，因此在470℃下对7050铝合金进行不同时间的固溶处理，得到固溶态下的合金组织金相照片如图2-15所示。延长固溶时间，组织中亚晶粒数量将减少，回复再结晶程度增加，晶粒趋于长大。90min时固溶时间较短，组织中晶粒较小，亚晶粒所占比例较大。固溶时间为120min时，出现回复再结晶现象，亚晶粒数量减少，晶粒尺寸分布高度均匀一致，合金的硬度值很高。继续延长固溶时间，组织出现很高的回复再结晶程度，晶粒有所长大。固溶时间为200min时，晶粒变得非常大，时效处理后合金的硬度值最低。此外，固溶时间的延长会促进第二相的溶解，提高合金的过饱和度从而提高固溶强

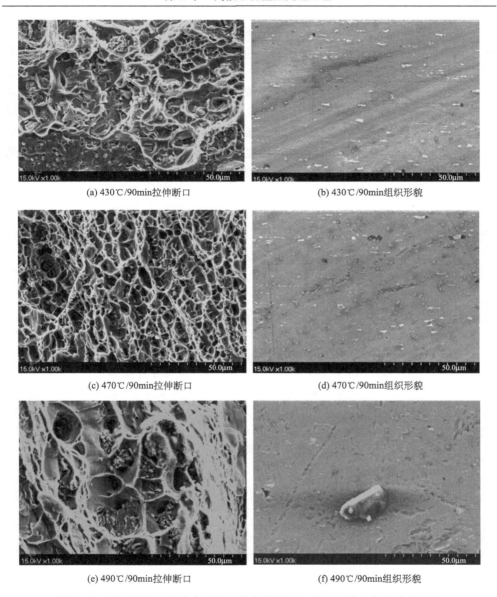

(a) 430℃/90min拉伸断口　　　　　　　　(b) 430℃/90min组织形貌

(c) 470℃/90min拉伸断口　　　　　　　　(d) 470℃/90min组织形貌

(e) 490℃/90min拉伸断口　　　　　　　　(f) 490℃/90min组织形貌

图 2-14　不同固溶处理合金时效后的拉伸断口与组织形貌显微照片(SEM)

化的效果，但是同时合金也会因为失去了第二相的弥散强化作用而被软化。而软化作用占据了主导地位，所以合金的强度和硬度降低。但是，随着固溶时间的进一步延长又有新的第二相析出，对合金起到弥散强化作用，所以合金的强度和硬度又缓慢增加。另外，这一现象也表明 7050 铝合金固溶过程是强化作用和软化作用竞争的过程，溶质原子的固溶强化作用为次要，第二相强化作用占据主导地位。

　　固溶时间的延长对时效强化效果的影响有两个阶段[8]：第一阶段，固溶时间的延长使溶质原子在合金固溶更加充分和均匀，使时效过程中析出的第二相数量增加，且更加细小、弥散，增加强化效果；第二阶段，随着固溶时间的继续延长，促使已经形成的较大相变驱动力寻求释放，析出新的粗大第二相，这样导致时效强化效果不理想（见图 2-15）。因此，合金的性能出现上述变化。当然，固溶时间的确定要综合考虑回复再结晶的程度及第二相强化、固溶强化和沉淀强化的效果等因素。另外，固溶时间还要和固溶温度相互配合，固溶温度过高，则会导致晶粒长大，甚至会导致组织过烧；过低，则固溶不充分。

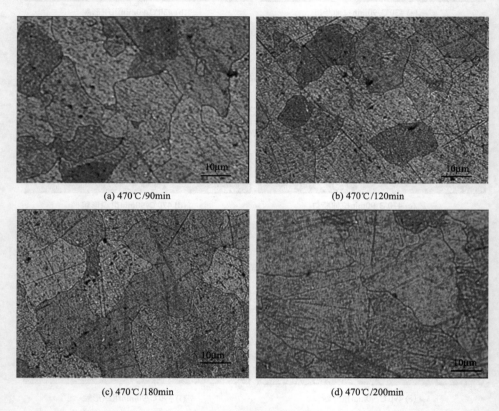

(a) 470℃/90min　　　　　　　　　　　　(b) 470℃/120min

(c) 470℃/180min　　　　　　　　　　　　(d) 470℃/200min

图 2-15　不同固溶时间合金组织固溶态下的金相观察（OM）

　　综上所述，影响固溶效果的主要因素是固溶温度以及固溶时间 [9,10]。在一定范围内，提高固溶温度或延长固溶时间，可以增加溶质原子在基体内的固溶度，从而提高固溶强化效果。但是，固溶温度的提高或固溶时间的延长同时还会有软化作用：①促使回复再结晶和晶粒长大，使合金强度降低；②导致合金中过剩相减少，第二相强化作用减弱，使合金软化[11]。因此，合金固溶处理后的强度变化是强化和软化竞争作用的结果。而这些粗大相是由上述各相聚合而成的富 Fe 相。又由硬度测试结果可知，这些相硬而脆，因而对基体有很大的强化作用，但是这些相的存在同时也会降低合金的塑性。在固溶时间不变的条件下，固溶温度的提高会促使第二相不同程度地溶解到基体中，基体也因此失去对第二相的强化；合金的回复再结晶程度也随之加强。这些因素的共同作用，使得高强铝合金的硬度及强度在超过某一温度范围后而不断降低[12]。另外，在固溶温度不变的条件下，固溶时间的延长对固溶效果的影响分为两个阶段：第一阶段，固溶时间的延长使溶质原子在合金中固溶更加充分和均匀；第二阶段，随着固溶时间的进一步延长，促使已经形成的较大相变驱动力寻求释放，析出新的粗大第二相。在第一个阶段，第二相开始析出并长大，第二相的强化作用开始显现，并逐渐占据主导作用，表现为硬度和强度的增加；而在第二个阶段随着固溶时间延长，第二相开始溶解到基体中，合金的回复再结晶程度也增强，实际上也在一定程度上降低了基体的强度[13]。因此合金的硬度和强度随着固溶时间的进一步延长而降低。

2.3　高强铝合金时效处理工艺

固溶并淬火后所得到的过饱和固溶体在室温或加热条件下将发生分解，时效过程就是过饱和固溶体的沉淀过程。时效工艺包括时效温度和在此温度下的保温时间，时效后一般采用空冷。铝合金的时效硬化是一个相当复杂的过程，它不仅取决于合金的组成、具体时效工艺，还取决于合金在生产过程中产生的缺陷，特别是空位、位错的数量和分布等[14-16]。因此我们不能简单地按照合金分布状态图和加入组元的性质，来预先指出某一合金在一定温度时效一定时间后沉淀物的数量与分布，也不能指出当其经过这些处理后性能的确切变化。直到现在，人们对铝合金时效理论的认识还是粗浅的。但目前多数研究认为时效硬化是溶质原子偏聚形成硬化区的结果。铝合金在淬火加热时，合金中形成了空位，在淬火冷却时，由于冷却速度快，这些空位来不及析出，便被"固定"在晶体内。这些在过饱和固溶体内的空位多与溶质原子结合在一起。由于过饱和固溶体处于不稳定状态，因而它有从不稳定状态向平衡状态转变的趋势。空位的存在，加速了溶质原子的扩散速度，因而加剧了溶质原子的偏聚。硬化区的大小和数量取决于淬火温度与淬火速度。淬火温度越高，空位浓度越大，硬化区的数量也因之增加，硬化区的尺寸减小；淬火速度越大，固溶体内固定的空位越多，有利于增加硬化区的数量，减小硬化区的尺寸。

目前对于高强铝合金最普遍的时效处理方式是单级短时效，如峰时效、欠时效和过时效等。峰时效能够获得较高的硬度和强度，但是这种时效方式抗应力腐蚀性能较差，而欠时效和过时效对应力腐蚀性能的改善是以牺牲强度为代价的。

阎大京等[17]在研究 7475 铝合金超长时效的过程中发现了两个时效硬化峰，并且两个峰值的强度差不多。宋仁国等[1]在研究 7175 高强铝合金的超长时效过程中也发现了类似的现象，并在进一步研究中发现第二峰的应力腐蚀开裂敏感性比第一峰低得多。这种超长时效工艺是一种以不损失强度为前提并且可以提高合金抗应力腐蚀性能的新工艺。

2.3.1 高强铝合金单级双峰时效处理工艺

如上文所述，阎大京、宋仁国等在对高强铝合金进行超长时效的过程中发现了双峰时效现象，后者及其团队研究了 7000 系高强铝合金双峰时效工艺对合金性能的影响以及这种双峰现象的普适性。

1. 7050 铝合金单级双峰时效处理工艺

1）不同固溶制度下 7050 铝合金的长时效硬化曲线

单级双峰时效工艺分为固溶处理+长时间低温时效。根据李杰[18]的研究，以下固溶制度分别在各自的温度下获得了最高的硬度，这些固溶制度分别是 430℃/240min、450℃/180min、470℃/120min、490℃/90min 和 510℃/60min。因此我们采用上述固溶制度进行长时效研究，图 2-16 为上述不同固溶制度下、120℃时效时，7050 铝合金的长时效硬化曲线。如图 2-16（a），430℃/240min 固溶下并 120℃长时效后，合金硬度随时效时间的增加，呈现先增大后降低，再增大最后降低的趋势。第一个峰位出现在 20～25h，第二个峰位出现在 80h 左右，两个峰位的硬度值分别为 83.0 与 83.3，第二峰硬度值略大于第一峰值。合金的硬度变化曲线表明，第一峰位前合金硬度的变化幅度不是很大，第一峰后硬度值的下降平缓，随后有小幅回升到达第二峰后硬度值持续回落。从图 2-16（b）可以看出，合金在450℃/180min 固溶下进行 120℃时效，硬度随时效时间的变化曲线呈现双峰现象，第一峰位出现在 20h 左右，第二峰位则出现在 90h 附近，第二峰位的硬度值大于第一个峰，双峰硬度值分别为 85.56 与 87.1。不难发现，合金硬度先上升，随着时效时间增加合金硬度值下降，继续延长时效时间硬度再次增加并在 90h 达到第二峰位。与图 2-16（a）作比较，图 2-16（b）中合金的硬度增加幅度更大，第一峰位后下降趋势也更明显。450℃/180min 固溶下的双峰值比 430℃/240min 固溶下更高，说明固溶方案对长时效合金的性能有一定的影响。如图 2-16（c），固溶处理为 470℃/120min 时，合金硬度在长时效处理后也显示双峰位，双峰的位置与图2-16（a）与图 2-16（b）相似，但是变化趋势大于前两次实验，双峰现象较为明显，且硬度值也有所增加，接近 95，说明 470℃/120min 固溶处理对合金的长时效硬化过程更为有利。如图 2-16（d），固溶处理为 490℃/90min 时，合金硬度随时效时间的增加变化不是很大，硬度值的变化曲线显示双峰现象仍然存在，但不是很明显。硬度值增加、降低的变化幅度较小，在第一峰位前，上升速率较大，第一峰过后硬度值有少许降低，最低值与第一峰值相差不大，继续延长时效时间则硬度值有所回升，但是回升幅度也不高，在达到第二峰值后曲线开始下降，下降趋势

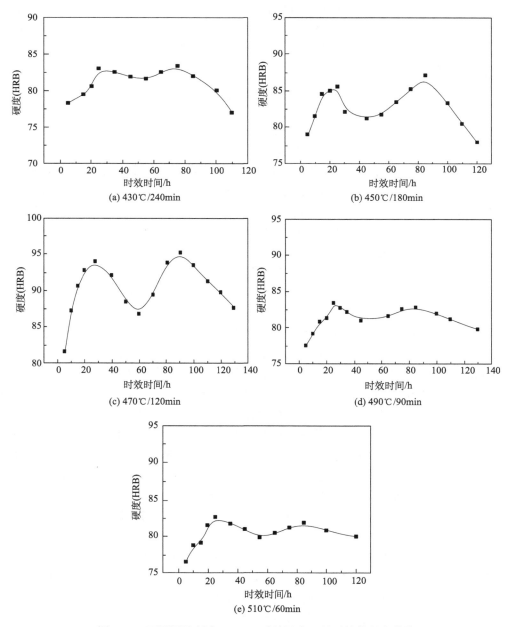

图 2-16　不同固溶制度、120℃时效温度下长时效的硬度曲线

平缓。可以看出 490℃/90min 固溶对合金的长时效双峰效应并不是十分有利，曲线并没有凸显双峰位现象，且双峰位的硬度值比 470℃/120min 的低很多，这可能与合金在该固溶处理下的组织结构变化有关。图 2-16(e) 将固溶温度上升至510℃，固溶时间调整为60min，可以看出，合金硬度变化曲线也存在两个峰位，但是双峰并不是十分突出，最初合金硬度值上升较快，到达第一个峰值后，开始下降但下降幅度很小，硬度最低值与第一峰值相差不大，时效时间持续延长，硬度值有所增加，在 90h 左右达到第二个峰值，最后平缓下降。

2) 不同固溶制度下长时效的微观组织分析

图 2-17 为 5 种不同固溶制度的合金时效第二峰的显微组织照片，可以发现不同固溶处理制度对合金第二峰位时效态下的组织结构有很大影响。

430℃/240min 固溶下合金组织晶粒尺寸较小，亚晶粒数量所占比例大，再结晶程度低，因此晶粒没有大范围的粗化。晶内及晶界上有大量的未溶结晶相分布，说明 430℃/240min 固溶下溶质原子固溶并不充分，基体固溶程度不高，这对随后的人工时效产生一定影响，由于基体固溶淬火后过饱和度不大，使得随后时效过程中的相变驱动力减小，溶质原子的弥散程度不高，造成时效析出相粒子粗大，且体积分数很低，使合金的硬度较低。

450℃/180min 固溶下的合金第二峰显微组织金相照片说明，合金亚晶粒数量比 430℃/240min 少，再结晶程度提高，晶粒尺寸开始变大，少部分晶粒有较低的粗化程度，对合金的硬度有软化的影响。该固溶制度下基体组织中的未溶粗大相减少，晶界上呈连续分布的粗大第二相、有害杂质相消失，回溶入基体中，增加了合金的固溶程度，提高淬火后的过饱和度。时效强化过程中，沉淀析出相较 430℃/240min 的细小、体积分数增大，所以合金的第二峰位的硬度有所提高。

470℃/120min 固溶下的合金第二峰组织照片显示，晶粒尺寸较 450℃/180min 没有太大改变，再结晶程度不高，晶粒没有很明显的粗化显现，并且组织中晶粒尺寸均匀。晶内及晶界上没有大范围的粗大非平衡结晶相，说明该固溶制度下溶质原子回溶效果很好，这极大地提高了组织中的过饱和度，淬火后，基体存在均匀的大应变状态，单位体积自由能极大地提高，在随后的时效过程中，均匀分布的溶质原子以强化相的形式沉淀析出，颗粒细小、弥散，具有很大的强化效果，所以 470℃/120min 固溶的合金长时效后硬度有极大提高，第二峰值明显高于前两种固溶态。

490℃/90min 固溶的合金第二峰组织金相照片显示，在该固溶温度下，未溶的粗大结晶相已经基本溶解完毕，固溶程度和 470℃/120min 相近，然而晶粒进一步长大，并且合金中弥散的金属间化合物开始聚集长大。晶粒长大降低了弥散析出相的强化作用，加上这些金属间化合物的聚集更加削弱了析出相的强化效果，合金在该固溶态的时效第二峰硬度值明显低于前者。

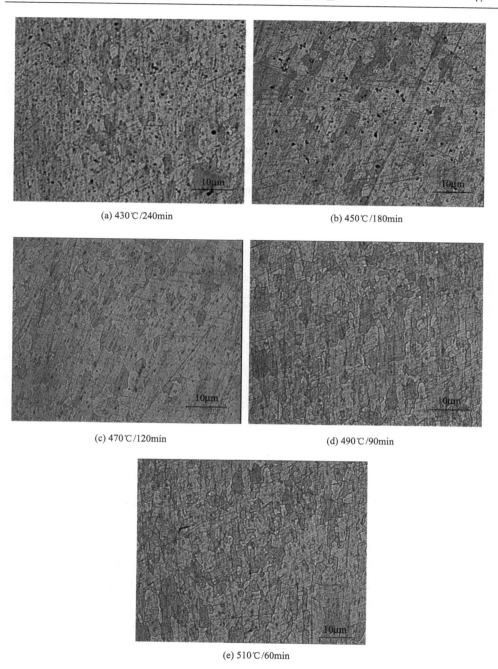

(a) 430℃/240min

(b) 450℃/180min

(c) 470℃/120min

(d) 490℃/90min

(e) 510℃/60min

图 2-17　不同固溶制度下合金时效第二峰位的显微组织照片(OM)

510℃下的基体组织已经完全溶解了最初的粗大相，晶粒也在这个温度下急剧长大，从图中可以看出晶粒明显粗化。从试验中得到合金的过烧温度大概在485~495℃之间，可以看出合金组织中有很大程度的过烧现象，生成的过渡液相弱化了晶界，而且在基体中会造成析出相的聚集，弥散的析出相粗大，之间的距离也急剧减小，对位错运动的阻碍作用降低，合金硬度值降低。

3）不同时效温度对合金长时效态性能的影响

采用 470℃/120min 为固溶制度，选用 4 组不同的时效温度：120℃、135℃、155℃、170℃，分别对合金进行长时效，比较不同时效温度下合金的性能变化规律，不同时效温度下合金硬度值的变化曲线见图 2-18。

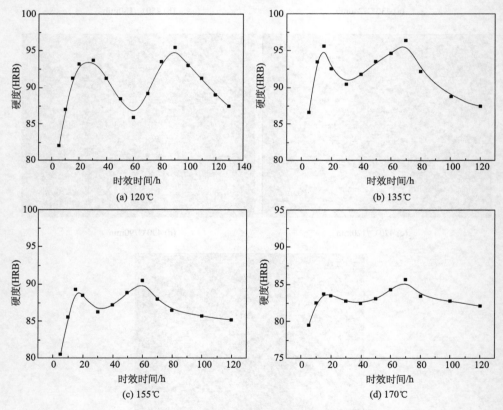

图 2-18　不同时效温度合金长时效硬度曲线

从图 2-18 中不难看出，4 种时效温度下合金的硬度变化趋势十分相似，曲线中都存在有两个硬度峰值，第二峰值高于第一峰值。进一步比较各曲线双峰位特征，结果发现 135℃时效态的合金硬度曲线双峰值比 120℃、155℃、170℃都要高，峰值分别为 95.6 与 96.4。峰值出现时间比 120℃提前，第一峰位出现提前了 10~

15h，大概出现在 16h 左右，第二峰位提前了 20h 左右，出现在 70h。155℃、170℃的双峰位也较 120℃的提前，与 135℃的峰位基本相似。155℃时合金的双峰硬度值明显低于 135℃的双峰值，第一峰值为 89.3，第二峰值为 90.5。120℃的双峰硬度值比 155℃高，略低于 135℃，分别为 93.8 与 95.5。170℃时合金的双峰值下降幅度很大，出现在 85 附近。可以看出，时效温度为 135℃时，合金长时效的性能明显高于同组的其他时效温度，所以下面试验选用 135℃作为时效温度。时效硬化合金硬化机理的研究展开较早，目前较为统一的结论是，合金的硬化是由沉淀相质点阻碍晶体学平面滑移引起的，合金的强度受到运动位错和质点之间相互作用的控制。

时效硬化过程是动态的相变过程，从热力学角度分析，过饱和固溶体是一个极不平衡的亚稳态。由于基体组织能量过高，淬火后的过饱和固溶体有向低能稳定态转变的趋势，基体中的溶质原子会沉淀析出形成与基体共格或非共格的新相，从而降低基体的能量[19,20]。Al-Zn-Cu-Mg 系合金的沉淀顺序为：GP 区→η′相→η 相，各沉淀相的脱溶温度线不同，7050 铝合金沉淀相的脱溶温度从高到低依次为 T_η > $T_{\eta'}$ > T_{GP}，因此时效温度不同则合金脱溶的产物也不同[21]。虽然 GP 区的脱溶温度较低，相变驱动力较低，但是由于其完全共格的晶体结构，使得其与母体的界面能较低，形核势垒较低，因此 GP 区首先沉淀析出。亚稳态的 η′相与平衡态的 η 相都有较高的界面能，相变驱动力虽然较大，沉淀析出过程却很慢。

120℃时效温度低于合金中 GP 区的脱溶温度线，较低的形核势垒使 GP 优先形核，时效开始阶段，细小而弥散的 GP 区使基体得到明显强化，合金硬度值上升幅度很大，随后时效程度的增加，GP 区粗化，强化效果降低，硬度有所下降，而 η′相的缓慢析出使得合金强度补偿 GP 区强化效果损失后又得到提高。

135℃的时效温度同样保证了基体中 GP 区的沉淀析出，并且温度的提高使得原子扩散速率及淬火后的过饱和空位扩散速率均得到极大提高，GP 区的形核速率比 120℃大，且体积分数也更大，所以 135℃的第一峰位比 120℃提前，硬度值也大于 120℃第一峰值。随时效时间的延长，η′相的补偿强化作用也大于 120℃，第二峰位的硬度值高于 120℃第二峰值。

高时效温度 155℃增加了沉淀相形成所需的临界空位浓度，在时效前期，GP 区形成困难，GP 区形核速率下降，GP 区的强化作用减弱，第一峰位的硬度值明显降低。较高的温度使得原子扩散速率更大，GP 区的长大行为更容易进行，这使第一峰的峰位出现较早，与 135℃相似。同样，随温度的升高，η′相形成所需的临界空位浓度增大，η′相的强化作用减弱，第二峰值也比 135℃低。

当时效温度升高至 170℃时，已经与 GP 区的脱溶温度线十分接近，GP 区的形成变得非常困难，少量 GP 区的形成随着时效程度的增加马上粗化，因此合金的第一峰值非常低，而且这么高的温度使 η′相变驱动力变得非常小，较高的形核

势垒也削弱了 η′相的形成，高原子扩散速率会使原子很快地在已经形成的 η′相聚集，这造成了 η′相的粗化并加速了其向 η 相的转变，所以第二峰值也很低，峰位出现提前。

4）不同时效温度下的微观组织分析

对不同时效温度下合金第二峰位时效态的微观组织进行扫面电镜（SEM）观察，组织形貌如图 2-19 所示。

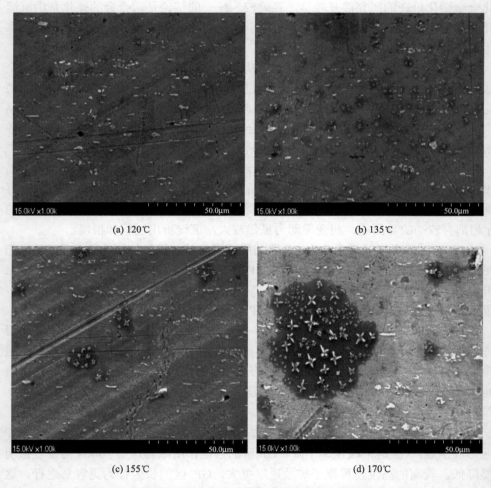

(a) 120℃   (b) 135℃

(c) 155℃   (d) 170℃

图 2-19   不同时效温度合金第二峰位时效状态微观组织照片（SEM）

从图 2-19 可以看出不同时效温度下合金第二峰位时效态的基体组织中沉淀相的析出效果存在很大的差异。120℃强化相析出较多，粒子尺寸小，在基体中的分布均匀，对合金产生很大的强化效应，合金的第二峰值较高。

时效温度为 135℃时，析出的第二相更细小，分布更弥散，可以发现第二相颗粒不仅尺寸很小，且大小均一，粒子间距很小，能够很好地阻碍位错运动，使得合金硬度值得到很大提高。

当高时效温度达到 155℃时，析出的第二相由于本身形核率较低，高温的影响又会提高原子的扩散速率，质点周围容易聚集溶质原子，出现了粗化现象，加上弥散度较低，脱溶物之间的距离较大，强化效果明显不如 135℃下的合金组织。

170℃的时效温度，使得合金中的沉淀相析出更加困难，形核率非常低，且析出相的粗化现象非常严重，细小的沉淀相聚集在一起，形成较大的粗化相，基体的强度变得非常低。

2. 其他铝合金单级双峰时效处理工艺

陈小明(Chen)和宋仁国(Song)[22]对 7003 和 7075 铝合金的单级双峰时效现象进行了研究，从而证明了双峰时效工艺在 7000 系铝合金中具有普适性。

1) 硬度

7003 和 7075 铝合金不同工艺参数下时效处理后的洛氏硬度随时效时间的变化规律如图 2-20 及图 2-21 所示。结果表明，在改变固溶温度、固溶时间或者时效温度这些参数后，经过超长时效，7003 和 7075 铝合金的洛氏硬度值均存在双峰现象。而且从整体上看，同一固溶温度、固溶时间以及时效温度下时效的两个时效峰的硬度值相差不大。这就说明了双峰时效工艺在 7000 系铝合金具有普适性。比较不同固溶温度下合金的时效硬化曲线，可以发现随着固溶温度的提高，合金时效硬化曲线先上移后又下移（见图 2-20(a)(b)(c)及图 2-21(a)(b)(c)）。显然，在一定范围内提高固溶温度，有利于合金第二相的充分溶解，形成过饱和固溶体。过饱和度越高，在时效过程中析出强化效果就会更好。因此，在一定范围内随着固溶温度的提高，时效后峰位上移。然而，随着固溶温度的进一步提高，已经形成的相变驱动力寻求释放，则在高温下析出新的第二相。这种新的第二相的形成必然影响时效后的析出效果，不利于时效后形成均匀、细小、弥散的第二相，这样势必降低时效析出强化效果[23]；另外，随着固溶温度的提高，合金会产生回复再结晶，也会降低时效后的强度、硬度，因此，当温度达到一定数值后，峰位下移。比较不同固溶时间下合金时效硬化曲线，可以发现随着固溶时间的延长，合金的第二峰时效硬化曲线也同样出现先上移后下移的现象（见图 2-20(c)(d)(e)及图 2-21(c)(d)(e)）。比较不同时效温度下的时效硬化曲线，则可以发现随着时效温度的提高，合金的时效硬化曲线出现下移，并且峰位前移（见图 2-20(b)(f)及图 2-21(b)(f)），并发现较高时效温度下的第二峰峰值比第一峰峰值略低。

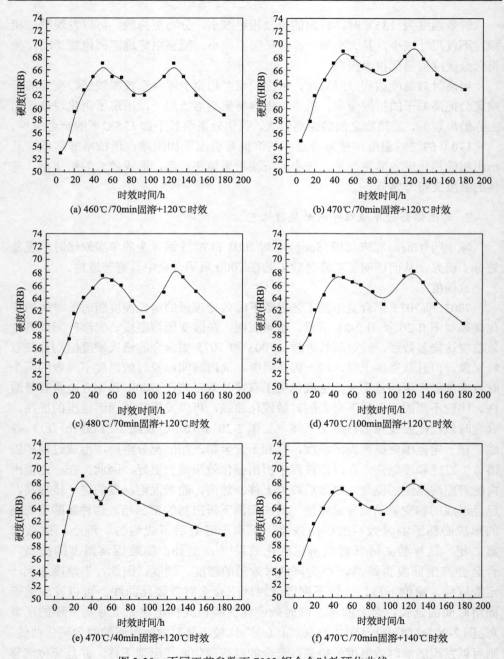

图 2-20　不同工艺参数下 7003 铝合金时效硬化曲线

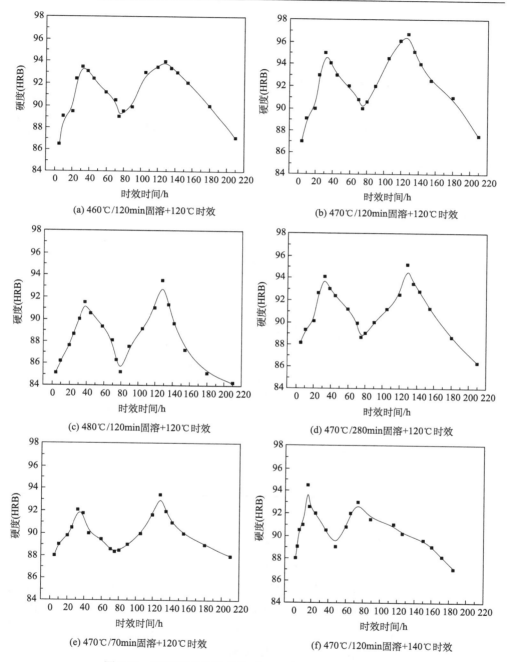

(a) 460℃/120min固溶+120℃时效

(b) 470℃/120min固溶+120℃时效

(c) 480℃/120min固溶+120℃时效

(d) 470℃/280min固溶+120℃时效

(e) 470℃/70min固溶+120℃时效

(f) 470℃/120min固溶+140℃时效

图 2-21　不同工艺参数条件下 7075 铝合金时效硬化曲线

2) 力学性能

7003 和 7075 铝合金的拉伸试验结果如表 2-1、表 2-2 所示。比较表 2-1、表 2-2 和图 2-20、图 2-21 可知，合金强度与硬度的变化规律相同，均存在双峰特征。另外，由表 2-1、表 2-2 可以发现，随着时效时间的延长，两种合金的延伸率 δ 都是先降低到最小值，然后增加至峰值，后又下降。虽然两种合金的延伸率 δ 不具有双峰特征，但是第二峰所对应的延伸率 δ 最大，这就说明了合金在第二峰时具有良好的塑性。而塑性和韧性是相关的，合金的塑性越好，则韧性也越好。这也说明了合金在第二峰时也具有好的韧性。

表 2-1　7003 铝合金的机械性能

热处理方案	$\sigma_{0.2}$/MPa	σ_b/MPa	$\sigma_{0.2}/\sigma_b$	δ/%
470℃/70min+120℃/16h	249	308	0.810	15.6
470℃/70min+120℃/50h	283	345	0.820	15.3
470℃/70min+120℃/90h	264	312	0.845	14.3
470℃/70min+120℃/126h	288	354	0.816	15.5
470℃/70min+120℃/200h	261	301	0.869	13.8

注：$\sigma_{0.2}$ 为屈服强度；σ_b 为抗拉强度；δ 为延伸率

表 2-2　7075 铝合金的机械性能

热处理方案	$\sigma_{0.2}$/MPa	σ_b/MPa	$\sigma_{0.2}/\sigma_b$	δ/%
470℃/120min+120℃/10h	469	545	0.860	15.1
470℃/120min+120℃/32h	502	577	0.870	14.8
470℃/120min+120℃/75h	489	548	0.893	13.2
470℃/120min+120℃/128h	503	579	0.869	14.9
470℃/120min+120℃/180h	474	533	0.889	13.7

3. 单级双峰时效工艺与其他热处理工艺的比较

单级双峰时效工艺与其他工艺比较有如下优点：

(1) 第二时效峰下合金具有高的抗 SCC 性能、高塑性、高韧性。峰时效工艺可以使合金的强度达到峰值，但是其 SCC 敏感性很高，同时其塑性、韧性也很差。双峰时效工艺的第二时效峰的合金的 SCC 敏感性低得多，且塑性、韧性良好。因此，与峰时效相比其可使合金具有高的抗 SCC 性能以及高塑性、高韧性。

(2) 第二时效峰下合金具有高的强度。双级时效工艺使合金具有比较低的 SCC 敏感性，但是导致了合金的强度有了较大程度的下降。双峰时效工艺的第二时效峰的合金具有比较高的强度，甚至，在比较低的时效温度下合金的强度比峰时效后的合金强度更高。

(3)工艺简单，容易控制，且适用范围广。双级时效和三级时效的工艺参数都比较多，而且难以控制。另外，虽然三级时效兼具了峰时效和双级时效的优点，但三级时效的短时回归时间比较短，不适合比较厚或比较大的工件，而双峰时效工艺则不存在这样问题，其可以用于厚大的工件。因此，其具有工艺简单，容易控制，且适用范围广的优点。

由此可见，双峰时效工艺，为我们解决合金的韧性、塑性与 SCC 敏感性之间的矛盾提供了新思路。当然，为了使这种工艺被工业界所接受，还有很多基础研究工作需要完成。

4. 单级双峰时效工艺强韧化机理

单级双峰时效工艺可使合金具有高强度、高韧性以及高的抗 SCC 性能，而且工艺参数简单且容易控制，势必会有广泛的应用前景。然而，双峰时效工艺的强韧化机理是什么？不同时效状态下析出相的形态是什么样的？什么样的强化相对合金综合性能最有利？不同状态下的晶界成分及其对合金的性能的影响如何？这些科学问题，至今还不清楚。传统的研究方法，一般是力学性能测试、透射电镜下组织观察等[24-26]，本节采用 7075 合金作为模型材料，在上述试验的基础上进一步采用 XRD 进行物相分析，并考虑到 XRD 的精度要求，结合点阵常数的精确测定来表征时效强化相的析出过程和析出程度，并首次利用高分辨透射电镜(HRTEM)分析第二相的组织结构及其与合金基体的位置关系，以期解决上述科学问题，旨在为双峰时效工艺的产业化应用提供试验和理论基础。

1)拉伸试验

拉伸试验结果见表 2-2、表 2-3。随着固溶温度的提高，合金的强度先提高后降低；随着固溶时间的延长，合金的强度也是先提高后降低；随着时效温度的提高，合金的两个峰位都下移并前移，并且发现在较低温度下时效，合金的第二峰的强度比第一峰的高。另外，虽然合金的延伸率 δ 不具有双峰特征，但是第二峰所对应的延伸率 δ 比较大，这就说明了合金在第二峰时具有良好的塑性。

表 2-3　7075 铝合金不同热处理制度下的机械性能

热处理方案	$\sigma_{0.2}$/MPa	σ_b/MPa	$\sigma_{0.2}/\sigma_b$	δ/%
460℃/120min+120℃/10h	465	535	0.869	14.5
460℃/120min+120℃/32h	494	567	0.871	13.9
460℃/120min+120℃/75h	478	530	0.902	11.9
460℃/120min+120℃/128h	498	568	0.877	14.3
460℃/120min+120℃/180h	470	530	0.887	12.7

续表

热处理方案	$\sigma_{0.2}$/MPa	σ_b/MPa	$\sigma_{0.2}/\sigma_b$	δ/%
470℃/120min+140℃/8h	470	548	0.858	15.5
470℃/120min+140℃/20h	498	574	0.867	15.1
470℃/120min+140℃/50h	480	540	0.889	13.5
470℃/120min+140℃/81h	494	572	0.864	15.0
470℃/120min+140℃/120h	470	531	0.885	14.0
480℃/120min+120℃/8h	458	521	0.879	12.9
480℃/120min+120℃/20h	485	542	0.894	12.1
480℃/120min+120℃/50h	465	519	0.896	10.8
480℃/120min+120℃/81h	490	558	0.878	12.4
480℃/120min+120℃/120h	458	510	0.898	10.5

2）断口观察

图 2-22 是不同热处理制度下的 7075 合金的拉伸断口形貌。由图可见，第一峰和第二峰的断口是混合断口。各种热处理制度下的第一峰的断口中，沿晶断口

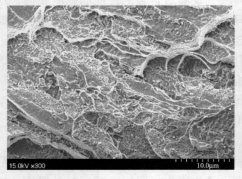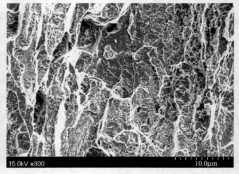

(a) 460℃/120min固溶+120℃/32h时效(第一峰)　　(b) 460℃/120min固溶+120℃/128h时效(第二峰)

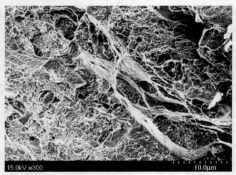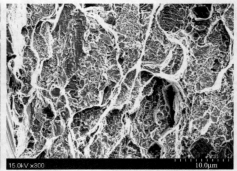

(c) 470℃/120min固溶+120℃/32h时效(第一峰)　　(d) 470℃/120min固溶+120℃/128h时效(第二峰)

 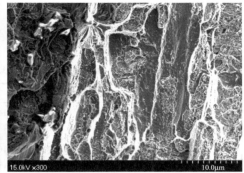

(e) 480℃/120min固溶+120℃/32h时效(第一峰)　　(f) 480℃/120min固溶+120℃/128h时效(第二峰)

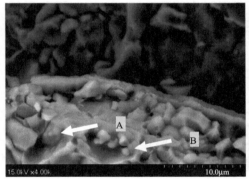

(g) 470℃/120min固溶+120℃/32h时效(第一峰，高倍)　　(h) 470℃/120min固溶+120℃/128h时效(第二峰，高倍)

图 2-22　不同热处理制度下 7075 合金拉伸断口的 SEM 照片

较多；而第二峰的韧窝断口较多。因此，第二峰的塑性较好。另外，第一峰的断口在高倍下有明显的二次裂纹，这是残余应力所致，也说明强度不够；而第二峰的断口在高倍下基本上没有二次裂纹，说明时效消除了残余应力，这也说明了第二峰的强度比第一峰的强度高。

3）拉伸断口中粗大第二相能谱（EDS）点分析

表 2-4 所示的是 7075 合金断口中的粗大相能谱分析结果。由表可见，这些粗大相主要是由 Zn、Mg、Cu、Fe、Si 等组成的富 Fe 相。研究表明这种粗大的富 Fe 相硬而脆，势必对基体有很大的强化作用。但是同时因为其具有很大的脆性，因此在拉应力的作用下容易导致应力集中，从而成为断裂源。

4）冲击韧性分析

对 7075 合金进行冲击韧性测试，并计算其平均值，结果如表 2-5 所示。由表可见，随着时效时间的延长，合金的冲击韧性数值，先减小到最小值，后增大到峰值，而后开始下降。这说明合金在第二峰具有良好的冲击韧性，且第二峰的冲击韧性明显高于第一峰。

表 2-4　拉伸断口中粗大相能谱（EDS）分析结果　　　（单位：%）（原子分数）

分析点	Zn	Mg	Cu	Fe	Si	Mn	Cr	Al
A	3.91	0.60	2.51	14.22	1.04	1.15		余量
B	3.02	0.78	2.68	13.21	0.88	2.01	3.41	余量
C	2.99	1.21	1.71	10.51	1.28			余量
D	4.05	2.50	1.69	11.75	2.21		2.05	余量

表 2-5　7075 合金冲击韧性（470℃/120min 固溶+120℃时效）

时效时间	$\alpha_K/(\mathrm{J/cm^2})$
10h	17.5
32h（第一峰）	12.3
75h	8.5
128h（第二峰）	18.5
180h	11.2

图 2-23 是 7075 合金的冲击韧性断口形貌的 SEM 照片。由图可见，不同时效状态下的合金断口形式主要都是沿晶断裂。10h 和 128h（第二峰）的断口中有少量的韧窝断裂（见图 2-23（a）（f）），说明这两种状态下合金的韧性较好，但是前者的强度比较低，而后者（第二峰）强度较高，具有高强高韧的优点。32h（第一峰）状态下合金的断口的沿晶断裂十分典型，而且晶粒呈现剥落状态，可见晶界结合强度非常低；75h 状态下的合金断口沿晶断裂也非常明显，晶界上也有明显的裂纹，但是相对 32h（第一峰）状态下合金不那么明显，另外断口中有少量的韧窝断裂，这说明晶界结合强度有所提高；128h（第二峰）状态下合金的断口中晶界结合相对较好，断口的二次裂纹基本上都是穿晶断裂，有少量的沿晶二次裂纹，说明合金在这种状态下的晶界强度进一步提高；180h 状态下的合金断口二次裂纹都是穿晶断裂，几乎没有沿晶断裂形式的二次裂纹，说明这种状态下的晶界强度非常高。总体来看，合金断口中存在的二次裂纹，主要是冲击试验过程中造成的残余应力释放导致的。

5）冲击断口晶体能谱面分析

表 2-6 所示的是 7075 合金经过 470℃/120min 固溶处理后在 120℃下时效不同时间的冲击韧性沿晶断口的能谱面分析数据。每种状态测了 5 处沿晶断口，并对其取平均值。结果表明，7075 合金在晶界上存在着 Cu、Mg、Zn 元素不同程度的

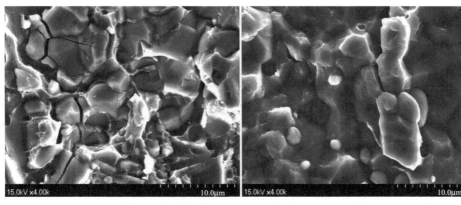

(a) 470℃/120min固溶+120℃/10h时效　　　　　　(b) 470℃/120min固溶+120℃/32h时效

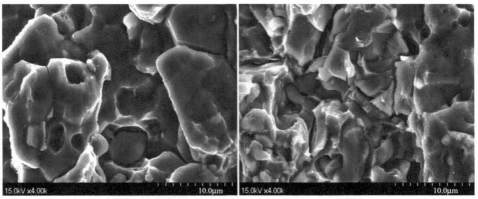

(c) 470℃/120min固溶+120℃/75h时效　　　　　　(d) 470℃/120min固溶+120℃/128h时效

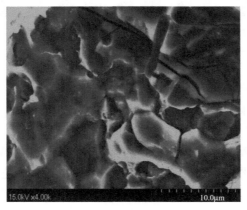

(e) 470℃/120min固溶+120℃/180h时效

图 2-23　7075 合金不同时效时间下的冲击韧性断口形貌(SEM)

偏析现象。随着时效时间的延长，Cu、Mg 元素的晶界偏析不断减少，Zn 的偏析不断增多（图 2-24）。

表 2-6　7075 合金不同时效时间下晶界能谱分析（470℃/120min 固溶+120℃时效）

时效时间/h	元素原子分数/%			
	Mg	Zn	Cu	Al
10	8.26	3.13	4.15	余量
32	7.05	3.62	3.13	余量
75	6.57	4.13	2.84	余量
128	6.05	4.46	2.45	余量
180	5.46	5.11	1.55	余量

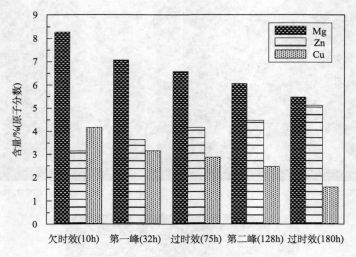

图 2-24　7075 合金的晶界偏析

6）晶粒直径测试

在扫描电镜（SEM）下对 7075 合金的晶粒直径进行测量，并取平均值，结果如图 2-25 所示。由图可见，在统计的 60 个晶粒中平均晶粒直径约为 3μm 和 4μm 的晶粒占据多数。总体平均直径约为 3.93μm，可见晶粒尺寸较小，对基体可以起到细晶强化作用。而影响晶粒直径的主要因素是固溶温度和固溶时间，由此可见 470℃/120min 固溶工艺比较理想。这也为时效后获得好的合金综合性能奠定基础。

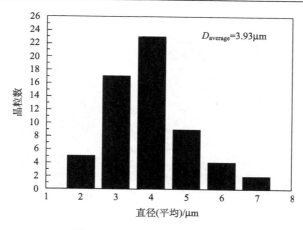

图 2-25　7075 合金的晶粒大小

7）7075 铝合金显微组织分析

（1）透射电镜（TEM）观察

图 2-26 所示的是经过 470℃/120min 固溶处理后在 120℃时效不同时间的显微组织。从图 2-26 中可以看出第二相的析出情况随着时效时间延长的变化。峰时效合金组织中析出了比较多的第二相；过时效合金组织的第二相又变少，而且出现聚集形成较大的颗粒；第二峰合金组织中又重新析出第二相，而且颗粒细小，分布比较均匀。组织中比较粗大的黑色颗粒应该是合金中的杂质。阎大京[28]研究表明峰时效的强化主要靠 GP 区；第二峰的强化主要靠 η′（MgZn$_2$）相和少量的 GP 区。主要原因是随着时效时间的延长合金组织中出现了相变[29-31]：α 相（过饱和固溶体）→GP 区→亚稳定相 η′（MgZn$_2$）→平衡相 η（MgZn$_2$）。因此 32h（峰时效）合金组织中析出的第二相很可能是 GP 区。128h（第二峰）合金组织中又重新析出第二相应该是 η′（MgZn$_2$）相。180h（过时效）合金组织的第二相应该是 η（MgZn$_2$）相，其是 η′（MgZn$_2$）相进一步长大形成的平衡相。相对于 η′（MgZn$_2$）相，其颗粒较大，数量减少，分布较为疏散。75h（过时效）合金组织的第二相应该是 GP 区的颗粒团聚变大造成。析出相的数量、分布、大小对合金的性能有重大的影响。析出相数量越多、分布越均匀、颗粒越小，对基体的弥散强化效果就越好。这就是 32h（峰时效）和 128h（第二峰）时合金强度、硬度较高而 10h（欠时效）和 75h（过时效）时强度、硬度较低的原因。进一步比较 32h（峰时效）和 128h（第二峰）时合金组织，可以发现 128h（第二峰）时合金组织中的第二相数量更多、分布更均匀、颗粒更细小，所以 128h（第二峰）时合金综合性能最好。

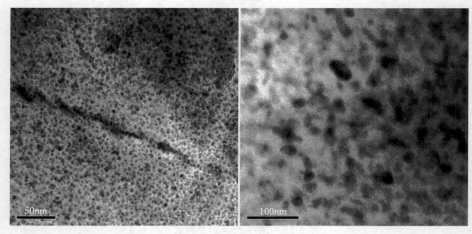

(a) 470℃/120min固溶+120℃/32h时效　　　　(b) 470℃/120min固溶+120℃/75h时效

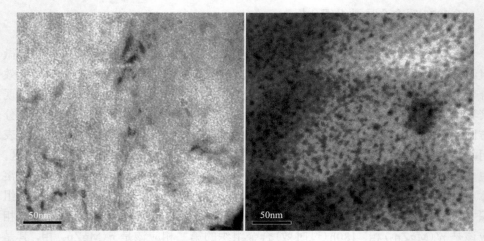

(c) 470℃/120min固溶+120℃/128h时效　　　　(d) 470℃/120min固溶+120℃/180h时效

图 2-26　7075 合金的显微组织（TEM）

（2）高分辨透射电镜（HRTEM）观察

图 2-27～图 2-31 所示的是经过 470℃/120min 固溶处理后在 120℃时效不同时间合金组织中的第二相组织。由图可见，GP 区与铝合金基体完全共格，其基本上有三种状态。①富锌球状；②富镁球状；③平行于铝基体（100）面上富含锌、镁的原子层，原子层厚度有几个纳米，并且这两种合金元素的"相反尺寸效应"导致它们呈交替分布，即交替球状。由于镁原子半径比铝大，富镁区晶面间距较大；锌原子半径比铝小，富锌区晶面间距较小。由图 2-27 可见，富镁区呈现膨胀状；富锌区呈现紧缩状。图 2-28 所示的是交替球状的 GP 区，由图可见，锌、镁

的原子层交替分布，白色膨胀层为富镁层；灰暗紧缩层为富锌层。图 2-29 所示的是粗大 GP 区。由于(100)面的面间距相对于富锌球区的面间距较大，从基体过渡到富锌球状 GP 区的过渡带(100)，就会产生点阵畸变带。这个畸变带形成的应变场有较大的能量，当位错切过这个带时需要较大的能量，因此对基体有很好的强化作用。

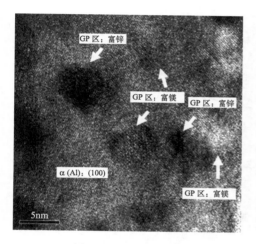

图 2-27　细小 GP 区

（470℃/120min 固溶+120℃/32h 时效）

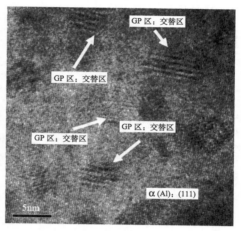

图 2-28　细小 GP 区：交替球状

（470℃/120min 固溶+120℃/32h 时效）

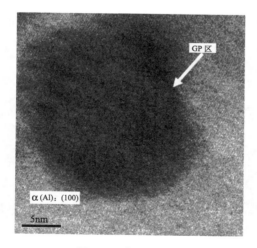

图 2-29　粗大 GP 区

（470℃/120min 固溶+120℃/75h 时效）

　　图 2-30 是 η′相 HRTEM 照片。由图可见，η′相呈板条状，颗粒非常细小。与基体保持半共格关系，与铝基体(110)、(100)面不共格，与(111)面共格。位错的滑移一般都是发生在间距最大的{111}晶面族。但是 η′相本身硬度很高，不易变形[27]。因此位错不能切过，只能绕过。然而，η′相分布均匀、密度大、颗粒细小，因此对位错有很大的阻碍作用，对基体有很好的强化作用。η′相也属于纳米强化相，具有神奇的纳米尺寸效应，可实现合金的高强高韧。

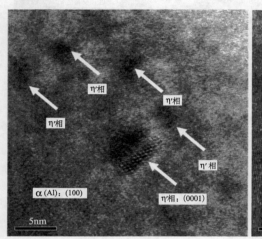
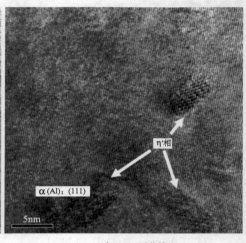

(a) 与(100) 面非共格　　　　　　　　　　　　(b) 与(111) 面共格

图 2-30　细小的 η′相 （470℃/120min 固溶+120℃/128h 时效）

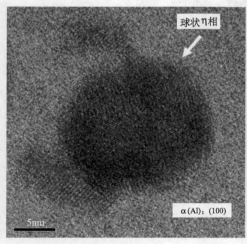
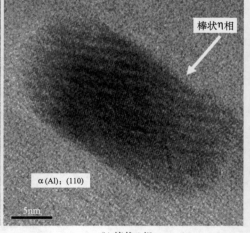

(a) 球状 η 相　　　　　　　　　　　　　　(b) 棒状 η 相

图 2-31　粗大 η 相 （470℃/120min 固溶+120℃/180h 时效）

　　图 2-31 是 η 相 HRTEM 照片。η 相呈现板条状、棒状、球状，与基体不共格，颗粒较大，其是由 η'长大形成的。由于其与基体不共格，而且硬度大、不易变形[27]，因此位错只能绕过，对位错的阻碍作用明显，但是由于其相对于 η'相颗粒较大、密度较小、颗粒间距大，导致位错可以绕过，形成位错环，同时也导致了应力集中，因此造成合金的强度和韧性同时有所下降。

　　8）XRD 物相分析

　　为了进一步探索上述析出相，对经过 470℃/120min 固溶处理在 120℃时效不同时间的 7075 合金样品进行 XRD 物相分析。试验结果如图 2-32 所示，由图可见，欠时效（10h）、第一峰时效（32h）以及第一峰后过时效（75h）状态下的合金 XRD 图谱主要是由 α(Al) 组成，有很微弱的 $MgZn_2$ 衍射峰，在图谱上显示得十分不明显，表明在这三种时效过程基体中析出的 $MgZn_2$ 相很少或没有；当时效时间延长到 128h（第二峰）时，从 XRD 图谱上能观察到 $MgZn_2$ 的衍射峰，表明第二峰时效过程基体中析出了 $MgZn_2$ 相，此时 $MgZn_2$ 应该为过渡相 η'($MgZn_2$)；当时效时间为 180h（过时效）时，从 XRD 图谱上观察到的 $MgZn_2$ 衍射峰强度要比第二峰时效时大，表明此时有更多的 $MgZn_2$ 相析出，此时应该演变成平衡相 η($MgZn_2$)。而 XRD 衍射峰大小与析出相的数量、颗粒大小及分布状态都有着密切的关系：数量越多、颗粒越大、分布越集中，则衍射峰越明显，比较图 2-32(d)(e) 衍射峰的强度可以发现，图 2-32(e) 的峰值更大。这很可能是在第二峰状态下析出的 $MgZn_2$ 相颗粒长大后的结果。

　　利用 Jade6.0 软件对不同时效时间下样品的 XRD 图进行数据处理，计算出不同时效状态下 α(Al) 基体的点阵常数，同时为了方便研究时效析出强化效果，还计算了各种时效状态与固溶制度样品的点阵常数差值，固溶制度（470℃/120min）样品的点阵常数为 0.404525nm，结果如表 2-7 所示。数据表明时效处理对 α(Al) 基体的点阵常数影响较大。随着时效时间的延长，α(Al) 基体的点阵常先增大后减小，最后又有所变大。从差值（Δa）来看，120℃/10h 时效后，Δa 为 0.000375，而 120℃/32h 时效后，Δa 的数值达到 0.001200，Δa 增大了 3 倍多；当时效时间继续延长，Δa 出现大幅度减小，120℃/128h 时效后比 120℃/32h 时效后 Δa 减小了近 1/2。

　　综上所述，XRD 物相分析结果表明，第二峰时效（470℃/120min 固溶+120℃/128h 时效）和过时效（470℃/120min 固溶+120℃/180h 时效）状态的 7075 铝合金出现了 $MgZn_2$ 的衍射峰，说明在这两种状态下 α(Al) 基体析出了 $MgZn_2$ 相，其中在第二峰时效时应该为过渡相 η'($MgZn_2$)，在过时效时应该为平衡相 η($MgZn_2$)。而 TEM 和 HRTEM 的分析则证实了这一点。之所以不直接沉淀平衡相，是由于平衡相一般与基体形成新的非共格界面，界面能大；而过渡相往往与基体完全共格或

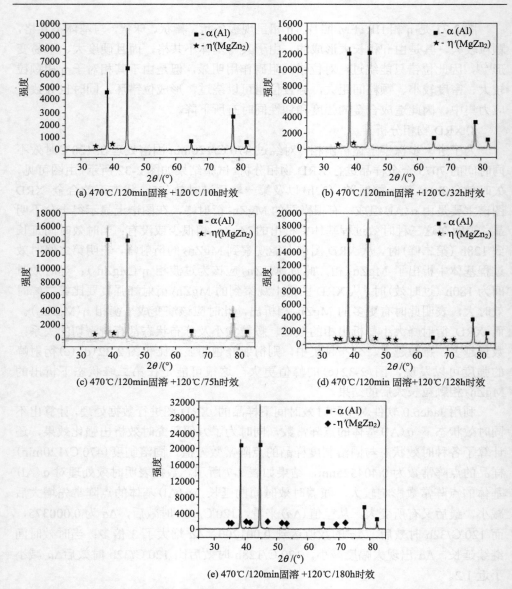

图 2-32 不同时效时间下 7075 合金的 XRD 分析图谱

表 2-7 不同时效时间下 7075 基体的点阵常数(470℃/120min 固溶+120℃时效)

参数	时效时间				
	10h	32h	75h	128h	180h
a/nm	0.404900	0.405725	0.404933	0.405203	0.405305
Δa/nm	0.000375	0.001200	0.000408	0.000687	0.000780

部分共格，界面能小[32]。相变初期新相比表面积大，因而界面能起决定作用，界面能小的相，形核功小，容易形成，所以先形成形核功最小的过渡相 $\eta'(MgZn_2)$，再演变成平衡相 $\eta(MgZn_2)$。这个结论和文献[30]报道的 7000 系合金时效过程中一般析出顺序：$\alpha(Al)$ 相→GP 区→$\eta'(MgZn_2)$ 相→$\eta(MgZn_2)$ 相的结论一致。第一时效峰的强化，主要是依赖在时效过程中形成的高密度的 GP 区，因为位错线切过这种 GP 区需要消耗比较多的能量，而且，在这个方面前人[33-37]已经做了很多工作并予以充分证实。第二时效峰的强化，主要是靠 $\eta'(MgZn_2)$ 相，而其具有一定的尺寸，阻碍位错的运动，因此起到强化的作用。双峰之间的谷则是由于析出相随着时效时间的延长变粗，同时颗粒间的间距也变大，密度减小造成，导致位错可以在颗粒之间弯弓，不能明显地起阻碍位错运动的作用，因而合金的强度、硬度都降低。

由表 2-1～表 2-7 可见，随着时效时间的延长，当强度达到第二峰值时，合金的塑性及韧性都有所回升。韧性、塑性的回升和 $\eta'(MgZn_2)$ 相的增加有密切关系。因为随着时效时间的增加，超过第一峰后，GP 区的数量减少，颗粒变大，颗粒间距也变大。但是此时的强化机制还是没有变，阻碍位错运动主要还是靠 GP 区。而在那些平均密度较低的区域更容易造成位错弯弓通过，从而造成应力集中，所以合金的韧性、塑性随着时效时间的延长而降低。当 $\eta'(MgZn_2)$ 相达到一定数量后，由于其位错最容易滑移面是非共格的，而且 $\eta'(MgZn_2)$ 相硬度较大，不易变形，因此，阻碍位错运动的能力较强，使得位错难以切过，变形也比较均匀。所以，当强度达到第二峰时，合金的韧性、塑性也得到很好的改善。可见，7000 系合金的第二峰时效制度是十分值得关注的。

由于 XRD 物相分析灵敏度不是很好，一般不能检测出含量<1%的析出相，因此本章通过测量 $\alpha(Al)$ 基体点阵常数的变化来表征 Mg、Zn 溶质原子在基体中的析出程度。7075 铝合金固溶处理后溶质原子 Mg、Zn 等溶入了基体形成置换固溶体，由于溶质原子和基体原子尺寸有差异，因此溶质原子在固溶过程中的溶入或在时效过程中的析出，都会导致金属的晶体点阵发生畸变，从而使点阵常数发生变化。Mg 原子半径比 Al 大，Mg 原子的析出会导致基体点阵常数减小；Zn 原子半径比 Al 小，Zn 原子的析出会导致基体点阵常数增大。根据科瓦索夫[38]的数据可以推断，$\alpha(Al)$ 基体 Mg 含量每减少 1%（原子），基体的点阵常数就会减小 0.0004nm；而 Zn 含量每减少 1%（原子），基体的点阵常数就会增大 0.000075nm。虽然单个 Mg 原子对点阵常数影响比 Zn 大得多，但是点阵常数的最终变化取决于 Mg、Zn 溶质原子在各个阶段中谁的析出占据主导地位。从固溶态到第一峰状态的过程中，Zn 溶质原子的析出占据主导地位，所以 $\alpha(Al)$ 基体点阵常数变大。另外也说明了强化第一时效峰的 GP 区为富 Zn 区。从第一峰到第二峰的过程中，$\alpha(Al)$ 基体点阵常数总体上变小，说明 Mg 溶质原子的析出占据主导地位。这就提

供了合适的 Mg、Zn 自由原子数量和比值，为 $MgZn_2$ 相的形成创造了良好的条件。虽然在谷的位置，$\alpha(Al)$ 基体点阵常数达到了最小，而在 XRD 图谱中却不能形成明显的 $MgZn_2$ 相衍射峰，主要原因是 $MgZn_2$ 相形成还需要进一步的能量，这种能量的获得或通过延长时间或通过提高温度。当然，时效温度提高作用会比较明显，这就是为什么在 140℃ 温度下时效的第二峰出现会比 120℃ 温度下提前很多；而时间的延长对 $MgZn_2$ 相形成的作用效果则比较缓慢，这就是为什么 120℃ 温度下时效的合金在"谷"后很长时间才出现 $MgZn_2$ 相强化峰（第二峰）。在第二峰后的过时效状态下（如 470℃/120min 固溶+120℃/180h 时效），$\alpha(Al)$ 基体点阵常数出现了稍微的回升，主要可能是比 Al 半径小的 Mn 原子析出造成的。

2.3.2 高强铝合金双级双峰时效处理工艺

1. 双级双峰时效处理工艺对高强铝合金力学性能的影响

相比于单级双峰时效处理工艺，双级双峰时效处理多一个高温时效处理，且第一级低温预时效的时间较短。为了考察双级时效 7000 系铝合金的双峰时效硬化特性及一级时效温度、一级时效时间和二级时效温度对双峰的影响，任建平[39]、熊京远等[40]选用 7003、7050、7075 铝合金作为研究对象，采用不同时效处理方案研究了高强铝合金的双级双峰时效现象，其中固溶温度为 470℃，固溶保温时间为 70min，具体的时效方案如下：

方案一：一级时效温度为 90℃、100℃、120℃、130℃，一级时效时间均为 8h；二级时效温度均为 150℃，超长时效。

方案二：一级时效温度均为 120℃，一级时效时间为 6h、7h、8h、9h；二级时效温度均为 150℃，超长时效。

方案三：一级时效温度均为 120℃，一级时效时间均为 8h；二级时效温度为 130℃、140℃、150℃、160℃，超长时效。

三种方案所得出的硬度值如图 2-33～图 2-35 所示，可以看出，7000 系铝合金双级时效硬化曲线表现出以下几个特征：从图中明显可以看出 7000 系铝合金双级时效存在双峰现象，从同一牌号铝合金看，与单级时效相比，双级时效出现第二峰的时间明显均比单级时效提前很多，大部分提前 30%，但是第二峰的硬度比单级时效第二峰硬度略有降低，7003 铝合金降低得比较明显，7050、7075 铝合金降低幅度较小。在某一范围内一级时效温度越高，则在相同时效条件下获得的二级时效第二峰硬度越低（如图 2-33 所示），但是达到第二峰所需的时间越短。在相同的二级时效工艺条件下，一级时效时间越短，二级时效时效峰出现得越早。例如，对于相同的二级时效工艺，120℃/6h 的一级时效工艺相比于 120℃/9h 的一级时效工艺，二级时效时第二峰出现的时间要更早。一级时效时间延长，二级时效状态下的第二峰值上升，而一级时效温度提高则峰值下降。同一一级时效状态下（120℃/8h），二级时效温度由 130℃上升到 160℃，达到第二峰的时效硬化的时间缩短，这表明提高二级时效温度有助于缩短二次时效至第二峰值的时间。

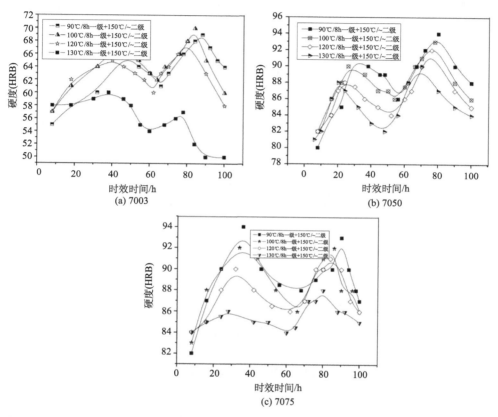

图 2-33　改变一级时效温度条件下
铝合金双级时效硬化曲线

　　从图 2-33、图 2-34、图 2-35 所示时效硬化曲线来看，在各种双级时效制度下均出现双峰现象，并且一级时效温度的改变对双峰的位置影响最大，为了保证能够获得第二时效峰处满意的拉伸性能，选取图 2-34 中 120℃/8h 一级+150℃/～二级的时效制度，选用 7003、7050、7075 铝合金在以上时效制度下各个峰值点和谷底位置处试样来研究第二级时效对合金拉伸性能及韧性的影响，拉伸性能详细结果见表 2-8。从表 2-8 可以看出，合金强度的变化与硬化曲线的变化具有一定相似的特点，也存在着双峰的效果。7003 铝合金在 470℃/70min 固溶+120℃/8h 一级+150℃/80h 二级时强度达到最大值，$\sigma_{0.2}$ 和 σ_b 最大值分别为 280MPa 和 350MPa，延伸率

也有所提高，提高到 15.9%，但是 7075 铝合金在硬度达到最大值的 470℃/70min

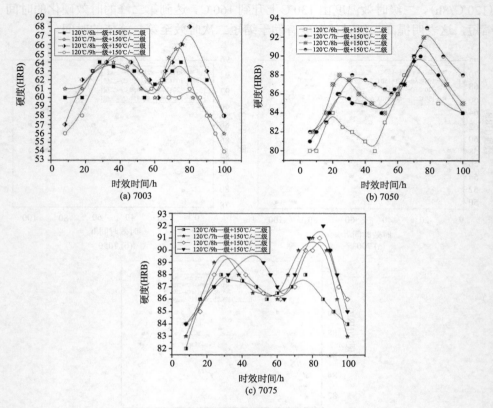

图 2-34　改变一级时效时间条件下
铝合金双级时效硬化曲线

固溶+120℃/8h 一级+150℃/84h 二级制度下，强度并未达到最大值，但是第二峰的强度降低并不怎么明显，第二峰的延伸率有所提高。这表明双级时效处理更适合于含 Cu 低的 7003 铝合金，这点具有重要意义，因为对于 7003 铝合金，随着Cu 等主要含量的降低，合金双级时效后强度反而有所提高，而塑性并未下降，通过二级时效处理可以改善这点。

　　2. 不同双级时效制度对合金组织的影响

　　选择 7050 铝合金经 470℃/70min 固溶处理后，合金时效制度分别为 90℃/8h 一级+150℃/80h 二级、100℃/8h 一级+150℃/80h 二级、120℃/8h 一级+150℃/80h 二级、130℃/8h 一级+160℃/80h 二级组织形貌照片和对应的断口形貌照片如图 2-36 所示。比较图 2-36(a)(c)(e)，不同的一级时效温度下，合金第二峰位基体组织中沉淀相均析出效果较好，颗粒细小、分布弥散，强化效果图 2-36（a）颗粒少，相对强度低。但是比较图 2-36（b）（d）可以看出，图 2-36（b）拉伸断口明显为

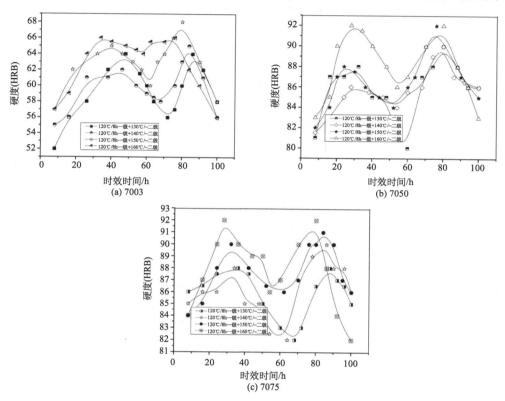

图 2-35　改变二级时效温度条件下
铝合金双级时效硬化曲线

表 2-8　7003、7050、7075 双时效下铝合金拉伸性能（120℃/8h 一级+150℃/～二级）

牌号	热处理制度	$\sigma_{0.2}$/MPa	σ_b/MPa	δ/%
7003	470℃/70min 固溶+120℃/8h 一级+150℃/16h 二级	249	312	15.6
	470℃/70min 固溶+120℃/8h 一级+150℃/40h 二级	276	340	15.1
	470℃/70min 固溶+120℃/8h 一级+150℃/62h 二级	260	308	14.5
	470℃/70min 固溶+120℃/8h 一级+150℃/80h 二级	280	350	15.9
	470℃/70min 固溶+120℃/8h 一级+150℃/100h 二级	255	300	13.1
7050	470℃/70min 固溶+120℃/8h 一级+150℃/16h 二级	530	550	12.0
	470℃/70min 固溶+120℃/8h 一级+150℃/24h 二级	579	608	11.6
	470℃/70min 固溶+120℃/8h 一级+150℃/52h 二级	542	570	11.1
	470℃/70min 固溶+120℃/8h 一级+150℃/76h 二级	590	618	11.7
	470℃/70min 固溶+120℃/8h 一级+150℃/100h 二级	564	580	11.6

续表

牌号	热处理制度	$\sigma_{0.2}$/MPa	σ_b/MPa	δ/%
	470℃/70min 固溶+120℃/8h 一级+150℃/16h 二级	464	537	15.6
	470℃/70min 固溶+120℃/8h 一级+150℃/32h 二级	508	570	14.5
7075	470℃/70min 固溶+120℃/8h 一级+150℃/62h 二级	490	550	13.2
	470℃/70min 固溶+120℃/8h 一级+150℃/84h 二级	506	583	15.6
	470℃/70min 固溶+120℃/8h 一级+150℃/100h 二级	470	547	13.7

混合断口，断口中沿晶断裂较多，在晶粒边界有明显的二次裂纹，这是时效状态下残余应力所致。这说明一级时效温度太低，不利于强度、塑性的提高。图 2-36(d)断裂为韧性断口，位错运动在晶内受阻碍程度低，晶内强度较低，能量较高的 GP 区在晶界上析出少量第二相，使塑性在晶界处较好，宏观表现为延伸率的提高。比较图 2-36(a)(e)，一级时效温度升高，提高了原子的扩散能力，提高了弥散相的析出率，析出相粒子细小，组织内沉淀相析出能力高。比较图 2-36(a)(g)，合金第二峰位基体组织中沉淀相的析出效果存在较大差异，图 2-36(g)出现了局部粗化现象，加上弥散程度较低，脱溶相之间的距离较大，强化效果明显下降。比较图 2-36(b)(f)(h)，图 2-36(f)拉伸断口为典型的韧窝断口，未有太明显的二次裂纹，是较理想的断口；而图 2-36(h)拉伸断口部分为沿晶断裂，组织析出相主要为极小弥散的 GP 区，晶内强度很大，晶界连续分布着稳定细小的第二相，位错滑移带容易在晶界处塞积，使晶界处产生较大内应力，降低了晶界强度，弱化了晶界，造成部分沿晶断裂，对合金的塑性影响较大。

1）一级时效温度对合金组织性能的影响

根据金属学原理可知，铝合金过饱和固溶体析出相的形核、长大和粗化是溶质原子扩散过程。根据公式[41]：

$$D = D_0 \exp(-\frac{Q}{RT}) \tag{2-1}$$

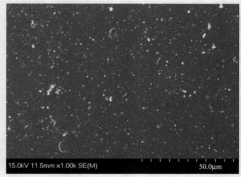
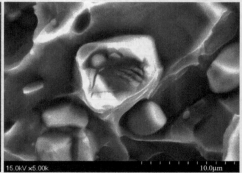

(a) 90℃/8h一级+150℃/80h二级(低倍) (b) 90℃/8h一级+150℃/80h二级(高倍)

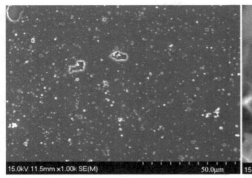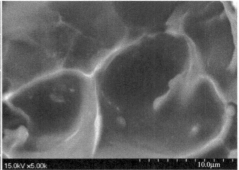

(c) 100℃/8h一级+150℃/80h二级(低倍)　　　(d) 100℃/8h一级+150℃/80h二级(高倍)

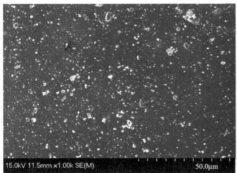

(e) 120℃/8h一级+150℃/80h二级(低倍)　　　(f) 120℃/8h一级+150℃/80h二级(高倍)

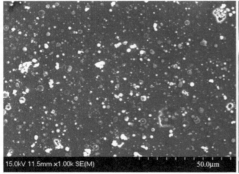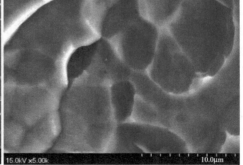

(g) 130℃/8h一级+160℃/80h二级(低倍)　　　(h) 130℃/8h一级+160℃/80h二级(高倍)

图 2-36　不同一级时效制度下 7050 铝合金组织形貌

式中，D 为扩散系数；D_0 为扩散常数；Q 为扩散激活能；R 为气体常数；T 为热力学温度。因此，对于某一确定的合金而言，D_0 和 Q 为常数，可知影响扩散系数的主要因素是温度。Lorimer 等提出的析出相成核动力学模型表明：合金中存在某一温度范围，当时效温度高于这一温度范围时，GP 区不稳定相溶解；反之，低于这一温度范围，它就成为过渡相析出的核心，而一级时效的作用就是在合金中形成大量的稳定的 GP 区，作为终时效析出相的核心。因此为了得到大量稳定的 GP 区，在 GP 区溶解温度范围内，时效温度越高越好，所以 7000 系铝合金不同的一级时效状态处理后组织性能存在差异的原因是一级时效后的 GP 区大小、成分和形态有差异。一级时效温度在 90~120℃时，由于一级时效温度高于形成 GP 区临界值，相变驱动力提高，合金析出较为稳定的 GP 区，在二级时效高温中，只有部分小于临界尺寸的 GP 区溶解，而大量大于临界尺寸 GP 区逐渐长大或者转变为η′相，形成细小弥散的多相组织，如图 2-36(c)(e)(g)。这种组织对位错运动构成很强的阻碍作用，宏观表现为强度较高。

2)一级时效时间对合金组织性能的影响

双级时效工艺在一级时效温度起主导作用的前提下，一级时效时间所起的作用不怎么明显，主要表现为随着时效时间的延长，合金中 GP 区不稳定相溶解越彻底，对二级时效最后起的硬度和强度作用甚微。

3)二级时效温度对合金组织性能的影响

7050 铝合金在 120℃/8h 一级+150℃/80h 二级时达到硬度和强度峰值，若二级时效温度控制在 90~100℃，合金第二峰处于欠时效状态，若二级时效温度控制在 130~160℃，合金第二峰处于过时效状态。这说明二级时效温度越高，合金晶内析出相越粗大，合金强度越低，因此二级时效温度对第二峰的强化也起着决定性的作用。为获得较理想的第二峰值的强度和硬度，必须严格控制二级时效温度。二级时效初期，固溶体基体残留的溶质原子迅速脱溶析出并扩散到已存在的 GP 区，使其转变为η′相或者η′相在已有的 GP 区中形核长大，此处粒子对位错起阻碍作用，合金强度提高。如图 2-35(b)，7050 铝合金强度和硬度基本达到单级时效状态。

4)双级时效处理对塑性的影响

由表 2-8 和图 2-36 可见，双级时效随着一级时效温度的提高，当 7000 系铝合金强度硬度达到第二峰值时，强度和硬度比单级时效状态下并未下降太多，合金的塑性有所回升。塑性的回升与固溶时未溶解的结晶相粒子，如 Al_7Cu_2Fe、Mg_2Si、$MgZn_2$ 等，以及晶内和晶界析出相，如 GP 区、η′相和η相，多有着密切的关系[42]。

3. 高强铝合金双级双峰时效强韧化机理

双级双峰时效的第二峰具有较强的硬度、塑性，与一级时效相比合金的强度、硬度并未下降太多，但是合金抗应力腐蚀能力和断裂韧性都得到了很大的改善，然而，什么样的显微组织搭配对合金的综合性能最佳，什么样的基体沉淀相对强度贡献最大，何种基体沉淀相能获得最佳的强韧性及抗 SCC 性能的配合，至今还没有定论。有人认为[43]主要强化相是 GP 区，即基体中刚刚出现η′相时强度最高；如果η′相大量析出，基体的强度明显下降。但也有人[44]认为，主要强化相是η′相而不是 GP 区。还有学者认为[45]，GP 区与η′相各占一半时合金的强度最高。我们通过对 7050 铝合金双级时效的研究，系统分析了时效过程中沉淀相的变化对合金强度、硬度、塑韧性的影响，并引进 F-R 源动作的临界切应力理论，进一步阐明双峰时效硬化特性机理。

1) 7050 铝合金力学性能分析

选用 7050 铝合金作为研究对象，固溶方案选用 470℃/70min，室温水淬，时效处理选用 120℃/8h 一级+150℃/长时效，合金力学性能测试结果如图 2-37 所示。

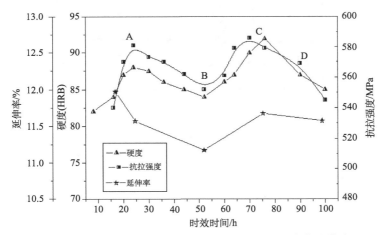

图 2-37　不同时效时间下硬度、延伸率、抗拉强度变化曲线

合金在 120℃/8h 一级+150℃/长时效，其强度和硬度变化曲线基本是吻合的，都出现双峰现象，但延伸率是先下降后逐渐上升的。与 2.3.2 第 1 节有相同的结论，在第一峰 24h 处，$\sigma_{0.2}$ 和 σ_b 分别为 579MPa 和 608MPa，延伸率为 12.0%；在谷底 52h 处，$\sigma_{0.2}$ 和 σ_b 分别为 542MPa 和 570MPa，延伸率为 11.1%；在第二峰 76h 处，$\sigma_{0.2}$ 和 σ_b 分别为 590MPa 和 618MPa，延伸率为 11.7%。从图 2-37 中可以看出，随着强度和硬度的增加，第二时效峰塑性并未明显下降，这点很值得学界探讨和研究。

　　2) 7050 铝合金 XRD 物相分析

　　图 2-38 是双级时效不同二级时效时间下 7050 铝合金的 XRD 分析图谱,分别取图 2-37 中 A、B、C、D 四个典型的点进行 XRD 物相分析,A 点为第一时效峰 24h 处,从衍射图谱看主要是由 α(Al) 相组成,基本上没有出现 MgZn$_2$ 衍射峰[46],这表明双级时效的第一时效峰没有析出或者极少析出 MgZn$_2$ 粒子。随着时间的延长,B、C、D 点均出现 MgZn$_2$ 粒子,而且 D 点最多,B 点最少。这是因为 B 点刚出现过渡相η′(MgZn$_2$),数量不多,宏观上表现为硬度、强度最低,C 点是过渡相η′(MgZn$_2$) 和少量平衡相η (MgZn$_2$) 共同组合而成,此时的过渡相大部分析出并开始长大。D 点演变为平衡相η (MgZn$_2$),宏观上表现为硬度、强度下降的趋势。

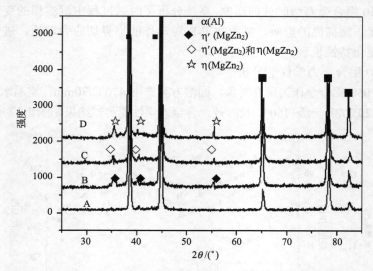

图 2-38　不同二级时效时间下 7050 铝合金的 XRD 分析图谱

双级时效 120℃/8h 一级+150℃/～二级,其中 A 为第一时效峰 24h,B 为谷底 52h,
C 为第二时效峰 76h,D 为 90h 过时效

　　3) 晶格常数测量

　　为了更加精确地反映时效后铝合金第二相粒子的析出情况,我们进行基体晶格常数测量。利用 Jade6.0 软件对图 2-38 中的 A、B、C、D 四个点进行 XRD 图像数据处理。计算出这四个点时效状态下的 α(Al) 基体晶格常数(表 2-9),为了方便讨论时效效果,还列出了时效态与固溶态晶格常数的差值。

　　数据表明,时效时间的增加对 7050 铝合金 α(Al) 基体晶格常数的影响比较大,α(Al) 基体晶格常数与硬度和强度有类似的变化趋势。24h 相对值Δa 达到第一峰值,76h 相对值Δa 达到第二峰值,且第二峰值最大。

表 2-9　不同时效时间下 7050 铝合金基体晶格常数

（470℃/120min 固溶+120℃/8h 一级+150℃/～二级） （单位: Å）

二级时效状态	24h	52h	76h	90h
a	4.04856	4.05123	4.04754	4.05186
Δa	−0.00335	−0.00602	−0.00233	−0.00665

注：Δa 是不同时效状态与为固溶态晶格常数的差值，固溶态: 4.04521Å

4）透射电子显微组织观察

为了了解什么样的显微组织搭配对合金的综合性能最佳，到底什么样的基体沉淀相对强度贡献最大，何种基体沉淀相能获得最佳的强韧性及抗 SCC 性能，用透射电镜高倍观察分析 7050 铝合金的晶内、晶界组织。试验选取同上的 A、B、C、D 四个点分析析出相的变化情况。

（1）第一峰处合金显微组织

图 2-39 是 7050 铝合金在 24h 处出现第一时效峰的晶内组织和晶界组织。从电镜照片观察，共格的 GP 区分布弥散、质点细小，呈球形点状结构。GP 区形成于晶内，扩散到晶界，并均匀分布于基体，此时形核速率也达到最大值。

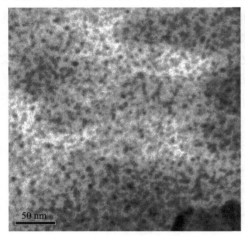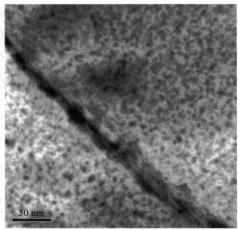

(a) 晶内组织　　　　　　　　　　　　(b) 晶界组织

图 2-39　7050 铝合金第一峰处晶内和晶界组织照片

固溶作用形成的大量空位和 GP 区的形核激活能比核长大激活能高，这两个有利条件下晶核的形成远比长大来得快，抑制了 GP 区长大，也无法析出η′相并转化为η相，所以在晶体中基本看不到η′相和η相。A 点的 XRD 物相分析结果也证实了这点。如果固溶后在高温时效下将会形成大量η′相和η相，显然控制固溶温度和固溶时间能有效地控制调节 GP 区、η′相和η相的相对量，这将有助于控制合金第一峰值的综合性能。

细小的 GP 区容易被位错切过，一些有利的位向将会产生共面滑移，形成滑移带，在晶界附近造成堆积，引起局部应力集中，降低了合金的塑性和断裂韧性。这是因为以 GP 区为主要强化相的合金，基体沉淀相（MPt）强度低，基体一旦发生变形，在大量滑移系开动的同时，一些有利的位向一经位错滑移通过，后续的滑移将连续进行，从而减少了粒子在滑移面上的有效截面积，甚至会发生 GP 区的溶解。这时会产生严重变形的滑移带，在晶界附近产生应力集中，导致 SCR 和断裂性能的下降以及塑性的下降。

固溶处理及冷却制度条件下，空位浓度不再影响晶界无析出带（PFZ），而晶界无析出带是合金组织的薄弱组成，很大程度上将削弱晶粒界面的结合力，容易发生晶界集中变形，降低合金的强度[47]。但是从本试验照片来看，PFZ 的宽度对强度影响不大，此阶段强度、硬度的峰值主要还是由析出相的弥散程度和大小决定的。

(2) 谷底处合金显微组织

图 2-40 为 7050 铝合金在 52h 硬度和强度最低的晶内组织和晶界组织。从图 2-40(a) 中可以发现，晶内析出的 GP 区开始长大，粗化现象开始明显，由原先的细小球状结构转变为粗球状并有所拉长，质点间距离拉大，沉淀相密度下降，而晶界上有极少量的 η′ 相析出，质点很细小，沿晶界展开连续分布着。合金从第一时效峰过渡到低谷时，基体中的空位浓度降低促使合金的形核率下降，随着时效时间的增加，已形成的 GP 区开始粗化，因此体积分数开始下降。但是刚形成的 η′ 相无法担当起阻碍位错的作用，所以强度开始大幅度下滑，直到下滑到晶界上有极少量的 η′ 相逐渐析出开始担当起阻碍位错作用的时候，强度、硬度开始有所

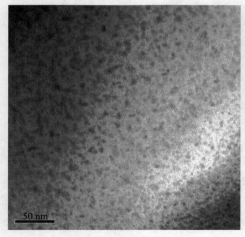 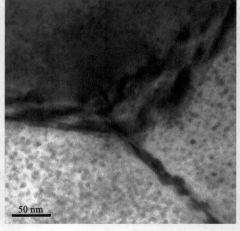

(a) 晶内组织　　　　　　　　　　　　　　(b) 晶界组织

图 2-40　7050 铝合金谷底处晶内和晶界组织照片

回升。延伸率较第一峰值也下降的原因可能是：晶内不均匀变形增加和晶界强度下降。经过谷底之后，时效程度增加，导致晶界上大量的η′相开始向基体内扩散，局部开始形成非共格，合金强度开始增加。

（3）第二峰处合金显微组织

图 2-41 为 7050 铝合金在 76h 硬度和强度最高的晶内组织和晶界组织。从图 2-41（a）中可以发现，只留下部分的 GP 区，呈粗大圆斑状；在晶内可以看出析出的η′相，细小的η′相质点均匀分布于晶内，质点间距非常小，体积分数较大，晶界上的η′相开始聚集粗化，开始转变为平稳的η相，并出现断续现象。这导致晶界上大量的η′相开始聚集变粗并逐渐过渡为非共格的η相，朝着降低体系能量的方向发展，C 点的 XRD 物相分析结果也证实了这点。这就是为什么晶界上会出现连续带状结构的断分现象。该结构有利于基体变形的展开和断裂韧性的提高。

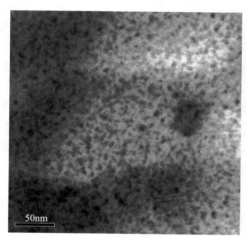
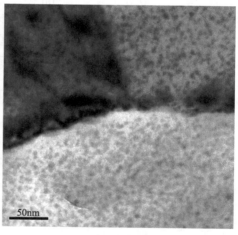

| (a) 晶内组织 | (b) 晶界组织 |

图 2-41　7050 铝合金第二峰处晶内和晶界组织照片

合金进入谷底后，随着时效程度的深入，晶内的 GP 区进一步长大并开始消失，那些较小的 GP 区拥有较高的能量，它们逐渐被周围粗大质点吞噬而降低系统的能量。分化过程中，多个细小的 GP 区质点，克服了η′相形成的较高壁垒，成为η′相形核的有利条件[48]。另外大量在谷底处时粗大的 GP 区形成高能畸变场，为η′相的形成提供了能量条件。此时沉淀相的激活能基本可以看成是η′相的形成激活能。η′相在这有利的条件下大量形成，且颗粒细小、分布弥散，合金的强度也开始逐渐提高。当合金中的η′相尺寸和密度及分布达到力学性能起重要作用的阶段时，合金出现第二时效峰，且第二时效峰比第一时效峰强度和硬度要高，这也说明 η′相对强度和硬度的提高效果优于单独 GP 区的提高效果[49,50]。这是因为η′相的尺寸略大且硬度较高，位错线无法切过只能绕过。尽管总的沉淀相密度下降，但强化效果增加了。均匀分布的η′相粒子会使变形均匀分布在集体中，导致大体上塑性的增加。

基体沉淀相（MPt）以η′相为主，则位错线是以 Orowan 机制通过沉淀相质点的，因而不会产生过多的强度薄弱区[51]。合金的时效处理从单级时效过渡到双级时效的目的就是为了获得更多的η′相和一定数量的η相。如果只从强度角度来考虑基体沉淀相，无论何种质点作为强化相，其体积分数越大越弥散，强化效果越佳。若沉淀相质点的强度较高、分布均匀，则必然对 SCR 和韧性很有利，原因是这些强度较高、分布均匀的质点能更有利地阻碍变形过程中位错线的运动，应力集中较小。

（4）过时效处合金显微组织

图 2-42 为 7050 铝合金在 90h 硬度和强度开始下降阶段的第二峰过时效状态下的晶内组织和晶界组织。从图 2-42 中可以发现，晶内η′相开始长大并转化为平衡态下的η相，已转化的η相开始粗化，原来的细针状质点开始减少并消失，粗大板状结构质点开始增多，晶界上离散分布的η相粒子开始膨胀，尺寸变大，大范围断续现象开始逐渐形成（如图 2-42(b)），即出现了连续网状分布的晶界沉淀相。这种连续网状分布的沉淀相对合金的性能最为不利，这是因为晶界区是材料变形过程的协调区，在时效过程中晶界沉淀相一般以η′相和η相为主，它们相对于基体有一定的可动性，因而阻碍了变形过程中晶粒的相对运动，宏观上表现为损害材料的塑性和韧性，图 2-37 D 点处机械性能见证了这一点。

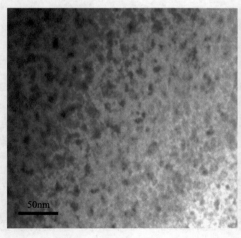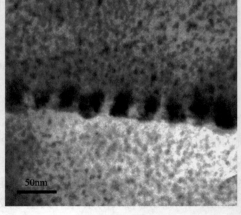

(a) 晶内组织　　　　　　　　　　　　　　　(b) 晶界组织

图 2-42　7050 铝合过时效状态处晶内和晶界组织照片

第二时效峰过后，随着时效程度的进一步深入，η′相的形核率保持稳定，η′相的长大速率却不断提高，半共格的η′相开始逐渐转变为共格的η相，晶界上的η相在时效的过程中进一步膨胀，并开始吞并晶界附近析出的粒子，造成晶界也进一步变宽，分布变得更连续。

5) 选区电子衍射物相分析

图 2-43 给出了 7050 铝合金在两个峰时效状态下的选区电子衍射图谱。通过比较其他 Al-Zn-Mg-Cu 合金的沉淀相电子衍射花样[52-54]，和本书中的[–111]方向电子衍射花样中的芒线以及 1/3{220}处的η′相衍射的弱斑点(见图 2-43(a))，证明此时合金基体中的主要强化相为 GP 区[55]，而η′相也起到了一小部分的强化作用。随着时效时间延长至 76h(见图 2-43(b))，相应的[–114]方向的电子衍射斑点中已经不存在芒线，而只留下了更为明亮的 2/3{220}处的η′相衍射斑点，表明此时合金基体中的强化相主要为η′相。以上实验结果表明，合金基体中完成了由第一时效峰以 GP 区为主要强化相，过渡到第二时效峰以η′相为主要强化相的过程。这一结果与图 2-39～图 2-42 中透射电镜图片的结果一致，可以相互验证。

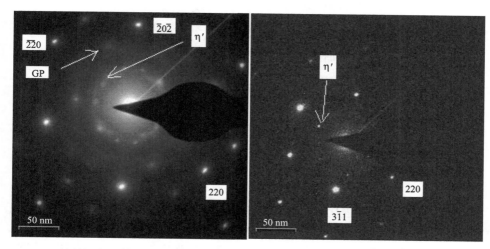

(a) 120℃/8h一级+150℃/24h二级　　　　　　　(b) 120℃/8h一级+150℃/76h二级

图 2-43　不同时效状态下 7050 合金基体的选区电子衍射花样

(a) 以[–111]$_{Al}$为晶带轴，(b) 以[–114]$_{Al}$为晶带轴

通过上述分析可以得出，双级时效工艺的低温时效是在低于 GP 区回溶温度下时效，相当于成核阶段，析出相为均匀的 GP 区，为后序时效形成均匀过渡相及稳定相提供了均匀形核的条件，时效初期 GP 区的数量是随着保温时间的增加而增加的，宏观上表现为强度和硬度急剧上升。低温时效的另一目的是使得 GP 区长大到一定尺寸而不至于在二级时效溶解[56]。

　　高温时效相当于稳定化阶段。通过改变析出相的大小、形态和分布（如图 2-39～图 2-42），从而改善材料的强度、硬度、抗应力腐蚀能力和断裂韧性。合金的时效沉淀序列由 GP 区转变为 η′ 相，随后 η′ 相逐渐粗化并向平衡相 η 相转变，在这期间，随着时效时间的延长，硬度和强度值出现两峰，硬度、强度第二峰比第一峰略高。从显微组织考虑，强度和硬度再一次提高说明 η′ 相与 GP 区共同作用效果要优于单独 GP 区的强化。第一峰的强化主要依靠高密度的 GP 区，因为位错线切过高密度的 GP 区需要消耗更多的能量，而第二峰的强化主要依赖于 η′ 相尺寸的相对增大以及本身硬度较高并且在二级高温时效阶段会与基体部分失共格，使位错线无法切过只能绕过，GP 区减少，沉淀相密度下降，但强化效果增强。宏观上表现出第二峰值，如图 2-44 所示[57]。随着时效时间的延长，第二峰的强度、硬度下降。这是因为合金晶界析出相聚集长大，间距加大，出现过时效。

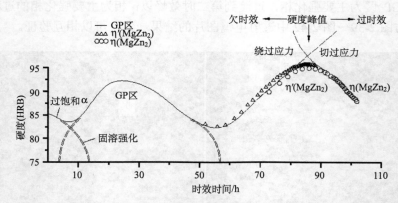

图 2-44　7050 铝合金时效时硬度与时效时间和脱溶相结构之间的关系

　　位错切过第二相的强化因素比较复杂；而位错绕过第二相时与第二相本身无关，只与第二相的间距有关。质点间距越小，强度越高；但如果质点间距太小，会使位错不能绕过第二相。由此可知，第二峰抗拉强度最高时，位错需绕过第二相粒子间的距离为最小质点间距。

　　如图 2-37 所示双级时效，76h 峰值强度为 590MPa，剪切模量为 $G=26.1\times10^3$MPa，利用 Jade6.0 软件计算得出点阵常数为 $a=0.404754$nm，利用 F-R 源动作的临界切应力公式，分析如下[57]。

　　如图 2-45 所示，位错在绕过第二相时，位错弯曲要克服线张力，作用在单位位错线上的力为 τb，假如第二相平均间距为 L，当 τbL 和线张力 $2T$ 平衡时，位错线正好弯成半圆形，再增大切应力，位错环不稳定而趋于运动。

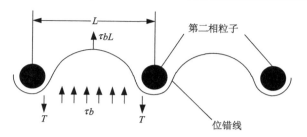

图 2-45　位错绕过第二相阻力示意图

$$\tau b L = 2T = 2 \cdot \frac{1}{2} G b^2 \tag{2-2}$$

$$\tau = \frac{Gb}{L} \tag{2-3}$$

此处取第二峰的抗拉强度 $\sigma_b = 586\text{MPa}$，按照最大切应力理论，第二峰时位错的切应力为

$$\tau_s = \frac{1}{2}\sigma_b = 293\text{MPa} \tag{2-4}$$

$$b = \frac{a}{2}[110] = \frac{\sqrt{2}}{2}a = \frac{1.414}{2} \times 0.404754\text{nm} = 0.286161\text{nm} \tag{2-5}$$

$$L = \frac{26.1 \times 10^3 \times 0.286161}{293}\text{nm} = 25.50\text{nm} \tag{2-6}$$

因此 7050 铝合金在第二个时效强度峰值中，第二相最小质点间距约 25.50nm，即为临界间距。通过以上计算和分析可得，当 7050 铝合金第二相间距超过 100nm 左右时，宏观上表现为强度和硬度的明显下降，如图 2-37。

6）高强铝合金断裂韧性

（1）断裂类型

根据材料的受载荷变形情况的不同，将裂纹分为三大类型[58]：

①张开型（或称拉伸型）裂纹。如图 2-46(a) 所示，外加正应力垂直于裂纹面，在应力 σ 作用下裂纹尖端张开，扩展方向和正应力垂直，这种张开型裂纹简称为 Ⅰ 型裂纹，本书就是采用这种张开型裂纹。

②滑开型（或称剪切型）裂纹。如图 2-46(b) 所示，剪切应力平行于裂纹面，裂纹滑开扩展，通常称为 Ⅱ 型裂纹。

③撕开型裂纹。如图 2-46(c) 所示，在切应力作用下，一个裂纹面在另一裂纹面上滑动脱开，裂纹前缘平行于滑动方向，也称Ⅲ型裂纹。

(a) 张开型裂纹　　　　　　(b) 滑开型裂纹　　　　　　(c) 撕开型裂纹

图 2-46　三种裂纹模式

(2) Ⅰ型裂纹尖端的应力场及应力强度因子

设一无限大平板中心有一长为 $2a$ 的穿透裂纹，垂直裂纹面方向平板受均匀的拉伸载荷作用，裂纹尖端附近一点 (r, θ) 的应力为[59]

$$\sigma_x = K_{\mathrm{I}} \cos\left(\frac{\theta}{2}\right) \left[\frac{1 - \sin\left(\frac{\theta}{2}\right)\sin\left(\frac{3\theta}{2}\right)}{\sqrt{2\pi r}}\right] \tag{2-7}$$

$$\sigma_y = K_{\mathrm{I}} \cos\left(\frac{\theta}{2}\right) \left[\frac{1 + \sin\left(\frac{\theta}{2}\right)\sin\left(\frac{3\theta}{2}\right)}{\sqrt{2\pi r}}\right] \tag{2-8}$$

$$\tau_{xy} = K_{\mathrm{I}} \left[\frac{\sin\left(\frac{\theta}{2}\right)\cos\left(\frac{\theta}{2}\right)\cos\left(\frac{3\theta}{2}\right)}{\sqrt{2\pi r}}\right] \tag{2-9}$$

由裂纹尖端应力应变场可以推算出，裂纹尖端某一位置的应力、位移和应变完全由 K_{I} 决定的，将应力写成通式为

$$\sigma_{ij} = K_{\mathrm{I}} f_{ij}(\theta) \frac{1}{\sqrt{2\pi r}} \tag{2-10}$$

从式 (2-10) 可以发现，裂纹尖端应力应变场的强度完全由 K_{I} 决定，称 K_{I} 为应力强度因子，它取决于裂纹的形状和尺寸，也决定于应力的大小。对于受载的裂纹体，应力强度因子 K_{I} 是用来描述裂纹尖端强弱的力学量，当应力增大时，K_{I} 也增大，当 K_{I} 达到某一临界值，预制裂纹的试样产生新的裂纹，这就是断裂韧性 K_{IC} 值。

(3) 断裂韧性的测量

采用紧凑拉伸的方式进行测试，先预制裂纹，然后进行紧凑拉伸。实物如图 2-47 所示。选用 7050、7075 铝合金为研究对象，总共有 6 组试验 (见表 2-10)，其中 A 组和 D 组试验是为了研究不同时效制度对 7050 铝合金断裂韧性的影响，

B 组、C 组和 D 组试验是为了研究 7050 铝合金硬度和强度第一时效峰、谷底和第二时效峰处的韧性区别，D 组和 F 组是为了研究不同合金成分对 7000 系铝合金韧性的影响。热处理制度和试验结果见表 2-10。

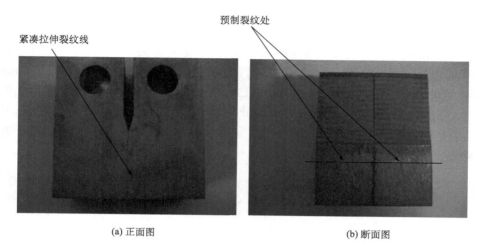

(a) 正面图　　　　　　　　　　　　　(b) 断面图

图 2-47　紧凑拉伸试样实物图

表 2-10　7050、7075 试验工艺及性能测试结果

组别	牌号	热处理制度	$\sigma_{0.2}$/MPa	σ_b/MPa	K_{IC} /(MPa·m$^{1/2}$)
A		470℃/70min 固溶+120℃/96h 时效	591	620	36.2
B		470℃/70min 固溶+120℃/8h 一级+150℃/24h 二级	579	608	30.1
C	7050	470℃/70min 固溶+120℃/8h 一级+150℃/52h 二级	542	570	30.3
D		470℃/70min 固溶+120℃/8h 一级+150℃/76h 二级	590	618	38.5
E		450℃/70min 固溶+120℃/8h 一级+150℃/76h 二级	562	572	28.7
F	7075	470℃/70min 固溶+120℃/8h 一级+150℃/76h 二级	506	583	28.3

从表 2-10 我们可以发现，7050 铝合金在不同的固溶和时效状态下，合金的断裂韧性是有差别的，其中 470℃/70min 固溶+120℃/8h 一级+150℃/76h 二级时合金的韧性达到最大，最大值 38.5MPa·m$^{1/2}$。单级时效状态下的裂纹是突然扩展失稳的，裂纹一旦打开，在很短时间内就断裂，达到裂纹扩展的应力后，裂纹的发展不再需要更高的力，说明材料脆性比较大；对于双级时效态下的 7050 铝合金，裂纹扩展要吸收能量，对应载荷必须有所提高，裂纹才开始缓慢扩展，直到载荷达到最大值，裂纹才快速扩展。对比单级时效和双级时效，相同固溶工艺下，当双级时效的二级时效时间达到 76h 时，在断裂前，双级时效要吸收更多的能量，故断裂韧性比单级时效要高，对应的低温固溶时效与单级时效一样，故断裂韧性

也较差。试验得到单级时效和低温固溶时效最后的断裂韧性分别为 $36.2MPa\cdot m^{1/2}$ 和 $28.7MPa\cdot m^{1/2}$。断裂韧性不存在双峰的现象，而是随着时效时间的深入不断增大。但是合金成分对断裂韧性的影响是最大的，7075 铝合金和 7050 铝合金相比，断裂韧性相差比较大。

（4）断口扫描电镜分析

图 2-48 是不同热处理制度下断口形貌照片（其中（f）为 7075 铝合金，其余为 7050 铝合金），从图 2-48（d）中可以看出，7050 铝合金第二时效峰处（470℃/70min 固溶+120℃/8h 一级+150℃/76h 二级）断口几乎由大小均一的韧窝组成，韧窝比例显然大于其他热处理制度下的形貌。因此从断口形貌可以看出这种热处理状态下的断裂韧性最好，跟表 2-10 是吻合的，对图 2-48（d）（f）的 A 和 B 两点的粒子进行能谱分析，分析结果见表 2-11。

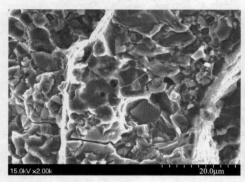
(a) 470℃/70min固溶+120℃/96h时效

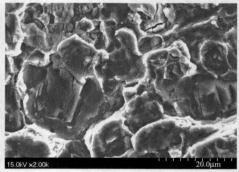
(b) 470℃/70min固溶+120℃/8h一级+150℃/24h二级

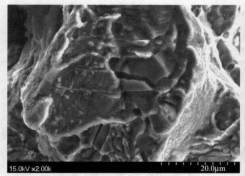
(c) 470℃/70min固溶+120℃/8h一级+150℃/52h二级

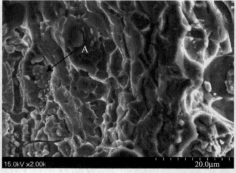
(d) 470℃/70min固溶+120℃/8h一级+150℃/76h二级

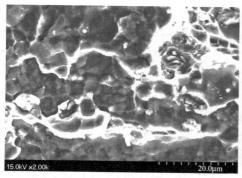 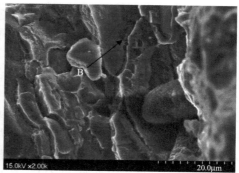

(e) 450℃/70min固溶+120℃/8h一级+150℃/76h二级　　(f) 470℃/70min固溶+120℃/8h一级+150℃/84h二级

图 2-48　不同热处理制度下断口形貌照片

(f) 为 7075 铝合金，其余为 7050 铝合金

表 2-11　A、B 能谱分析各元素质量分数　　（单位：%）

合金	Zn	Mg	Cu	Zr	Ti	Mn	Cr	Fe	Si	Al
7050	6.42	2.25	2.02	0.13	0.03	0.10	0.04	0.12	0.06	余量
7075	6.02	2.20	1.55	—	0.20	0.30	0.25	0.48	0.39	余量

铝合金中含有 Fe 和 Si，其中 7050 铝合金的 Fe 和 Si 比 7075 铝合金少得多，它们的存在对断裂韧性影响比较大。第二相粒子处于韧窝中心，是裂纹的发源地。在外力作用下，位错被推向第二相粒子，并在这些硬脆的第二相粒子周围堆积。当很多位错环被推到粒子与基体界面后，界面被分开形成微孔，新的位错环不断被推向微孔，导致微孔迅速扩展，最后材料断裂。

从图 2-48（a）的断口可以观察到一些韧窝，韧窝数量较少，以沿晶断裂为主，在韧窝的底部存在硬脆质点，还可以看出一些剪切片，说明该状态的组织比较脆。从图 2-48（b）（c）可以看出，韧窝数量也较少，同样含有大量的硬脆相粒子，其中一部分粒子与基体的交界处萌生孔隙或孔洞，产生微小裂纹，裂纹扩展导致基体从质点周围断开，形成大小、深度不同的坑状韧窝。从图 2-48（e）（f）可以看出，断口也存在一定量的韧窝和第二相粒子，断口韧窝小、浅。两种时效态下合金的断裂韧性相当。

综上所述，铝合金的断裂韧性取决于裂纹形核和裂纹扩展。金属在位错滑移加剧形成滑移带之后会产生裂纹，但是裂纹的形核更多的是来自于空穴聚合及第二相杂质点。因为夹杂物与基体的晶体结构不同，在塑性变形中，产生形变不一致，因而，在第二相粒子和基体界面产生应力集中，形成显微孔洞；随着疲劳拉伸时间的延长，孔洞不断长大聚合，导致最后断裂[60]。影响高强铝合金断裂的因素有外因和内因，外因包括氧化物（Al_2O_3）夹杂物、金属夹杂物及由于合金熔炼过程中熔体吸收的水蒸气最后形成氢脆引起的孔洞等。因而改善和控制熔炼工艺是有效克服由于外因导致的合金断裂韧性降低的有效途径。影响 7000 系铝合金断裂韧性的内在因素主要是合金的成分、沉淀相和晶粒组织这三部分，且这些内因是决定断裂韧性的主导因素。我们主要讨论内因对断裂韧性的影响。

　　合金中可溶性元素溶于合金基体中，对断裂韧性一般是无害的，对断裂韧性有害的主要是 Fe 和 Si 这些难溶元素。从表 2-11 可以发现，7050 铝合金和 7075 铝合金中的 Fe 和 Si 元素含量相差比较大。从以上的数据分析和扫描电镜照片可以看出，降低 Fe 和 Si 含量，可以明显提高断裂韧性。原因是 Fe 和 Si 在 7000 系铝合金中很容易形成粗大的 $Al_6(Mn, Fe)$、$Al_{12}(Mn, Fe)_3$ 和 $\alpha(Al\text{-}Fe\text{-}Si\text{-}Mn)$ 等脆性夹杂物相，它们在铝合金中呈链状形式沿变形方向分布，这些粗大的硬质相的存在、析出物的不利性状以及它们所占据的大量体积，造成了局部塑性变形能力的大幅度下降，增加了裂纹的敏感性，使裂纹更容易扩展，导致材料断裂韧性大幅度降低。7075 铝合金第二时效峰的断裂韧性远比 7050 铝合金第二时效峰的韧性低，就是由于这些脆化的物质存在，而且是占主导因素。

　　对比 470℃/70min 固溶+120℃/8h 一级+150℃/76h 二级和 450℃/70min 固溶+120℃/8h 一级+150℃/76h 二级时效态下的断裂韧性可以发现，固溶温度的提高可以大大提高断裂韧性，这是因为固溶温度较低时，合金除基体之外的组元由于固溶不彻底，有时候形成粗大的过剩相质点，也将成为裂纹源。

　　由此来看，要提高断裂韧性，有两种途径，一种是提高合金熔体的纯度减少合金杂质相，另一种是尽量提高合金的固溶温度（使难溶相尽量溶入基体中，但要注意避免晶粒过分粗大），因而可以采用在一定固溶温度下适当延长保温时间以促成可溶物的进一步的溶解，不至于初相过剩相对韧性造成负面影响。

　　此外，沉淀相的尺寸、形态和分布对断裂韧性也有重要的影响。有研究表明，均匀弥散的共格和半共格沉淀相对断裂韧性非常有利，也就是 η' 相和 η 相按一定比例搭配的情况。但是晶界无析出带及粗大的非共格沉淀相，特别是粗大的晶界沉淀相，对断裂韧性是十分不利的，它们作为裂纹源很容易导致裂纹的萌生。7000 系铝合金在高温时效或慢速淬火时，会在晶界处形成粗大的沉淀相，弱化晶界强度，这种沉淀相促使铝合金倾向于晶间断裂，断裂韧性降低。因此必须严格控制时效温度和时效时间，避免析出的沉淀相过大或者说处于过时效状态。表 2-10 中的时效制度就是为了得到适当的沉淀相，从表 2-10 可以看出，470℃/70min 固溶+120℃/8h 一级+150℃/76h 二级时效制度下，断裂韧性达到最大值。对比可以看出，热处理制度对 7050 铝合金的断裂韧性影响是非常大的。因此，寻求好的热处理制度是提高断裂韧性的有效途径之一。

　　最后，研究表明 7000 系铝合金的晶粒组织、晶粒的大小和再结晶程度对断裂韧性的影响非常大，而且断裂韧性 K_{IC} 与晶粒尺寸有一定的线性关系，晶粒越大，K_{IC} 值越小；晶粒越小，K_{IC} 值越大。因此，只要能细化晶粒的方法，大多都可以一定程度上抑制 K_{IC} 减小。但是对已熔炼的金属，只有考虑改变和控制热处理工艺参数来控制晶粒的大小来提高断裂韧性。

2.3.3　高强铝合金回归再时效工艺

1989 年，Alcoa 公司以 T77 为名注册了第一个回归再时效(RRA)工艺规范，(如图 2-49)，这种热处理工艺综合了单级时效和双级时效的优点[61,62]。这是一个复杂的组织转变过程，必须对各个阶段综合考虑。主要分为三阶段，第一阶段：在较低的温度进行预时效，达到峰时效状态为最好，如果达不到，只达到欠时效或者过时效，则最后回归再时效达不到预期的效果，即强度损失了，抗应力腐蚀性能并没有多大的提高。因此，第一阶段对后续工序至关重要。第二阶段：回归处理，这对提高抗应力腐蚀性能和韧性非常有利，但是时间过长，很容易导致强度的损失。第三阶段：在较低温度下再时效，可使抗应力腐蚀性能有所提高，但是强度会有一些损失，实际应用中要综合考虑并选择适当的时效时间和温度。

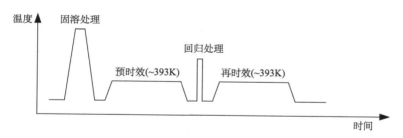

图 2-49　回归时效工艺示意图

从理论上说，经回归再时效热处理的 7000 系铝合金，其综合性能会大大提高，原因与其微观组织结构有关，其时效过程中沉淀相析出次序大致为：α 相(过饱和固溶体 GP 区)→η′(MgZn₂)相→ η(MgZn₂)相。回归时效处理使得在晶界和亚晶界处析出的 η(MgZn₂)相粗大，并使晶界内的 η′(MgZn₂)相保持精细分布，而这些粗晶 η(MgZn₂)相是 H 的陷阱，能减轻基体中晶界附近 H 原子聚集，从而降低 SCC 敏感性。文献［63］也显示，回归再时效改变了 7000 系铝合金晶界 Cu 或 Mg 的富集，降低了位错密度，使 SCC 敏感性降低。

谷亦杰等[64]认为 7050 铝合金低温(180℃)长时间回归再时效处理后的强度大于高温(200℃)短时间回归再时效的强度，且延伸率基本相当，低温长时间回归处理更容易满足厚板性能要求。实验表明，7050 铝合金随着回归温度的升高，溶解在固溶体中的 Zn 和 Mg 原子数目增加，η 相和η′相沉淀析出数目也随着增加，从而导致峰值硬度的增加。作者认为，低温长时回归再时效制度与高温短时回归再时效制度相比，前者更适用于厚板性能要求，后者更适用于薄板性能要求。国内外资料显示，回归温度对合金的影响缺乏深入细致的研究。

　　7000 系高强铝合金经 RRA 处理能集高强、高韧、良好抗蚀性为一体，具有极佳的综合性能。因此 RRA 处理是高强铝合金的一种先进的时效处理制度。但 RRA 处理的第二级回归只允许在高温下处理几十秒到几分钟，因而难以在工业上广泛应用。罗付秋[65]研究了 7075 铝合金和 7050 铝合金特殊的时效处理制度，以开发新型的高强铝合金强韧化处理制度。因此我们针对第二级时效的特点，研究回归的温度和时间对合金综合性能的影响。根据文献[66-68]报道，一级时效制度和三级时效制度均取 120℃/24h 水淬，回归工艺如表 2-12 所示，各种热处理工艺组合见表 2-13。

表 2-12　7075 和 7050 铝合金回归处理工艺参数

路线编号	影响因素	实验取点
1	回归温度/℃	190、200、210
2	回归时间/min	4、7、10、15、20
3	冷却方式	水淬

表 2-13　各种 RRA 热处理组合

测试标记	RRA					
	预时效		回归		再时效	
	θ_1/℃	t_1/h	θ/℃	T/min	θ_3/℃	t_3/h
RRA1	120	24	190	4	120	24
RRA2	120	24	190	7	120	24
RRA3	120	24	190	10	120	24
RRA4	120	24	190	15	120	24
RRA5	120	24	190	20	120	24
RRA6	120	24	200	4	120	24
RRA7	120	24	200	7	120	24
RRA8	120	24	200	10	120	24
RRA9	120	24	200	15	120	24
RRA10	120	24	200	20	120	24
RRA11	120	24	210	4	120	24
RRA12	120	24	210	7	120	24
RRA13	120	24	210	10	120	24
RRA14	120	24	210	15	120	24
RRA15	120	24	210	20	120	24
T6	120	24	—	—	—	—

1. 回归再时效对高强铝合金力学性能的影响

1）硬度

图 2-50～图 2-52 位于下方的 R 曲线所示为 7075 和 7050 合金在 190～210℃进行 4～20min 的回归过程中硬度的变化[65]，上方的 RRA 曲线所示为 7075 和 7050合金在 190～210℃进行 4～20min 的回归后再进行 120℃/24h 时效处理的过程中硬度的变化。由图 2-50（a）的 R 曲线可以看出 7075 合金在 190℃回归不同时间的硬度变化。首先，硬度值从 T6 态的峰值 193HV 下降至最低点 180HV；然后，硬度又从最低点开始上升，但最高点硬度值 190HV 低于 T6 态的 193HV；最后，硬度从最高点开始下降，当回归时间延长至 20min 时，硬度值下降到 184HV。而图 2-50（a）的 RRA 曲线，硬度值超过了 T6 态，在 RRA 初始阶段单调上升至峰值198HV，且达到峰值的回归时间与 R 曲线达到谷底点的回归时间 10min 相对应；接着硬度随回归时间的延长开始下降，当回归时间延长至 20min 时，硬度值下降到 185HV，有逐渐接近 R 曲线的趋势。7050 合金 RRA 处理后硬度明显高于 T7451态硬度。

由图 2-50～图 2-52 还可以看出，190℃、200℃和 210℃这 3 种温度下的 R 曲线有相似的特征（除 7050 合金 210℃的 R 曲线），但硬度达到谷值和峰值的时间有所不同，这主要取决于回归的温度。回归温度对硬度达到谷值和峰值时间的影响如表图 2-53 所示（以 T6 态硬度为起点）。由图可见，随着温度的升高，硬度达到谷值和峰值的时间缩短。例如，7075 合金在 190℃回归时硬度达到谷值和峰值的时间分别为 10min、16min，而在 210℃回归时硬度达到谷值和峰值的时间分别为4min、10min。

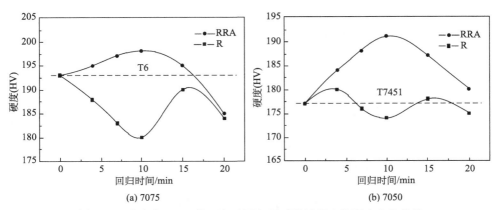

(a) 7075　　　　　　　　　　　　　　(b) 7050

图 2-50　合金在 190℃的回归及回归再时效过程中的硬度变化曲线

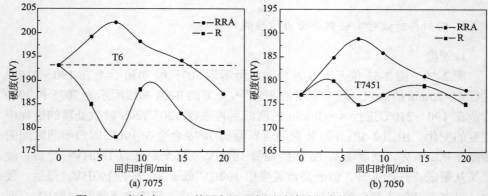

图 2-51　合金在 200℃的回归及回归再时效过程中的硬度变化曲线

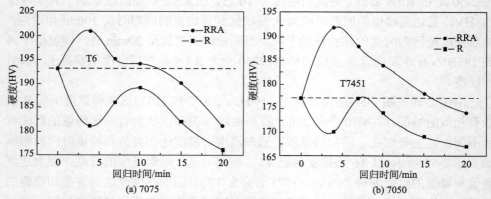

图 2-52　合金在 210℃的回归及回归再时效过程中的硬度变化曲线

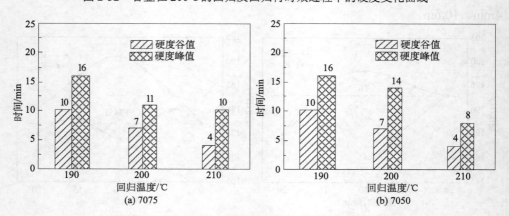

图 2-53　不同回归温度下 R 曲线上硬度谷值和硬度峰值所对应的时间

2）强度

图 2-54 所示为 7075 和 7050 合金在不同的回归温度和时间下回归再时效强度

变化曲线[65]。回归温度越高，合金强度峰值出现越早。与表 2-14 中的 T6 态强度
比较可以看出，RRA 处理后合金抗拉强度和屈服强度有不同程度的降低。7075
合金强度曲线的趋势与 7050 合金的基本相同。但 7050 合金强度变化的幅度较小，
这归因于 Cu 的增多提高了析出相的稳定性。与表 2-14 中的 T7451 态强度比较可
以看出，经过（120℃/24h 预时效+200℃/7min 回归+120℃/24h 再时效）RRA 处理
后 7050 合金峰值抗拉强度可提高 4.1%。

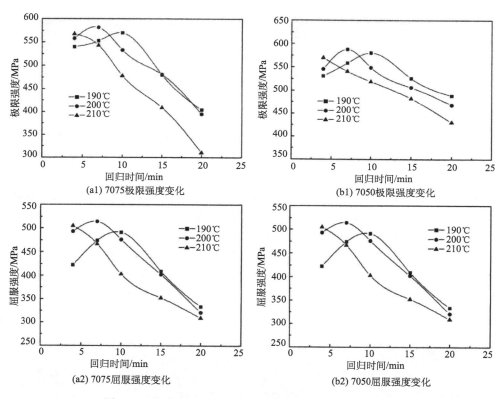

(a1) 7075极限强度变化　　　　(b1) 7050极限强度变化

(a2) 7075屈服强度变化　　　　(b2) 7050屈服强度变化

图 2-54　合金在不同的 RRA 处理过程中的强度变化曲线

3）延伸率

总体来说，延伸率曲线变化规律与强度曲线相反（如图 2-55 所示）。回归温度
较低（190℃和 200℃）、回归时间较短时（<10min），延伸率随着回归时间的延
长而降低，之后随着回归时间延长而上升；回归温度较高时（210℃），延伸率随
着回归时间的延长而单调上升。

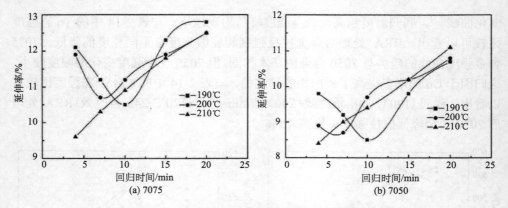

图 2-55　合金在不同的 RRA 处理过程中的延伸率变化曲线

4)拉伸断口分析

图 2-56(a)(c)(e)(g)为 7075 合金的常温拉伸断口,图 2-56(b)(d)(f)(h)为 7050 合金的常温拉伸断口。由图可见经 T6、T7451 和 RRA 处理后室温拉伸断口中都含有大量细小的韧窝以及晶界裂纹,表明几种热处理后合金的断裂是由第二相引起的混合型断裂。而且,T6、T7451 态合金断口晶界裂纹较少,这是未脱落的第二相颗粒易溶解,裂纹源减少的缘故,此时合金延伸率也较好。如图 2-56 所示,(a)为 T6 态断口,(b)为 T7451 态断口,分布有很多小而浅的韧窝,它们互相联结交错,显示了很好的塑性。经过 RRA 处理后,两种合金的断口都可以看到较大而深的韧窝,初窝周围都可以见到蜂窝型的变形程度很大的突起撕裂棱,塑性有所降低。图 2-56(c)(d)(e)(f)(g)(h)为延长回归时间及升高回归温度的断口,可见韧窝明显增多,塑性增大。

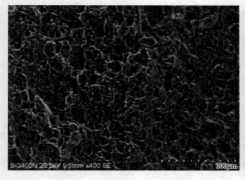

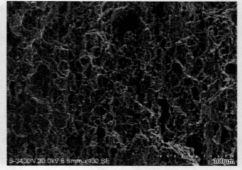

(a) 7075-T6　　　　　　　　　　　　　　　　(b) 7050-T7451

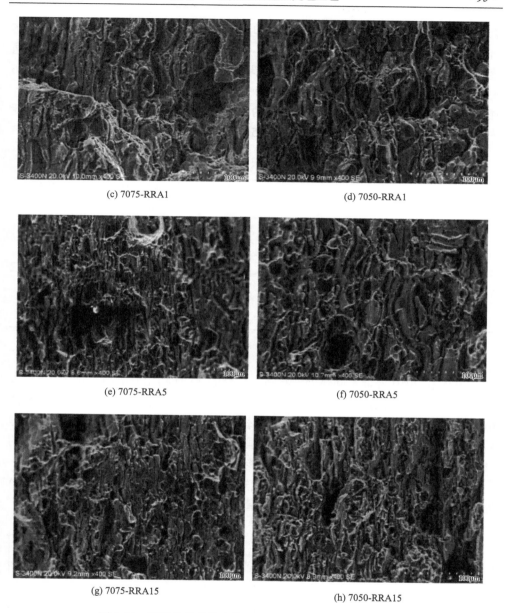

(c) 7075-RRA1　　　　　　　　　　　　　(d) 7050-RRA1

(e) 7075-RRA5　　　　　　　　　　　　　(f) 7050-RRA5

(g) 7075-RRA15　　　　　　　　　　　　(h) 7050-RRA15

图 2-56　不同热处理状态的 7075 和 7050 合金的拉伸断口

2. 回归再时效工艺的强化机理

表 2-14 对 7075 和 7050 合金经几种不同的热处理后的拉伸性能进行比较[65]，可以看出，经 RRA 处理后，7075 合金的强度甚至可达到峰时效状态强度，7050

合金的强度可超过双级时效状态强度，但延伸率均有不同程度的降低。例如 7075 合金 RRA7 试样的抗拉强度为 582MPa，屈服强度为 514MPa，与 T6 态试样的强度相似(抗拉强度为 582MPa，屈服强度为 510MPa)，但延伸率为 10.7%，比 T6 态(延伸率为 14.7%)下降了 29.9%。7050 合金 RRA3 试样的抗拉强度为 570MPa，屈服强度为 511MPa，比 T7451 态试样的强度大(抗拉强度为 565MPa，屈服强度为 486MPa)，但延伸率为 8.5%，比 T7451 态(延伸率为 10.9%)下降了 22.0%。

表 2-14　7075 和 7050 合金不同热处理后的拉伸性能对比

合金牌号	热处理条件	抗拉强度 σ_b/MPa	屈服强度 $\sigma_{0.2}$/MPa	延伸率 δ/%
	T6	582	510	14.7
7075	RRA7	582	514	10.7
	RRA12	543	467	10.3
	T7451	565	486	10.9
7050	RRA3	570	511	8.5
	RRA11	560	512	8.4

1) XRD 物相分析

7075 和 7050 合金不同热处理状态，合金的 XRD 物相分析结果见图 2-57[65]。两种合金的 X 射线衍射谱基本相同，除铝基体的特征峰外，还存在 η′相和 η 相的衍射峰。强化相 η′相和 η 相在固溶后基本溶入基体中，在 24h 时效和 RRA 处理后又重新析出了。且 RRA 后的衍射峰强度比单级时效后的要强，可能是析出的 $MgZn_2$ 的量增多了，这对合金的力学性能会产生影响。

从图 2-57 还可以看出，回归时间较短时，出现的过渡相数量不多，但 RRA 处理后出现较多的过渡相 η′相，并有少量的 η′相转化为平衡相 η($MgZn_2$)相，宏

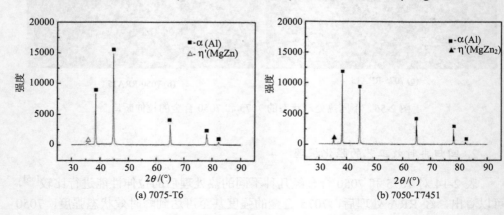

(a) 7075-T6　　　　　　　　　　　(b) 7050-T7451

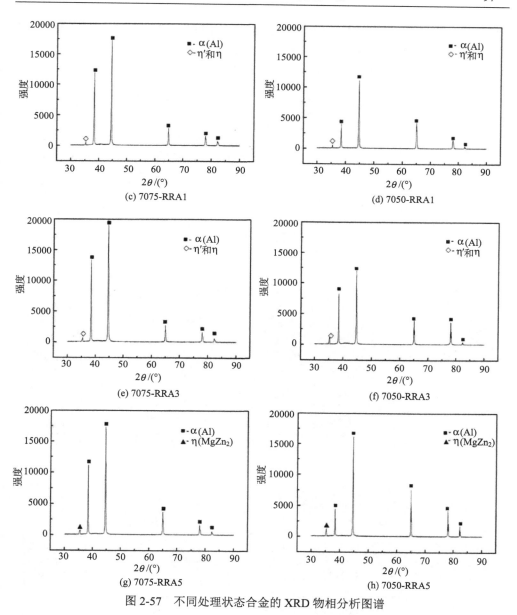

图 2-57　不同处理状态合金的 XRD 物相分析图谱

观上表现为硬度、强度较高。回归时间过长则 RRA 处理后大部分 η'相演变为平衡相，宏观上表现为硬度和强度下降的趋势。

2）显微组织

图 2-58 所示是经 RRA 处理的试样的显微组织，主要为 η'相和 η 相的混合析出物，与 T6 和 T7451 态相比，晶内析出物的大小及分布几乎没有差别，但是晶

界析出物明显长大粗化，并出现明显的晶界无析出带。这些显微组织特征和抗应力腐蚀性能之间是密切相关的。晶界为稳定的 η 相，合金晶界析出相聚集长大，间距加大，有利于减少氢脆现象或降低阳极氧化速度。

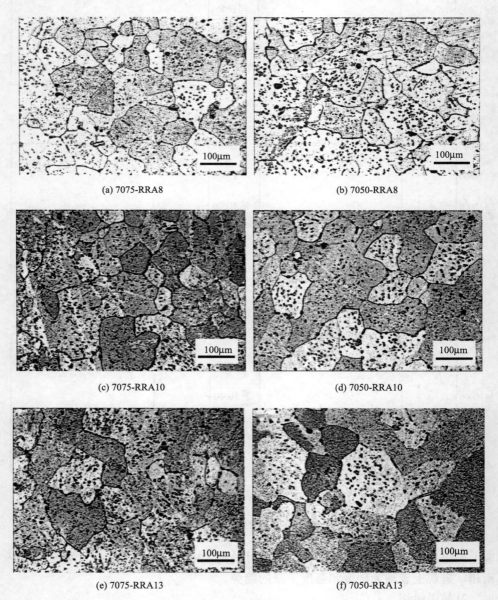

(a) 7075-RRA8　　　　　　　　　　　　　　(b) 7050-RRA8

(c) 7075-RRA10　　　　　　　　　　　　　(d) 7050-RRA10

(e) 7075-RRA13　　　　　　　　　　　　　(f) 7050-RRA13

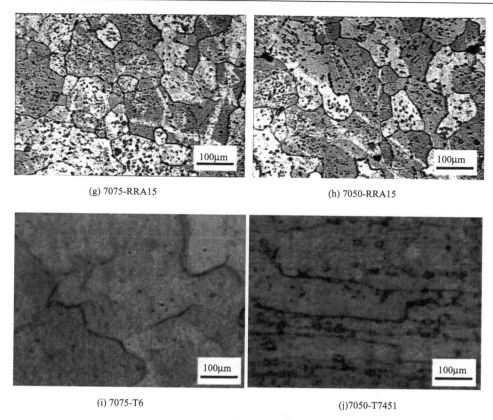

(g) 7075-RRA15　　　　　　　　　　(h) 7050-RRA15

(i) 7075-T6　　　　　　　　　　(j)7050-T7451

图 2-58　合金经不同 RRA 处理试样的显微组织变化

　　由图 2-58 也可看出，回归时间越长，回归温度越高，晶界析出物的尺寸和分布间距也越大。在 190℃/4min 回归的试样经过 120℃/24h 再时效后(RRA1)，晶内再次析出大量的弥散粒子，而晶界分布的是分离的大尺寸粒子，与双级时效相比，显著的变化是晶界无析出带被再时效析出的弥散粒子填充，晶界粒子尺寸和间距略有减小(图 2-59(b))。在 210℃/20min 回归的试样经过 120℃/24h 再时效后(RRA15)，晶内的大粒子数量增多，粒子弥散度较低。晶界析出物的尺寸分布间距进一步增大，PFZ 也变得更宽(图 2-59(d))。

　　3)分析和讨论

　　(1)RRA 对合金机械性能的影响

　　高强铝合金时效过程中合金的性能变化由 GP 区、η'相和 η 相的数量、尺寸和分布决定。与基体共格的 GP 区和与基体半共格的 η'相对合金起主要的强化作用，与基体非共格的 η 相对合金的强化作用非常小。对于 T6 状态下的试样，起主要强化作用的是 GP 区及细小的 η'相[69]。回归阶段的短时高温处理是 RRA 处理的关键步骤。7075 和 7050 合金 GP 区的完全回溶温度为 180～200℃[70]。在这个温度区间进行回归处理时，晶内的 GP 区及细小的 η 相溶解。与此同时，在各种角度的晶界上，析出相迅速成核长大，并形成较稳定的 η′相和 η 相，这主要是因为晶界区域的原子偏离平衡位置，析出相成核的自由能障碍很小。更重要的是，在回归时，虽然温度较高，但晶界粗大的 η′相和 η 相不仅不会回溶，反而向更稳定的方向发展，聚集粗化并呈孤立分布，导致晶界组织变得与双级时效状态的相似。最后进行终时效时，晶粒内部再次析出细小弥散的质点，确保了合金具有高的抗拉强度，而虽然 PFZ 被终时效所析出的粒子填充，但与 T7451 态相比变化不大（图 2-59(c) 和 (d)），且也起到了强化晶界的作用[71]，有利于强度的提高。

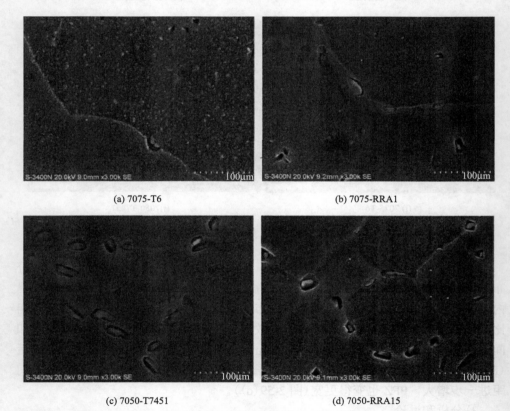

(a) 7075-T6

(b) 7075-RRA1

(c) 7050-T7451

(d) 7050-RRA15

图 2-59　不同热处理条件下合金的晶界组织

以 7075 合金在 120℃/24h 预时效后在 190℃回归以及在 120℃/24h 预时效后在 190℃回归加上再时效过程中的硬度、拉伸性能变化曲线为例，R 过程中的硬度变化规律为：降低、升高、再降低，RRA 过程中的硬度变化规律为：升高、降低（图 2-50(a)）。强度的变化趋势和硬度一致，延伸率则相反。经 T6 处理后，析出物中主要是大量的 GP 区和少量 η'相。回归处理温度较高，小于临界尺寸(d)的 GP 区和 η'相不稳定，因而发生回溶，大于 d 的 GP 区则会形成新的 η'相，而原有的 η'相继续长大[31]。因此，在回归初期的 0~10min，合金的硬度下降；随后的 10~16min，又有大量 η'相形成，使强化相数量增多，合金硬度升高；回归时间延长至 16min 后，η'相逐渐转化为 η 相，合金的硬度再次下降。不同的回归时间和回归温度也会对硬度的变化产生影响。回归时间延长，可使晶界充分进入过时效阶段，析出相明显长大，且间距增加。晶内析出相回溶后重新析出的 η'相和 η 相尺寸会变大，同时部分较大的 η'相转变为 η 相，降低了强化相的弥散度，合金的强度因此也会大幅度下降[72-74]。回归温度升高，Zn 与 Mg 原子的扩散速率会增加，而由 Zn 与 Mg 原子偏聚形成的 GP 区[75]回溶速率加快，在随后的时效中，η'相、η 相的形核及长大也加快，因此与 190℃相比，在 210℃回归处理时硬度更快地到达谷值和峰值。当合金回归温度升高时，η'相和 η 相形核速度增大得比 GP 区溶解速度快，因此由图 2-58(c) 和 (g)、(d) 和 (h) 比较可以看到，温度越高，沉淀析出相数量越多。当在高温下长时回归时，在 GP 区回溶的同时将发生 η'相和 η 相形核、长大及粗化，导致硬度快速下降(图 2-50~图 2-52)。

　　RRA 处理后合金的析出相主要为 η'相和 η 相。由图 2-50 可以看出，RRA 处理后的硬度高于同条件 R 处理后的硬度，主要有两方面的原因：①回归时，基体内存在未回溶的区和细小的 η'相，η'相的形核核心增多，形核加快，同时由于再时效的温度与预时效的温度相同，再时效时会再度沉淀析出新的 GP 区，强化相增多，加大了强化效果；②回归温度比再时效温度高，固溶在基体中的 Zn 和 Mg 原子体积分数增加，参与沉淀析出的 η'和 η 强化相大大减少[76,77]。RRA 处理过程中硬度值的降低则来自于 η'相和 η 相的粗化。由于 η'相的强化效果大于可剪切的 GP 区强化效果[78]，而经过不同 RRA 处理后，某些合金基体内有大量的 η'相，多于 T6 态合金基体内的 GP 区和 η'相，因此经 RRA 处理后的某些试样可得到高于 T6 态的强度(图 2-54)。

　　在 RRA 处理的过程中，7075 和 7050 合金的延伸率先降低然后升高，原因有两个：①合金塑性变形时，晶粒内位错的运动由先前的切过第二相粒子变成绕过第二相粒子，这可使塑性变形均匀，有利于塑性的提高；②RRA 处理后晶内析出的强化相在高温回归时易粗化，且均匀弥散分布，但由于强化相的粗化，晶界处溶质原子质量浓度下降，PFZ 区慢慢变宽，这可使塑性变形时应力在此处的集中被释放，因此塑性较好。但与 T6 态相比，合金的延伸率降低。

　　时效析出是一个扩散型转变的过程，在 RRA 处理过程中，η'相和 η 相的析出是通过溶质原子和空位扩散来完成的。因此，η'相和 η 相的析出速度由空位可动性及其可与溶质原子的结合量来决定。Cu 与空位的结合能为–0.19eV，Mg、Zn 与空位结合能分别为–0.08eV 和–0.07eV[79]，即 Cu 与空位的结合能比 Mg、Zn 与空位结合能小约 2/5。与 Mg 和 Zn 相比，Cu 原子与空位之间的吸引较强，因而交换更容易。7075 合金比 7050 合金含 Cu 量高，这在一定程度上限制了空位的运动并抑制了 η′相和 η 相的析出。与 7075 合金相比，7050 合金沉淀相的析出较为缓慢，组织更为稳定，在 RRA 处理过程性能变化幅度较小。

(2)RRA 对合金断裂特征的影响

作为一种能在不降低 7000 系合金强度的同时提高抗应力腐蚀性能的热处理工艺，RRA 处理受到了广泛关注。然而，与常规 T6 峰时效及 T74 双级时效相比，RRA 处理通常会使合金的塑性降低[80-82]。如表 2-14 所示为 7075 和 7050 铝合金不同热处理后的机械性能，可见 RRA 处理后延伸率比峰时效和双级时效明显下降。

不同的热处理会对合金强化相种类、体积分数和 PFZ 宽度产生影响，从而改变合金的性能以及位错运动方式，从而导致试样不同的断裂行为。T6 态合金断裂方式为晶界台阶开裂即剪切型穿晶开裂，即如图 2-56(a)所示的断口形貌，位错滑移示意图如图 2-60(a)所示。双级时效 T74 态合金的断口中会形成包含有第二相粒子的韧窝，如图 2-56(b)所示，位错滑移示意图如图 2-60(b)所示。RRA 处理后合金形成在晶界面上含有韧窝的沿晶断裂，如图 2-56(e)(f)，位错滑移示意图如图 2-60(c)所示。

RRA 处理的试样析出相主要为 η′相、少量 GP 区和 η 相，由于与基体存在一定的共格性，GP 区和 η′相可以被位错剪切，因此，位错在晶内发生集中滑移，而在晶界附近形成位错塞积。由于晶内强度较高，晶界处由于 PFZ 变宽强度降低，晶界与晶内强度相差大，有外加应力参与时，变形主要集中在晶界 PFZ 处，在有粗大粒子界面处易产生裂纹形核，导致试样的延伸率减小并形成晶界韧窝。T6 态试样晶内析出相主要为 GP 区和少量的 η′相[83,84]，晶界 PFZ 很窄，晶界强度与晶内强度相差很小，位错反复滑移至晶界处形成位错塞积，在晶界处也产生应力集中，但试样会沿着晶界和晶界台阶开裂，避免单一的沿晶开裂，因此试样也具有较高的延伸率。T74 态合金虽然晶界 η 相粗化，PFZ 宽度变大，强度下降，但是η 相的析出使晶内强度也下降，所以晶内与晶界强度相差也较小，晶界 PFZ 引起的集中变形程度较轻。同时，晶内位错滑移时遇到 η 相粒子时，可以通过交滑移越过障碍粒子，在其他晶面上继续滑移，减小位错集中程度，减轻晶界处的应力集中，增加塑性。

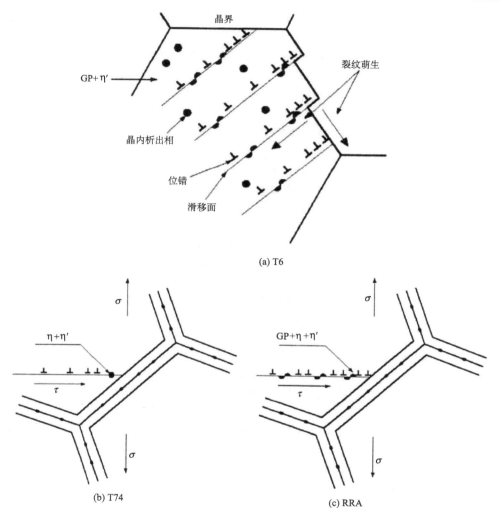

图 2-60　不同热处理条件下位错滑移示意图

参 考 文 献

[1] 宋仁国, 张宝金, 曾梅光, 等. 7175 铝合金时效"双峰"应力腐蚀敏感性的研究. 材料热处理学报, 1996, 17(2): 51-54.

[2] 陈小明, 宋仁国, 李杰. 7xxx 系铝合金的研究现状及发展趋势. 材料导报, 2009, 23(3): 7-70.

[3] Song R G, Zhang Q Z. Heat treatment optimization for 7175 aluminum alloy by evolutionary algorithm. Materials Science and Engineering: C, 2001, 17(1): 139-141.

[4] 李杰, 宋仁国, 马晓春, 等. 7050 铝合金高强高韧低 SCC 敏感性时效工艺与机理研究. 航空材料学报, 2010, 30(6):27-34.

[5] 陈小明, 宋仁国, 李杰, 等. 固溶时间 7003 铝合金组织与性能的影响. 金属热处理, 2009, 34(2): 47-50.

[6] 陈小明, 宋仁国, 李杰, 等. 固溶温度对 Al-Zn-Mg 合金微观组织与性能的影响. 热加工工艺, 2009, 38(8):110-113.

[7] 张新明, 游江海, 黄振宝, 等. 固溶降温处理对 7A55 铝合金组织和性能的影响. 稀有金属, 2016, 31(1):5-9.

[8] 李成功, 巫世杰. 先进铝合金在航空航天工业中的应用与发展. 中国有色金属学报, 2002, 12(3): 16-21.

[9] Song R G, Dietzel W, Zhang B J, et al. Stress corrosion cracking and hydrogen embrittlement of an Al–Zn–Mg–Cu alloy. Acta Materialia, 2004, 52(16):4727-4743.

[10] Lukasak D A, Hart R M. Aluminum alloy development efforts for compression dominated structure of aircraft. Light Metal Age, 1991, 49(9):11-15.

[11] Lengsfeld P, Juarez-Islas J A, Cassada W A, et al. Microstructure and mechanical behavior of spray deposited Zn modified 7XXX series Al alloys. International Journal of Rapid Solidification, 1995, 8(4):237-265.

[12] 金延, 李春志, 赵英涛, 等. 7050 合金显微结构分析. 金属学报, 1991, 27(5): 317- 323.

[13] 宋仁国, 曾梅光, 张宝金. 氢致 7175 铝合金韧脆断裂转变行为. 东北大学学报(自然科学版), 1996, 17(3): 287-290.

[14] 王洪, 付高峰, 孙继红, 等. 超高强铝合金研究进展. 材料导报, 2006, 20(2): 58-60.

[15] 宋仁国. 高强铝合金热处理工艺优化与氢致断裂机理研究. 沈阳: 东北大学, 1995.

[16] 蹇海根, 姜锋, 官迪凯, 等. 固溶处理对 7B04 铝合金组织和性能的影响. 材料热处理学报, 2007, 28(3): 72-76.

[17] 阎大京, 张宇东, 王洪顺, 等. 时效制度对 7475 和 7050 铝合金应力腐蚀及剥层腐蚀性能的影响. 材料工程, 1993, (2):15-18.

[18] 李杰. 7050 高强铝合金热处理工艺及应力腐蚀机理研究. 杭州: 浙江工业大学, 2017.

[19] Ringer S P, Hono K. Microstructural evolution and age hardening in aluminium alloys: atom probe field-ion microscopy and transmission electron microscopy studies. Materials Characterization, 2000, 44(1-2):101-131.

[20] Stiller K, Warren P J, Hansen V, et al. Investigation of precipitation in an Al-Zn-Mg alloy after two-step aging treatment at 100℃ and 150℃. Material Science and Engineering A, 1999, 270: 923-935.

[21] 陈康华, 刘红卫, 刘允中. 强化固溶对 7055 铝合金力学性能和断裂行为的影响. 中南工业大学学报(自然科学版), 2000, (6): 59-62.

[22] Chen X M , Song R G . Effects of solution treatment on the microstructure and properties of 7003 aluminum alloy. Advanced Materials Research, 2010, 123-125:1219-1222.

[23] 宁爱林, 曾苏民. 时效制度对 7B04 铝合金组织和性能的影响. 中国有色金属学报, 2004, 014(006):922-927.

[24] 戴晓元, 夏长清, 刘昌斌, 等. 固溶处理及时效对 7xxx 铝合金组织与性能的影响. 材料热

处理学报, 2007, (4):61-65.

[25] Song R G , Zhang Q Z . Heat treatment technique optimization for 7175 aluminum alloy by an artificial neural network and a genetic algorithm. Journal of Materials Processing Technology, 2001, 117(1-2):84-88.

[26] 刘晓涛, 催建忠. Al-Zn-Mg-Cu 系超高强铝合金的研究进展. 材料导报, 2005, 19(3): 47-51.

[27] 潘复生, 张丁非. 铝合金及应用. 北京: 化学工业出版社, 2006.

[28] 阎大京. 从 7475 铝合金的时效看 Al-Zn-Mg-Cu 系合金的强化. 材料工程, 1991, (2): 15-19.

[29] Löffler H, Kovács I, Lendvai J. Decomposition processes in Al-Zn-Mg alloys. Journal of Material Science, 1992, 27 (7): 4772-4776.

[30] Knano M, Araki I, Cui Q. Precipitation behavior of 7000 alloys during retrogression and reaging treatment. Material Science and Technology, 1994, 10(7): 599-602.

[31] Lorimer G W. The mechanical of phase transformations in crystalline solids. Institute of Metals, 1968: 34-41

[32] 田福泉, 崔建忠. 双级时效对 7050 铝合金组织和性能的影响. 中国有色金属学报, 2006, 16(6): 958-963.

[33] 郑立静, 张焱, 曾梅光, 等. ECAP 制备的亚微米 7050 铝合金的力学性能和微观结构. 中国有色金属学报, 2002, 12(5): 1012-1015.

[34] 罗兵辉, 柏振海. 高性能铝合金研究进展. 兵器材料科学与工程, 2002, (3):59-62.

[35] Guerbuez R, Alpay S P. The effect of coarse second phase particles on fatigue crack propagation of an Al-Zn-Mg-Cu alloy. Scripta Metallurgica et Materialia, 1994, 30(11):1373-1376.

[36] Clark D A, Johnson W S. Temperatures effects on fatigue performance of cold expanded holes in 7050-T7451 aluminum alloy. International Journal of Fatigue, 2003, 25: 159-165.

[37] Gang S, Alfred C. Early-state precipitation in Al-Zn-Mg-Cu alloy(7050). Acta Material, 2004, 52(4): 503-516.

[38] 科瓦索夫, 弗里德良捷尔. 工业铝合金. 韩秉诚等译. 北京: 冶金工业出版社, 1981.

[39] 任建平. 7000 系铝合金热处理工艺、组织和性能研究. 浙江: 浙江工业大学, 2010.

[40] 熊京远, 宋仁国, 杨京, 等. 7×××系铝合金双级双峰时效工艺研究. 轻合金加工技术, 2010, 038(011): 41-44, 50.

[41] 周鸿章, 李念奎. 超高强铝合金强韧化的发展过程及方向//铝-21 世纪基础研究与技术发展研讨会论文集(第一分册). 2002: 56-57.

[42] Fang H C, Chen K H, Zhang Z, et al. Effect of Yb additions on microstructures and properties of 7A60 aluminum alloy. Transactions of Nonferrous Metals Society of China, 2008, (1): 28-32.

[43] Polmear J. The ageing characteristics of complex Al-Zn-Mg alloys, distinctive effects of copper and silver on the ageing mechanism. Journal Institute of Metals, 1960, 89(2): 51.

[44] Robson J D. Microstructural evolution in aluminum alloy 7050 during processing. Materials Science and Engineering A, 2004, 382: 112-121.

[45] Vasudevan A K, Doherty R D. Aluminum alloys—contemporary research and applications. San Diego: Academic Press, 1989.

[46] 李春梅, 陈志谦, 程南璞, 等. 超高强超高韧铝合金的热处理工艺研究. 轻合金加工技术, 2007, 35(12): 36-40.

[47] 刘晓涛, 董杰, 崔建忠, 等. 高强度铝合金均匀化热处理. 中国有色金属学报, 2003, (4): 909-912.

[48] 孙志华, 刘明辉, 张晓云. 时效制度对 Al-Zn-Mg-Cu 铝合金应力腐蚀敏感性的影响. 中国腐蚀与防护学报, 2006, 26(4): 232- 236.

[49] Li D, Liu J H, Liu P Y, et al. Effect of ageing treatment on mechanical and corrosion properties of 7075 aluminum alloy. Materials Science Forum, 2002: 1497-1504.

[50] Heinz A, Haszler A. Recent development in aluminum alloys for aerospace application. Material Science & Engineer A, 2000, 280: 102-107.

[51] 陈小明, 宋仁国, 张宇, 等. 超长时效对 7075 合金性能的影响. 航空材料学报, 2009, 29(6): 28-32.

[52] Du Z W, Sun Z M, Shao B L, et al. Quantitative evaluation of precipitates in an Al–Zn–Mg–Cu alloy after isothermal aging. Materials Characterization, 2006, 56: 121-128.

[53] 李海. Ag、Sc 合金化及热处理工艺对 7055 铝合金的微观组织与性能影响研究. 长沙: 中南大学, 2005.

[54] Löffler H, Kovács I, Lendvai J. Decomposition processes in Al-Zn-Mg alloys. Journal of Materials Science, 1983, 18(8): 2215-2240.

[55] 张宇, 宋仁国, 唐普洪. 7075 铝合金氢脆敏感性与 Mg-H 相互作用. 中国腐蚀与防护学报, 2010, 30(5): 364-368.

[56] Widener C A, Burford D A, Kumar B, et al. Evaluation of post-weld heat treatments to restore the corrosion resistance of friction stir welded aluminum alloy 7075-T73 vs. 7075-T6. Materials Science Forum, 2007, 539:3781-3788.

[57] 石德珂. 材料科学基础. 北京: 机械工业出版社, 2000.

[58] Mishnaevsky L L. Methods of the theory of complex systems in modelling of fracture: A brief review. Engineering Fracture Mechanics, 1997, 56(1):47-56.

[59] Ohnishi T, Ibaraki Y. Improvement in stress corrosion resistance of 7075 aluminum alloy by RRA process. Journal of Japan Institute of Light Metals, 1990, 40(2):82-87.

[60] 褚武扬, 乔利杰, 陈奇志, 等. 断裂与环境断裂. 北京: 科学出版社, 2000.

[61] Zhou J, Zhang T, Zhang J. XM, et al. The influence of strain rate and solution treatment on dynamic recrystallization for 7075 aluminum alloy. Mare Metal Materials and Engineering, 2004, (6): 580-584.

[62] Lin G Y, Zhang H, Zhang H J, et al. Influences of processing routine on mechanical properties and structures of 7075 aluminum alloy thick-plates. Transactions of Nonferrous Metals Society of China, 2003, (13): 809-813.

[63] Wloka J, Hack T, Virtanen S. Influence of temper and surface condition on the exfoliation behavior of high strength Al-Zn-Mg-Cu alloys. Corrosion Science, 2007, 49(3): 1437-1449.

[64] 谷亦杰, 林建国, 张永刚, 等. 回归再时效(RRA)处理对 7050 铝合金的影响. 金属热处理, 2001, (1): 31-35

[65] 罗付秋. 7075 和 7050 超高强度铝合金三级时效工艺的研究. 南宁: 广西大学, 2012.

[66] 郑子樵, 李红英, 莫志民. 一种 7055 型铝合金的 RRA 处理. 中国有色金属学报, 2001, 11(5):

771-776.

[67] Peng G, Chen K, Chen S, et al. Influence of repetitious-RRA treatment on the strength and SCC resistance of Al-Zn-Mg-Cu alloy. Materials Science and Engineering, 2011, 528(12): 4014-4018.

[68] 陈霄飞. Al-8.0Zn-2.1Mg-2.3Cu 超高强度铝合金铸锭均匀化处理及其板材的三级时效处理的研究. 沈阳: 东北大学, 2009.

[69] Danh N C, Rajan K, Wallace W. A TEM study of microstructural changes during retrogression and reaging in 7075 aluminum. Metallurgical Transactions A, 1983, 14(9):1843-1850.

[70] Davies C H J, Raghunathan N, Sheppard T. Ageing kinetics of a silicon carbide reinforced Al-Zn-Mg-Cu alloy. Acta Metallurgica Et Materialia, 1994, 42(1): 309-318.

[71] 宁爱林, 刘志义, 冯春, 等. 铝合金回归再时效状态的超峰时效强度行为分析. 金属学报, 2006, 42(12): 1253-1258.

[72] Lorimer G W, Nicholson R B. The mechanism of phase transformations in crystalline solids. Journal of The Institute of Metals, 1968: 36-42.

[73] 顾景诚. 铝合金时效过程(上). 轻合金加工技术, 1985, (3): 25-28.

[74] 顾景诚. 铝合金时效过程(下). 轻合金加工技术, 1985, (4): 14-18.

[75] Huang Z W, Loretto M H, White J. Influence of lithium additions on precipitation and age hardening of 7075 alloy. Material Science and Technology, 1993, 9: 867-980.

[76] 陈康华, 刘红卫, 刘允中. 升温固溶对 Al-Zn-Mg-Cu 合金组织与力学性能的影响. 中南工业大学学报, 2000, 31(4): 339-341.

[77] Jr Oliveira A F, de Barros M C, Cardoso K R, et al. The effect of RRA on the strength and SCC resistance on AA7050 and 7075 aluminum alloys. Material Science and Engineering A, 2004, 379: 321-326.

[78] 曾渝, 尹志民, 朱远志. RRA 处理对超高强铝合金微观组织与性能的影响. 中国有色金属学报, 2004, 14(7): 1188-1194.

[79] Doyama M, Koehler J S. The relation between the formation energy of a vacancy and the nearest neighbor interactions in pure metals and liquid metals. Acta Metallurgica, 1976, 24(9): 871-879.

[80] Osaki S , Itoh D , Nakai M . SCC properties of 7050 series aluminum alloys in T6 and RRA tempers. Journal of Japan Institute of Light Metals, 2001, 51(4):222-227.

[81] Braun R. Slow strain rate testing of aluminum alloy 7050 in different tempers using various synthetic environments. Corrosion, 1997, 53(6):467-474.

[82] Srivatsan T S, Sriram S, Veerarahavan D, et al. Microstructure, tensile deformation and fracture behavior of aluminum alloy 7055. Journal of Material Science, 1997, 32: 2883-2894.

[83] Srinivasan P B, Dietzel W, Zettler R, et al. Stress corrosion susceptibility of friction stir welded AA7075-AA6056 dissimilar joint. Materials Science and Engineering A, 2005, 392(1-2): 292-300.

[84] Keles H, Emir D M, Keles M. A Comparative study of the corrosion inhibition of low carbon steel in HCl solution by an imine compound and its cobalt complex. Corrosion Science, 2015, 101: 19-31.

第 3 章　高强铝合金热处理工艺优化

3.1　引　言

长期以来,材料工艺优化研究基本上都是采用试验改进、再试验再改进的"炒菜"方式(trial and error)。这种方式具有很大的盲目性,因而耗费了大量的人力、物力和财力。经过多次反复,可能达到预期目的,也有可能失败,其结果往往难以预测和把握。降低消耗、少做试验并达到预期目的,已成为当今材料科学工作者梦寐以求的愿望。近年来,材料科学和计算机科学尤其是人工智能技术的发展,使得这种愿望成为可能,并在新材料的研究与开发方面取得了一定的进展[1-3],发展出计算机辅助材料设计。通过计算机辅助材料设计,材料工作者可以利用在计算机上开发的材料设计系统预测试验结果,根据预测结果确定试验有无实际进行的必要。更进一步,可根据材料的使用条件和对性能的要求,利用材料设计系统,设计出满足要求的方案。尽管最终的结果要通过试验的方法来确定,但是这样做还是达到了减少试验次数的目的。这无疑对新材料的研究与开发提供了有益的帮助[4,5]。

材料设计的关键在于把握材料组分、工艺与材料性能之间的关系,并用这种关系得到期望的结果。这种关系可用如下函数式表示:

$$P = f(C,T) \tag{3-1}$$

式中,P 表示材料的性能,C 表示材料的组分,T 表示工艺。

有一类材料设计方法主要侧重于理论计算,即演绎的方法。例如"从头计算"(ab initio),从最基本的理论和数据出发进行计算,以期得到所希望的性能。然而,由于材料组分、工艺与性能之间关系的复杂性,往往得不到满足要求的结果。另一类为归纳法,即主要基于经验的方法。这一方法试图从试验数据中总结出一些规律,从而指导新试验。如回归分析和知识库专家系统都属于这类,但它们都要求预先知道数学模型或从专家那里获取规则。

人工神经网络(artificial neural networks, ANN)是近年来迅速发展起来的方法,它模拟人脑的生物过程,由许多互连的神经元组成,与顺序处理的 von Neuman 计算机不同,ANN 作为实现复杂非线性系统的建模、估计、预测、诊断和自适应控制的有效工具,目前已得到了广泛的应用[6-9]。在材料设计研究中,人工神经网络在从试验数据中通过自学习自动获取数学模型方面有其独特的优越性:它无须人们预先给定公式的形式，而是以试验数据为基础，经过有限次数的迭代计算，就可获得一个反映试验数据内在规律的数学模型。人工神经网络尤其擅长于处理规律不明显、组分工艺变量多的问题[10-12]。

　　优化的基本方法是建立一个代价函数（cost function），通过在可行解集中迭代来改进代价函数值。传统的优化方法是产生一个确定的试验解序列，当满足一定条件时这个确定序列收敛于局部最优解。但是欲寻找全局最优解或代价函数中存在随机扰动时，传统方法就无能为力了，而进化算法（或遗传算法）则可圆满地解决上述问题。

　　本章在大量试验数据的基础上，用人工神经网络建模，进而预测材料的力学性能；然后分别采用进化和遗传算法对材料的热处理工艺进行优化，以期为材料性能预测与工艺优化研究探索一条新的途径。

3.2　基于正交设计的热处理工艺优化

　　在人工神经网络出现之前，人们常常采用正交设计的方式来处理影响因子较多的问题。熊京远[13]就采用正交设计的原理来确定高强铝合金的时效工艺。他们对 7003 铝合金预时效温度 θ_1 和时间 t_1、终时效温度 θ_2 和时间 t_2 这四个因素各取三个水平，设计 $L_9(3^4)$ 正交试验方案（表 3-1），并挑选出 9 种具有代表性的组合，如表 3-2 所示。

表 3-1　7003 铝合金双级时效因素水平表

水平	试验因素			
	预时效温度 θ_1/℃	预时效时间 t_1/h	终时效温度 θ_2/℃	终时效时间 t_2/h
1	90	4	125	70
2	105	8	140	80
3	120	12	155	90

表 3-2　$L_9(3^4)$ 正交表

试验号	工艺参数			
	预时效温度 θ_1/℃	预时效时间 t_1/h	终时效温度 θ_2/℃	终时效时间 t_2/h
1	90	4	125	70
2	90	8	140	80
3	90	12	155	90
4	105	4	140	90
5	105	8	155	70

续表

试验号	工艺参数			
	预时效温度 θ_1/℃	预时效时间 t_1/h	终时效温度 θ_2/℃	终时效时间 t_2/h
6	105	12	125	80
7	120	4	155	80
8	120	8	125	90
9	120	12	140	70

采用双级时效处理的 7003 铝合金强度、硬度、塑韧性测试值如表 3-3 所示。从中可以发现，合金最高硬度为 69HRB，最大屈服强度（$\sigma_{0.2}$）为 289.3MPa，最大抗拉强度（σ_b）为 354.4MPa，最大延伸率（δ）为 15.72%，最大冲击功（α_K）为 15.50J/cm^2。

表 3-3　双级时效态 7003 铝合金力学性能

试验号	时效制度	硬度(HRB)	$\sigma_{0.2}$/MPa	σ_b/MPa	δ/%	α_K/(J/cm^2)
1	90℃/4h+125℃/70h	68.5	282.6	347.4	15.23	14.03
2	90℃/8h+140℃/80h	66	275.9	337.5	14.73	11.73
3	90℃/12h+155℃/90h	58	247.1	301.7	15.01	12.55
4	105℃/4h+140℃/90h	65	263	324.2	15.38	13.56
5	105℃/8h+155℃/70h	64	253	310.8	15.72	15.50
6	105℃/12h+125℃/80h	69	289.3	354.4	15.12	12.81
7	120℃/4h+155℃/80h	58.5	246.8	303.1	15.01	12.85
8	120℃/8h+125℃/90h	68	287.5	350.9	15.05	12.91
9	120℃/12h+140℃/70h	67	276.3	340.3	15.26	14.03

利用正交试验设计软件"正交试验助手"对力学性能各指标参数进行极差分析。软件分析界面如图 3-1 所示。

3.2.1 硬度极差分析

硬度的极差分析结果如表 3-4、图 3-2 所示。从图 3-2 中可以看出，7003 铝合金硬度值随预时效温度 θ_1 的升高先略微升高后又略微降低；随预时效时间 t_1 的延长先升后降；随终时效温度 θ_2 的升高而急剧地降低；随终时效时间 t_2 的延长而缓慢降低。同时，从极差的大小值可以得出，各因素对硬度指标的影响程度：终时效温度 θ_2＞终时效时间 t_2＞预时效时间 t_1＞预时效温度 θ_1。从图中均值的大小比较出获取最大硬度值的目标工艺为 105℃/8h 预时效+125℃/70h 终时效。

图 3-1　"正交试验助手"分析画面

表 3-4　双级时效态 7003 铝合金硬度直观分析表

各水平	4 因素工艺参数			
均值	预时效温度 θ_1/℃	预时效时间 t_1/h	终时效温度 θ_2/℃	终时效时间 t_2/h
1	64.167	64.000	68.500	66.500
2	66.000	66.000	66.000	64.500
3	64.500	64.667	60.167	63.667
极差	1.833	2.000	8.333	2.833

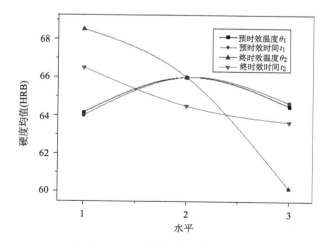

图 3-2　硬度因素指标效应曲线图

3.2.2　屈服强度极差分析

屈服强度的极差分析结果如表 3-5、图 3-3 所示。从图 3-3 中可以看出，7003 铝合金的屈服强度随预时效温度 θ_1 的升高变化不明显；随预时效时间 t_1 的延长先升后降；随终时效温度 θ_2 的升高而急剧地降低；随终时效时间 t_2 的延长而缓慢降低。同时，从极差的大小值可以得出，各因素对屈服强度的影响程度：终时效温度 θ_2 ＞预时效时间 t_1 ＞终时效时间 t_2 ＞预时效温度 θ_1。从图中均值的大小比较出获取最大屈服强度的目标工艺为 120℃/8h 预时效+125℃/80h 终时效。

表 3-5　双级时效态 7003 铝合金屈服强度直观分析表

各水平	4 因素工艺参数			
均值	预时效温度 θ_1/℃	预时效时间 t_1/h	终时效温度 θ_2/℃	终时效时间 t_2/h
1	268.533	264.133	286.467	270.633
2	268.433	272.133	271.733	270.667
3	270.200	270.900	248.967	265.867
极差	1.767	8.000	37.500	4.800

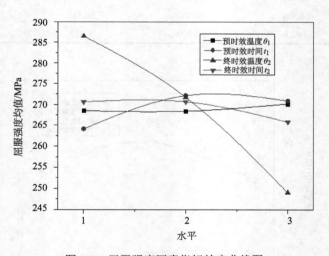

图 3-3　屈服强度因素指标效应曲线图

3.2.3　抗拉强度极差分析

抗拉强度的极差分析结果如表 3-6、图 3-4 所示。从图 3-4 中可以看出，7003 铝合金的抗拉强度随预时效温度 θ_1 的升高变化不明显；随预时效时间 t_1 的延长先升后降；随终时效温度 θ_2 的升高而急剧地降低；随终时效时间 t_2 的延长而缓慢降低。同时，从极差的大小值可以得出，各因素对抗拉强度的影响程度：终时效温度 θ_2 >预时效时间 t_1 >终时效时间 t_2 >预时效温度 θ_1。从图中均值的大小比较出获取最大抗拉强度的目标工艺为 120℃/8h 预时效+125℃/80h 终时效。

表 3-6　双级时效态 7003 铝合金抗拉强度直观分析表

各水平	4 因素工艺参数			
均值	预时效温度 θ_1/℃	预时效时间 t_1/h	终时效温度 θ_2/℃	终时效时间 t_2/h
1	328.867	324.900	350.900	332.833
2	329.800	333.067	334.000	331.667
3	331.433	332.133	305.200	325.600
极差	2.566	8.167	45.700	7.233

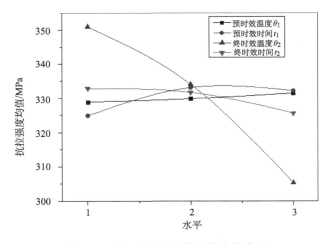

图 3-4　抗拉强度因素指标效应曲线图

3.2.4　塑性指标——延伸率极差分析

延伸率的极差分析结果如表 3-7、图 3-5 所示。从图 3-5 中可以看出，7003 铝合金延伸率随预时效温度 θ_1 的升高先升后降；随预时效时间 t_1 的延长略有降低，总体上变化不大；随终时效温度 θ_2 的升高变化不明显，总体趋于升高；随终时效时间 t_2 的延长先降后升。同时，从极差的大小值可以得出，各因素对塑性指标延伸率的影响程度：终时效时间 t_2 >预时效温度 θ_1 >终时效温度 θ_2 >预时效时间 t_1。从图中均值的大小比较出获取最大延伸率的目标工艺为 105℃/4h 预时效+155℃/70h 终时效。

表 3-7　双级时效态 7003 铝合金延伸率直观分析表

各水平均值	4 因素工艺参数			
	预时效温度 θ_1/℃	预时效时间 t_1/h	终时效温度 θ_2/℃	终时效时间 t_2/h
1	14.990	15.207	15.133	15.403
2	15.407	15.167	15.123	14.953
3	15.107	15.130	15.247	15.147
极差	0.417	0.077	0.124	0.450

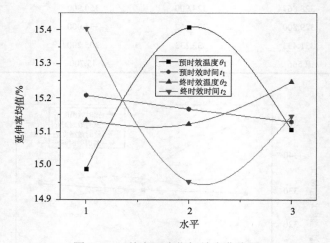

图 3-5　延伸率因素指标效应曲线图

3.2.5　韧性指标——冲击功极差分析

冲击功的极差分析结果如表 3-8、图 3-6 所示。从图 3-6 中可以看出，7003 铝合金冲击功的大小随预时效温度 θ_1 的升高先升后降；随预时效时间 t_1 的延长略有下降，总体上变化不大；随终时效温度 θ_2 的升高缓慢升高；随终时效时间 t_2

表 3-8　双级时效态 7003 铝合金冲击功直观分析表

各水平均值	4 因素工艺参数			
	预时效温度 θ_1/℃	预时效时间 t_1/h	终时效温度 θ_2/℃	终时效时间 t_2/h
1	12.770	13.480	13.250	14.687
2	13.957	13.380	13.273	12.463
3	13.430	13.297	13.633	13.007
极差	1.187	0.183	0.383	2.224

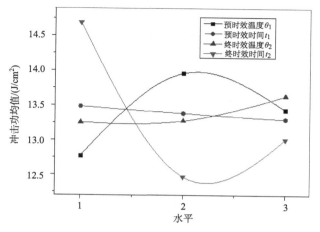

图 3-6　冲击功因素指标效应曲线图

的延长先降低后升高。同时，从极差的大小值可以得出，各因素对韧性指标的影响程度：终时效时间 t_2 > 预时效温度 θ_1 > 终时效温度 θ_2 > 预时效时间 t_1。从图中均值的大小比较出获取最大冲击功的目标工艺为 105℃/4h 预时效+155℃/70h 终时效。

3.2.6　综合分析

由图 3-2～图 3-4 可以看出，硬度指标与强度指标 $\sigma_{0.2}$、σ_b 变化趋势基本一致，即随着预时效温度 θ_1 的升高变化不是很明显；随着预时效时间 t_1 的延长先升后降；随着终时效温度 θ_2 的升高而急剧地降低；随着终时效时间 t_2 的延长而缓慢降低。从各均值的极差大小上可以看出，终时效温度 θ_2 的变化所引起的硬度、强度变化幅度最大。

由图 3-5、图 3-6 可以看出，塑性指标 δ 与韧性指标 α_K 变化趋势基本一致，即随着预时效温度 θ_1 的升高先升后降；随着预时效时间 t_1 的延长缓慢降低；随着终时效温度 θ_2 的升高先降低后升高；随着终时效时间 t_2 的延长先降低后升高。从各均值的极差大小上可以看出，终时效时间 t_2、预时效温度 θ_1 变化所引起的塑韧性的变化幅度更大，而终时效温度 θ_2、预时效时间 t_1 的影响程度较小，其中终时效时间 t_2 对 7003 铝合金的塑韧性的影响程度最大。

综上所述，终时效温度 θ_2、终时效时间 t_2 对 7003 铝合金的综合力学性能的影响更为重要。

最优双级时效工艺就是 7003 铝合金的目标性能（硬度、强度、塑、韧性）值最大化所对应的各项参数（预时效温度 θ_1、预时效时间 t_1、终时效温度 θ_2、终时效时间 t_2）的组合。对于各目标性能，最优工艺的目的是要使其达到最大值或者最优性能组合。因此可以由图 3-2～图 3-6 达到最大值的点来确定最优工艺。各因素

（工艺参数）对目标性能的影响除了可以通过极差的大小分析，也可直接从图中各曲线的变化幅度来判断。在上述各图中，某些曲线变化较小，几乎与横坐标平行，而有些变化很明显。从曲线变化的幅度可以看出各个因素对各目标性能影响程度的大小，即目标值变化越大，对应的因素影响程度也越大，其判断结果与极差分析的结果一致。以目标参数 $\sigma_{0.2}$ 为例，从图 3-3 可以看出，$\sigma_{0.2}$ 分别在预时效温度为 120℃、预时效时间为 8h、终时效温度为 125℃、终时效时间为 80h 时达到最大值，则其最优双级时效工艺为 120℃/8h 预时效+125℃/80h 终时效。而由曲线的变化幅度可以判断各因素对 $\sigma_{0.2}$ 的影响程度顺序为：终时效温度 θ_2＞预时效时间 t_1＞终时效时间 t_2＞预时效温度 θ_1。同理，可对其他目标性能进行类似分析。按各类最优工艺进行时效处理，测试各类最优工艺的合金力学性能指标，如表 3-9 所示，各目标性能均有不同程度的提升，均能达到各自目标性能得以改善的目的。但是，现代工业特别是航空工业对 7000 系铝合金性能的要求已经不再停留在对某一单一性能上。所以人们更希望通过某种工艺使合金的多个性能指标同时达到一种最佳的状态。按照选择较高延伸率及冲击功的原则，7003 合金综合性能较好的双级时效工艺为 105℃/4h 预时效+155℃/70h 终时效。

表 3-9　各类最优双级时效处理下的力学性能各指标值

双级时效工艺	硬度(HRB)	$\sigma_{0.2}$/MPa	σ_b/MPa	δ/%	α_K/(J/cm^2)
105℃/8h+125℃/70h	69	287.6	351.2	15.05	13.92
120℃/8h+125℃/80h	68	295	358.6	14.93	13.30
105℃/4h+155℃/70h	66	278.2	347.1	15.65	15.20

3.3　基于人工神经网络进行热处理工艺的建模与性能预测

虽然正交试验设计是一种高效率、快速、经济的试验设计方法，但它提供的数据分析方法所获得的优选值只能是试验所用水平的某种组合，优选结果不会超越所取水平的范围；另外，也不能给进一步的试验提供明确的指向性，使试验仍然带很强的摸索性色彩，不很精确。这样，正交试验法用在初步筛选时显得收敛速度缓慢、难于确定数据变化规律，增加试验次数。

人工神经网络具有自学习的特点，这对于预测有非常重要的意义，另外它还具有联想存储功能以及具有高速寻找优化解的能力。寻找一个复杂问题的优化解，往往需要很大的计算量，利用一个针对某问题而设计的反馈型人工神经网络，发挥计算机的高速运算能力，能很快找到优化解。

人工神经网络的研究已有近四十年的历史，目前应用较广泛的是 BP(backerror propagation)算法，即误差反向传播算法。BP 网络的输入输出关系可以看成是一种映射关系，这个映射是一个高度非线性的映射。如果输入节点数为 m，输出节点数为 n，则网络是从 R^m 到 R^n 上的映射，即有

$$F : R^m \rightarrow R^n \tag{3-2}$$

$$Y = F(X) \tag{3-3}$$

　　BP 网络是这样一种映射表示方法，它对简单的非线性函数进行复合，经过少数几次复合，即可实现复杂的函数。从理论上讲，BP 网络具有较强的联想记忆和推广能力，它可以实现任意连续函数的映射。

　　网络由输入层、输出层和隐层(可以是多层)节点组成。BP 算法的学习过程包括两个步骤，即信号的正向传播和误差的反向传播。在信号正向传播过程中，输入信息从输入层经隐层，逐层处理，并传向输出层。如果在输出层不能得到预期的输出，则将误差信号按原路返回，通过修改各层神经元之间的连接权值，使得误差信号最小，从而完成网络的训练(学习)过程(如图 3-7 所示)。

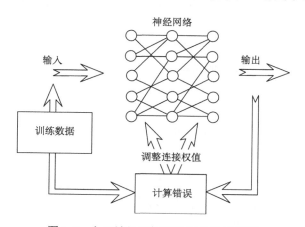

图 3-7　人工神经网络结构与学习过程[14]

　　本章以高强铝合金 7175 为例，采用人工神经网络对其建模并进行预测。将7175 铝合金锻件通过热、冷轧制成变形量分别为 83%、63% 和 40% 的 1.5mm 厚板材。采用空气炉在 480℃保温 10、70 和 130min 进行固溶处理，然后在 170℃下时效 1、2、…、32、40h。最后在国产 HR-150 型洛氏硬度计上测量其硬度，结果用于神经网络建立模型。

　　采用 3×10×1 的三层网络结构，其中，网络的三个输入分别为变形量(Z_1)、固溶时间(Z_2)和时效时间(Z_3)，一个输出为合金硬度值(H)，中间隐层上的 10 个神经元输出为 Y_j，隐层和输出层连接权值分别为 V_{ji} 和 W_j。

　　人工神经网络的学习算法如下：

(1) 选取学习率 η=0.13，动量项系数 a=0.14，Z_4=Y_{11}=-1。

(2) 置 V_{ji} 和 W_j 为$-0.5 \sim 0.5$ 之间的随机数。

(3) 从输入层到输出层逐层计算每个单元的输出。

$$\text{net}_j = \sum_{i=1}^{4} V_{ji} Z_i, \quad j=1,2,\cdots,10 \tag{3-4}$$

$$Y_j = f\left(\text{net}_j\right) \tag{3-5}$$

$$\text{net} = \sum_{j=1}^{11} W_j Y_j \tag{3-6}$$

$$H = f\left(\text{net}\right) \tag{3-7}$$

$$f\left(x\right) = \frac{1-\mathrm{e}^{-x}}{1+\mathrm{e}^{x}} \tag{3-8}$$

以上各式将阈值归入 V_{ji} 和 W_j 中，它们与固定值为-1 的输入相连接。

(4)计算系统误差。设有 P 组学习样本，则系统的均方误差为

$$E = \frac{1}{2P} \sum_{n=1}^{P} \left(D_n - H_n\right)^2 \tag{3-9}$$

式中，D_n 表示第 n 个学习样本的试验值，通常称之为导师信号，H_n 表示相应的实际网络输出值。

(5)若 E 满足要求或达到指定学习次数，则结束学习网络实际输出值。

(6)逐层计算各单元的学习信号 δ：

$$\delta_H = \left(D-H\right) f'\left(\text{net}\right) \tag{3-10}$$

$$\delta_j = W_j \delta_H f'\left(\text{net}_j\right), \quad j=1,2,\cdots,10 \tag{3-11}$$

其中，下标 H 和 j 分别表示输出值和学习次数。

按梯度下降方向自修正权值：

$$W_j\left(t+1\right) = W_j\left(t\right) + \eta \delta_H Y_j + \alpha \left(W_j\left(t\right) - W_j\left(t-1\right)\right) \tag{3-12}$$

$$V_{ji}\left(t+1\right) = V_{ji}\left(t\right) + \eta \delta_j Z_i + \alpha \left(V_{ji}\left(t\right) - V_{ji}\left(t-1\right)\right) \tag{3-13}$$

神经网络训练和检验的结果列于表 3-10。选取 80 组样本训练网络，10 个样本检验网络的推广能力。经过 32910 次训练后，每个样本试验值与网络输出值之间的相对误差都不大于 8.2%，绝大部分在 3%左右，由此说明网络建立了正确的模型。

利用上述以试验数据为基础训练出来的神经网络模型，对各种工艺条件下的 7175 铝合金力学性能进行预测，并与试验结果进行比较，结果列于表 3-11。由表 3-11 可见，利用人工神经网络模型可以很好地对 7175 铝合金性能进行预测。

表 3-10 人工神经网络训练与检验点

样本	变形值/%	固溶时间/min	时效时间/h	硬度（HRB）试验值 D	输出值 H	相对误差/%
1	83	10	0	71.5	69.2	3.2
2	83	0	2	84.0	85.0	1.2
3	83	10	4	85.0	85.8	0.9
4	83	10	6	87.0	85.2	2.1
5	83	10	8	91.5	87.1	4.8
6	8	10	12	88.0	88.4	0.5
7	83	10	16	84.0	83.1	1.1
8	83	10	24	81.5	81.4	0.1
9	83	10	32	87.0	81.7	6.1
10	83	70	0	71.5	69.3	3.1
11	83	70	1	75.0	75.0	0.0
12	83	70	4	83.0	80.7	2.8
13	83	70	8	87.5	85.7	2.1
14	83	70	12	87.0	84.1	3.3
15	83	70	16	81.5	83.3	2.2
16	83	70	24	80.5	83.0	3.1
17	83	70	32	84.0	81.7	2.7
18	83	70	40	73.5	76.1	3.5
19	83	130	0	71.0	73.0	0.9
20	83	130	1	73.0	78.7	7.8
21	83	130	4	85.0	84.4	0.7
22	83	130	8	85.5	83.7	2.1
23	83	130	12	85.0	83.5	1.8
24	83	130	16	78.0	83.3	6.8
25	83	130	24	79.0	80.6	2.0
26	83	130	32	81.5	76.1	6.6
27	63	130	40	74.5	76.8	3.1
28	63	10	0	65.0	65.2	0.3
29	63	10	1	66.5	71.7	7.8
30	63	10	2	85.0	78.0	8.2
31	63	10	4	81.0	80.7	0.4
32	63	10	6	80.0	81.2	1.5
33	63	10	12	82.5	87.2	5.7

| 样本 | 变形值/% | 固溶时间 /min | 时效时间 /h | 硬度（HRB） | | 相对误差 /% |
				试验值 D	输出值 H	
34	63	10	16	81.5	79.2	2.8
35	63	10	32	79.5	77.5	2.5
36	63	10	40	71.5	75.5	5.6
37	63	70	0	65.0	65.2	0.3
38	63	70	1	68.0	68.1	0.1
39	63	70	2	70.0	70.1	0.1
40	63	70	4	75.0	74.1	1.2
41	63	70	8	80.5	78.3	2.7
42	63	70	12	73.5	75.5	2.7
43	63	70	16	73.0	75.3	3.2
44	63	70	32	78.0	75.5	3.2
45	63	70	40	71.0	72.6	2.3
46	63	130	0	66.5	67.9	2.1
47	63	130	1	75.0	75.2	0.3
48	63	130	2	81.5	79.4	2.6
49	63	130	4	79.0	80.4	1.8
50	63	130	6	76.0	79.6	4.6
51	63	130	8	80.0	78.9	1.4
52	63	130	12	78.5	78.4	0.1
53	63	130	24	67.0	71.3	6.4
54	63	130	32	79.0	73.5	7.0
55	40	10	0	65.0	64.9	0.2
56	40	10	1	70.0	71.2	1.7
57	40	10	2	80.5	78.8	2.1
58	40	10	6	80.0	83.3	4.1
59	40	10	12	90.0	89.2	0.9
60	40	10	16	80.0	81.5	1.9
61	40	10	24	72.0	74.2	3.1
62	40	10	32	79.0	76.4	3.3
63	40	10	40	70.0	71.8	2.6
64	40	70	0	64.0	66.0	3.1
65	40	70	1	73.0	72.4	0.8
66	40	70	2	78.0	77.4	0.7
67	40	70	4	81.5	83.8	2.8

续表

样本	变形值/%	固溶时间/min	时效时间/h	硬度(HRB)		相对误差/%
				试验值	输出值	
				D	H	
68	40	70	6	90.0	87.1	3.2
69	40	70	8	81.5	85.8	5.3
70	40	70	12	83.5	81.2	2.8
71	40	70	32	81.0	75.4	6.9
72	40	70	40	70.0	73.0	4.3
73	40	130	0	68.0	67.0	1.5
74	40	130	1	74.5	74.6	0.1
75	40	130	2	82.0	79.1	3.5
76	40	130	6	74.0	79.5	7.2
77	40	130	8	76.0	79.3	4.3
78	40	130	16	76.0	78.0	2.6
79	40	130	24	70.0	72.7	3.9
80	40	130	4	80.0	80.1	0.1
1*	83	130	6	85.0	84.1	1.1
2*	63	70	24	72.0	77.4	7.5
3*	40	10	8	82.0	87.4	6.6
4*	40	130	32	84.0	80.1	4.6
5*	40	130	40	83.0	83.7	0.8
6*	83	10	1	72.2	75.4	4.4
7*	83	70	2	80.0	77.0	3.8
8*	63	10	24	71.0	74.6	5.1
9*	63	130	16	77.0	77.8	1.0
10*	40	70	16	81.0	79.0	2.5

*表示检验样本

表 3-11　人工神经网络性能预测点

样本	变形值/%	固溶时间/min	时效时间/h	硬度(HRB)		相对误差/%
				试验	预测	
				E	P	
1	83	10	40	78.5	76.1	3.1
2	83	70	6	85.0	85.3	0.4
3	83	130	2	85.5	82.9	3.0
4	63	10	8	85.0	85.2	0.2

续表

样本	变形值/%	固溶时间 /min	时效时间 /h	硬度（HRB）		相对误差 /%
				试验 E	预测 P	
5	63	70	6	77.0	78.8	2.3
6	63	30	40	76.5	78.0	2.0
7	40	10	4	81.5	82.2	0.9
8	40	70	24	74.0	76.9	3.9

3.4　铝合金工艺优化的模拟进化策略

达尔文进化论是被广泛接受的自然进化理论。生命的进化过程可以被看成对种群操作的物理变化过程，这个过程包括复制、变异、竞争和选择[15]。复制过程使得种群指数迅速增长，复制完成对后代遗传物质进行传递；变异是遗传物质在传递过程中出现的偏差；竞争是在有限的生存空间对群体进行压缩；选择是在有限的生存空间竞争之不可避免的结果。最后适应环境者幸存下来，而余者则被无情地淘汰掉了。

达尔文进化论的要点如下[15]：

(1) 个体是选择的主要目标；

(2) 遗传变量是一个随机变量，进化过程是一个随机过程；

(3) 基因型变量是通过重新组合与变异产生的；

(4) 渐进进化可能结合跳跃现象；

(5) 并非所有表现型的变化都是一系列特定的自然选择的结果；

(6) 进化是适应与不适应的变化，不仅仅是基因排列的变化；

(7) 选择是随机的，而不是确定的。

根据达尔文进化论的思想，Fogel[16]提出了一种模拟生物进化过程的优化算法，即模拟进化策略。当应用于实值函数优化问题时，算法如下：

(1) 问题是寻找 n 维实值向量 X，使得函数 $F(X)$：$R^n \rightarrow R$ 取极值。不失一般性，假设程序是一个极大化过程。

(2) 在每一维的可行范围内随机选取父向量群 X_i $(i=1,2,\cdots,P)$，初始试验点均匀分布。

(3) 对每个父向量的每一个分量 X_i，加一高斯分布的随机变量，其标准差事先给定，均值为零，产生子代向量 X'_i $(i=1,2,\cdots,P)$。

(4) 通过比较函数 $F(X_i)$ 和 $F(X'_i)$ $(i=1,2,\cdots,P)$ 进行选择，具有较大函数值的

P 个向量成为新一代父向量。

（5）产生新的试验解和选择具有较大函数值点的过程连续进行，直到得到满意解或计算机的时间用尽。

本书采用 43mm 厚的 7175 铝合金锻件为研究对象，经过热（465℃）、冷轧制成变形量为 83% 的 1.5mm 厚板材。采用空气炉在 480℃ 保温 70min 进行固溶处理，室温水淬。然后在 140℃ 下长期时效。硬度试验在 HR-150 型洛氏硬度计上进行，结果见表 3-12。

表 3-12　不同时效处理态合金的硬度

时效时间/h	0	5	9	12	16	22	30	35	45
硬度（HRB）	80.0	85.4	90.0	92.0	93.0	92.0	90.4	88.8	86.0
时效时间/h	54	65	75	90	98	105	120	150	180
硬度（HRB）	85.5	86.2	89.0	91.8	94.0	92.0	89.2	86.0	83.0

首先用自然三次样条逼近试验点，建立硬度与时效时间的函数关系，$H=f(T)$，结果如图 3-8 所示。由图可见，合金硬度在 [0,180] 时间区间上有两个极值点，全局最大值在 $T>54$h 一侧。

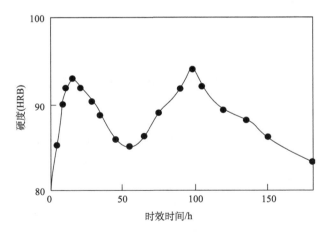

图 3-8　时效硬化拟合曲线

如果采用传统梯度法求 $f(T)$ 的最大值，其基本思想如下：

（1）取一初始试验点 $T_0 \in [0,180]$；

（2）计算 $f(T)$ 在 T_0 处的梯度 $df=f'(T_0)$；

（3）沿梯度方向改进 $T_0=T_0+Cdf$，C 为改进率；

（4）如果 $|df|$ 小于指定小正数 ε，则结束迭代，否则转（2）。

利用上述算法，梯度为 $T_0=T_0+0.1\mathrm{d}f/\mathrm{d}T$，选取初值 $T_0=4$ 和 $T_0=12$，都得到局部最优点 $T^*=16.280781$，最优值 $f(T^*)=93.004295$；若选取初值 $T_0=60$ 及 $T_0=120$，均得到全局最优点 $T^*=97.868835$，全局最优值 $f(T^*)=94.001129$。由此可见，当初值点选在 16 附近时，将得到局部最优解；而当初值点选在 98 附近时则会得到全局最优解。因此不难看出，用传统梯度法优化时很容易陷入局部最优解，即传统梯度法优化的结果具有很大的偶然性，与初值的选取有很强的相关性。

如果采用上述模拟生物进化过程的优化算法对 7175 铝合金的时效工艺进行优化，取群体总数 Popular=6，首先随机地产生 6 个 0～180 之间的父代样本点，通过每个父代样本加上–2.5～2.5 之间均匀分布的随机数，经过 150 代进化，结果如表 3-13 所示。

表 3-13　进化算法优化结果

样本	时效时间/h	硬度(HRB)	样本	时效时间/h	硬度(HRB)
1	97.875000	94.001129	4	97.855003	94.001114
2	97.846998	94.001129	5	97.889999	94.001099
3	97.855003	94.001114	6	97.839996	94.001076

由表 3-13 可见，前 2 个样本聚集在全局最优解附近。因此模拟进化算法可以克服传统单点增加类优化算法会陷入局部极大值的缺点，而使用进化算法则可以保证求得问题的全局最优解。

3.5　基于遗传算法的热处理工艺优化

采用 $3\times6\times2$ 的三层 BP 网络，如图 3-9 所示。其中，网络的 3 个输入分别是变形量(Z_1)、固溶时间(Z_2)和时效时间(Z_3)，2 个输出分别是合金的抗拉强度(σ_1)和屈服强度(σ_2)，中间隐层上的 6 个神经元输出为 Y_j。输入层和隐层，以及隐层和输出层之间的权值分别为 V_{ji} 和 W_{jk}。

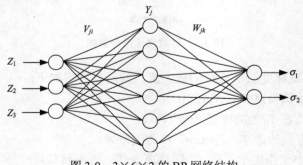

图 3-9　$3\times6\times2$ 的 BP 网络结构

　　网络的学习算法与 3.3 节基本相同，只是各个神经元输出及网络的指标函数等略有不同。

$$\text{net}_j = \sum_{i=1}^{4} V_{ji} Z_i, \quad j=1,2,\cdots,6 \tag{3-14}$$

$$Y_j = f(\text{net}_j) \tag{3-15}$$

$$\text{net}_k = \sum_{j=1}^{7} W_{jk} Y_j, \quad k=1,2 \tag{3-16}$$

$$\sigma_k = f(\text{net}_k) \tag{3-17}$$

$$f(x) = (1 - e^{-x}) / (1 + e^{x}) \tag{3-18}$$

$$E = \frac{1}{2P} \sum_{k=1}^{2} \sum_{n=1}^{p} (D_{nk} - \sigma_{nk})^2 \tag{3-19}$$

$$\delta_k = (D_k - \sigma_k) f'(\text{net}_k) \tag{3-20}$$

$$\delta_j = \sum_{k=1}^{2} W_{jk} \delta_k f'(\text{net}_j), \quad j=1,2,\cdots,6 \tag{3-21}$$

$$W_{jk}(t+1) = W_{jk}(t) + \eta \delta_k Y_j + \alpha(W_{jk}(t) - W_{jk}(t-1)) \tag{3-22}$$

$$V_{ji}(t+1) = V_{ji}(t) + \eta \delta_j Z_i + \alpha(V_{ji}(t) - V_{ji}(t-1)) \tag{3-23}$$

　　训练网络的样本试验数据如表 3-14。学习率取为 $\eta=0.10$，动量项系数取为 $\alpha=0.32$。经过 7000 次训练后，E 小于 13.31。神经网络训练与检验结果见表 3-15。由表 3-15 可见，训练样本与检验样本的网络输出值与相应的试验值均非常接近，这充分说明用神经网络描述形变、固溶及时效制度对 7175 铝合金力学性能的影响是有效的。下面将利用这一训练好的网络，结合遗传算法对 7175 铝合金的工艺进行优化。

表 3-14　训练网络的样本

变形量/%	热处理制度（固溶+时效）	屈服强度/MPa	抗拉强度/MPa
83	480℃/10min+170℃/6h	458	530
	480℃/10min+170℃/16h	453	523
	480℃/10min+170℃/36h	449	514
	480℃/70min+170℃/6h	476	535
	480℃/70min+170℃/16h	460	528
	480℃/70min+170℃/36h	454	518
	480℃/170min+170℃/6h	473	539
	480℃/170min+170℃/16h	459	527
	480℃/170min+170℃/36h	455	519

续表

变形量/%	热处理制度（固溶+时效）	屈服强度/MPa	抗拉强度/MPa
	480℃/10min+170℃/6h	451	522
	480℃/10min+170℃/16h	439	518
	480℃/10min+170℃/36h	395	477
	480℃/70min+170℃/6h	465	530
63	480℃/70min+170℃/16h	448	519
	480℃/70min+170℃/36h	438	509
	480℃/170min+170℃/6h	465	528
	480℃/170min+170℃/16h	441	520
	480℃/170min+170℃/36h	430	508
	480℃/10min+170℃/6h	430	511
	480℃/10min+170℃/16h	439	516
	480℃/10min+170℃/36h	387	475
	480℃/70min+170℃/6h	470	528
40	480℃/70min+170℃/16h	445	514
	480℃/70min+170℃/36h	441	511
	480℃/170min+170℃/6h	475	526
	480℃/170min+170℃/16h	444	517
	480℃/170min+170℃/36h	442	513

表 3-15　神经网络训练与检验结果

样本	变形量 /%	固溶时间 /min	时效时间 /h	屈服强度/MPa		拉伸强度/MPa	
				试验值	输出值	试验值	输出值
				D_1	σ_1	D_2	σ_2
1	83	10	6	458.4	459.4	530.2	529.4
2	83	10	16	452.9	454.1	522.7	522.4
3	83	10	36	448.7	445.9	514.4	513.7
4	83	70	6	476.4	473.8	534.5	536.8
5	83	70	36	454.1	459.2	518.2	520.3
6	83	130	6	472.7	475.0	539.1	537.7
7	83	130	16	458.7	457.9	526.9	527.5
8	63	130	36	455.4	453.6	519.3	517.8
9	63	10	6	451.5	450.4	522.4	524.2
10	63	10	16	439.1	439.1	517.9	517.3
11	63	10	36	394.5	391.6	477.1	481.5
12	63	70	6	464.8	464.6	530.3	530.2

续表

样本	变形量 /%	固溶时间 /min	时效时间 /h	屈服强度/MPa		拉伸强度/MPa	
				试验值	输出值	试验值	输出值
				D_1	σ_1	D_2	σ_2
13	63	70	16	447.6	446.3	518.7	520.7
14	63	70	36	438.1	436.0	509.4	508.2
15	63	130	36	430.1	432.5	507.8	507.7
16	63	130	16	441.1	442.3	520.5	518.6
17	40	10	6	431.0	432.2	511.3	510.6
18	40	10	16	438.7	439.7	515.6	514.6
19	40	70	6	470.2	469.6	528.5	528.0
20	40	70	16	444.9	443.9	514.2	515.4
21	40	70	36	440.8	440.0	510.8	511.7
22	40	130	6	474.7	472.1	525.6	528.0
23	40	130	16	443.8	446.4	517.3	515.3
24	40	130	36	442.5	442.0	512.8	512.7
25*	83	70	16	460.2	462.5	528.4	528.2
26*	63	130	6	464.6	450.3	528.2	522.6
27*	40	10	36	387.2	407.3	474.8	493.8

*为检验样本

本研究的目的是寻找合适的 Z_1、Z_2 和 Z_3 而使得 $(\sigma_1+\sigma_2)$ 取得最大值。这是个非线性优化问题。通常采用的梯度法是在 Z_1、Z_2 和 Z_3 组成的三维空间上寻优，但对本问题存在两个不利因素：①$\sigma=f(Z_1,Z_2,Z_3)$ 是一个非常复杂的函数，求其导数很困难；②梯度法有可能找到一个局部极大值。而遗传算法则能较好地解决这两个问题。

所谓遗传算法(genetic algorithm)是 Fraser 根据生物的优胜劣汰、遗传变异的种群进化规律而提出的一种优化算法。其基本思想如下：

设在 n 维空间上考虑一个优化问题：

$$C = f(x_1, x_2, \cdots, x_n) \tag{3-24}$$

为此在 n 维空间上取 m 个点构成该算法的种群，用 C 来评价每一个点的优劣。

(1)计算每个点的评价值 $C_i(i=1,2,\cdots,m)$。根据 C_i 的大小按概率将种群的一半淘汰(即优胜劣汰，每一个个体的优劣由 DNA 编码方式决定)。

(2)将剩下的一半自我复制(即遗传过程)。

(3)将种群中 $m/2$ 个个体随机配对，随机地将每一对的一部分元素(相当于生物的 DNA)互换(即杂交过程)。

(4)随机地选择种群的一些个体，将其一些元素加一小随机数(即变异过程，DNA发生突变)。

(5)经上述过程后，新一代产生。转(1)开始下一代繁殖。这样整个种群将向C值大的区域移动，最终走到f的最大值点。

在本例中，取m=27、n=3、$C=\sigma_1+\sigma_2$。采用上述算法繁殖1000代，优化结果见表3-16。

表3-16　遗传算法优化结果

样本	变形量 /%	固溶时间 /min	时效时间 /h	屈服强度 /MPa	抗拉强度 /MPa
1	85.1	133.0	6.0	475.9	538.4
2	85.1	132.9	6.4	475.9	538.2
3	85.1	132.9	6.0	475.7	538.1

从表3-16的结果可以看出，前2个样本都聚集在最优值附近，因此可以得出7175铝合金在170℃下时效的最优工艺为：冷变形85.1%+480℃/130min水淬+170℃/6h时效。

综上所述，利用人工神经网络可以很好地对高强铝合金的力学性能进行预测，并且能避免建立数学模型的复杂性以及用数学模型预测的某些局限性。神经网络结合遗传进化算法作为一种新技术，无疑为解决多维非线性系统及模型未知系统的预测和优化提供了一条崭新而有效的途径。这一新技术可望在材料工艺优化研究中进一步推广，其在材料计算机辅助设计方面有望获得更为广泛的应用。

参 考 文 献

[1] 唐波, 钦佩, 柳妙修, 等. 人工神经网络在熔盐相图中间相预报中的应用. 金属学报, 1994, 30(13):22-26.

[2] 张培新, 张奇志, 吴黎明, 等. 用神经网络-遗传算法优化 MgO-B₂O₃-SiO₂ 渣系组成. 金属学报, 1995, 31 (18): 284-288.

[3] 唐普洪, 宋仁国, 柴国钟, 等. 基于人工神经网络激光烧蚀制备 PDPhSM 基纳米复合薄膜聚合效率的预测. 中国激光, 2006, (7): 953-958.

[4] 宋仁国, 张奇志, 曾梅光. 人工神经网络在 7175 高强铝合金时效动力学研究中的应用. 东北大学学报, 1995, 16(2): 219-222.

[5] 成玲, 万振凯, 张毅. BP 神经网络在织物风格评价中的应用. 天津工业大学学报, 2001, 20(3): 41-43.

[6] 仝卫国, 杨耀权, 金秀章. 基于 RBF 神经网络的气体流量软测量模型研究. 中国电机工程学报, 2006, 26 (1): 66-69.

[7] Zhang Z, Friedrich K, Velten K. Prediction on tribological properties of short fibre composites using artificial neural networks. Wear, 2002, 252: 668-675.

[8] 任建平, 宋仁国, 陈小明, 等. 基于 BP 神经网络梯度下降算法的 7003 铝合金热处理工艺优化. 宇航材料工艺, 2009, 39(4): 6-9.

[9] 周古为, 郑子樵, 李海. 基于人工神经网络的 7055 铝合金二次时效性能预测. 中国有色金属学报, 2006(9):1583-1588.

[10] Wan W, Mabu S, Shimada K, et al. Enhancing the generalization ability of neural networks through controlling the hidden layers. Applied Soft Computing Journal, 2009, 9(1):404-414.

[11] Song R G, Zhang Q Z. Heat treatment technique optimization for 7175 aluminum alloy by an artificial neural network and a genetic algorithm. Journal of Materials Processing Technology, 2001, 117(1-2):84-88.

[12] Narendra K S, Parthasarathy K. Identification and control of dynamical systems using neural networks. IEEE Transactions on Neural Networks, 1990, 1(1):4-27.

[13] 熊京远. 7003 铝合金 "双级双峰" 时效工艺及氢敏感性研究. 杭州：浙江工业大学, 2010.

[14] 张俊峰. RBF 神经网络在非线性系统辨识中的应用研究. 仪器仪表与分析监测, 2003 (1): 1-3.

[15] Hoffman A. Arguments on Evolution: A Paleontologist's Perspective. New York: Oxford University Press, 1988.

[16] Fogel D B. An introduction to simulated evolutionary optimization. IEEE Transactions on Neural Networks, 1994, 5(1): 3-14.

第 4 章　高强铝合金的应力腐蚀

4.1　引　　言

高强铝合金比重小、弹性模量低、具有良好的热变形能力和加工性能，人工时效热处理后具有较高的强度、良好焊接性能，被广泛应用于航空航天工业及民用工业领域[1-3]。然而在实际应用中，强韧性和抗应力腐蚀开裂性能之间的矛盾一直是 7000 系铝合金的关键性难题，因此在研究提高抗应力腐蚀开裂性能时往往都以牺牲强度为代价[4-6]。例如，工业上通常使用 T73 双级过时效处理来提高 7000 系铝合金抗应力腐蚀开裂性能，这种过时效处理可明显提高抗应力腐蚀开裂性能，但同时会损失约 10%～15%强度，而且塑性和韧性也有不同程度的下降。7000 系铝合金的应力腐蚀开裂机理非常复杂，影响因素很多，目前为止尚无统一的理论[7,8]。研究表明[9]，当铝合金在含有氯离子等腐蚀介质中发生应力腐蚀开裂(SCC)时，总是伴随着力学和电化学的协同效应[10,11]。从宏观上看，在潮湿空气或者带有卤族离子的溶液中的 SCC 机理可分为氢致开裂型和阳极溶解型两类[12,13]。但对于到底是何种机理为主导，目前还没有定论[14-16]。近年来很多人提出了"Mg-H"复合体理论[17]，即晶界上的 Mg 偏析与晶界上的 H 原子结合形成"Mg-H"复合体，这样将导致晶界上 H 的固溶度增加，氢在晶界上的偏聚将降低晶界的结合能，从而促进了裂纹的扩展。另外实验表明[19]，铝合金在腐蚀介质中浸泡一段时间后在慢应变速率拉伸机上拉伸时，会有一个附加的拉应力，这个应力与外应力的方向平行，这是钝化膜的存在导致的。

本章研究了高强铝合金晶界 Mg 偏析和膜致应力与应力腐蚀敏感性之间的关系，分析了不同时效状态下，晶界偏析对应力腐蚀敏感性的影响规律，以及不同阴极极化条件、腐蚀介质 pH 和腐蚀介质温度对应力腐蚀敏感性的影响。

4.2　高强铝合金应力腐蚀常用的研究方法

4.2.1　慢应变速率拉伸试验

慢应变速率拉伸试验(SSRT)是由 Parkins R N 发展起来的，用来进行材料在一定腐蚀体系中 SCC 敏感性快速评定的试验方法，具有测试周期短和 SCC 敏感性识别快速等特点。通过 SSRT 研究 SCC 敏感性时，应变速率是最为重要的控制参量，特别是阳极溶解控制的 SCC，它发生 SCC 的应变速率是有一个范围的，这个范围通常是 $10^{-8}\sim10^{-4}s^{-1}$，而大多数材料在它的腐蚀体系中 SCC 最为敏感的速率约为 $10^{-8}\sim10^{-6}s^{-1}$。Tsai 等[21]用直径 4mm、标距为 24mm 的圆柱试样对高强铝合金进行了 SCC 试验，选用的应变速率为 1.5×10^{-6}、4.17×10^{-6}、1.67×10^{-7}、5.0×10^{-7}、$8.0\times10^{-7}s^{-1}$。试验结果比较发现，应变速率为 $8.0\times10^{-7}s^{-1}$ 时，短横向 7050-T7451 在 3.5%NaCl 溶液中的 SCC 敏感性达到最大。Braun[22]用直径为 3.5mm、标距为 22mm 的圆柱试样进行 SSRT 试验，选择的应变速率为 $5.0\times10^{-8}\sim1\times10^{-4}\ s^{-1}$。发现人工海水中，7050-T651 铝合金应变速率小于 $10^{-6}\ s^{-1}$ 时对 SCC 敏感，且在 $10^{-7}s^{-1}$ 左右时最为敏感；而 7050-T7351 铝合金在这个应变速率范围内却对 SCC 不敏感。

4.2.2　恒应变法试验

恒应变法即通过弯曲或者拉伸试样使其变形产生一定应变，用足够刚性的框架来维持变形，确保试样恒定应变。不同的测试目的会有相应的测试试样，如 C 形环、U 形环、弯梁等，它们各自施加应力的方法、大小、应力计算以及评定方法都是不同的。此法主要适用于观察裂纹的扩展与终止，因此对预制裂纹的要求并不高，只要求线切割即可。但此法的缺点就是裂纹容易分叉，且测得的临界应力差强度因子会偏高。

4.2.3　电子显微镜辅助分析法

扫描电子显微镜(SEM)可分析断口形貌，以断裂特征判断材料的 SCC 敏感性，透射电子显微镜(TEM)可分析材料的微观组织，两者结合一起可用来研究材料微观组织与 SCC 敏感性之间的关系。Deshais G[20]利用 TEM 研究不同时效状态 7010 铝合金的 SCC 性能，发现在应力作用下连续分布的第二相粒子 Al-Cu-Fe(Si) 出现空隙，当载荷足够大时，金属间化合物和晶界的界面都会发生脱黏，形成裂纹通道。晶界析出相对 7010 铝合金的晶界影响明显，如过时效状态的铝合金晶界会出现明显的晶界偏聚，Cu 含量较高的 7000 铝合金抗 SCC 性能的降低不仅是由于 Zn 和 Mg 在晶界的偏析，更是由于晶界的化学变化。

4.2.4　电化学表征

电化学腐蚀是最常见的腐蚀现象，同时反过来也常常被用来进行材料腐蚀防护，如阴极保护等。腐蚀电化学是以金属腐蚀为研究对象的电化学，基于金属腐蚀行为的电化学本质，一直是腐蚀与防护科学的重要研究方向，包括基本原理与实验测试分析。腐蚀电化学的研究重点已从研究金属腐蚀的基本规律转变为研究危害性更大、过程更复杂的局部腐蚀，并逐步应用于研究应力作用下的腐蚀过程。现在的腐蚀电化学科学已经包括金属腐蚀的整体评估与微区电化学过程的分析模拟，成为分析腐蚀过程最有效的手段。近年来腐蚀电化学的发展方向是更加精确分析各种腐蚀行为、腐蚀防护技术的有效性和腐蚀过程的实时监测，而不再局限于腐蚀机理的研究。如以电化学阻抗谱测试技术为例，其已被推广至涂层性能的评价与筛选、阴极腐蚀速度测定、储油罐和混凝土钢筋的监测等，体现出很强的实用性。

1. 稳态极化测试

稳态极化测试是指在扫描电位变化很慢的情况下，动电位扫描获得极化曲线，表征电化学体系中所测金属上所加的电极电位 E 与其产生的电流之间的关系。输出电流值是工作电极表面单位面积上的电流值（电流密度），因此极化曲线是主要测量极化电位与电流密度关系的曲线[23]。

截至目前，稳态极化测试已发展成为材料腐蚀性能研究的一种重要手段。这种技术测试出的极化曲线经过线性处理和塔菲尔拟合可以获得测试材料在腐蚀介质中的各项参数，比如开路电位、自腐蚀电位、腐蚀电流、极化电阻、阳极腐蚀动力参数和阴极极化动力参数等。利用这些参数可以分析腐蚀的类型和抗腐蚀性能的好坏，甚至可以判断涂层的性能，确定点蚀电位等。动电位扫描已成为材料腐蚀性能研究的重要标识，是研究电化学腐蚀与防护的主要分析技术之一[24]。稳态极化测试主要有两种工作模式，一种是恒电流法，它是控制电流密度的大小，而获得相应的电极的电位值的方法；另一种是控制被测量电极的电位值，来实时获得电极上电流密度的方法，叫作恒电压法。恒电压法也包括两种方法，分别是动电位法与静电位法，动电位法的工作电极电位按一定的速度不断改变，记录对应的电流密度，应用这个方法可以发现体系最稳定的状态点。动电位法是我们一般实验测试所运用的手段。

2. 交流阻抗

交流阻抗（EIS）是针对瞬态的测量技术，反映电极反应各个子过程或电极表面状态对输入信号的扰动并调整获得新定常态的过程。对于一个定态电极系统以一个小幅度角频率的正弦信号进行扰动，体系会反馈出一个角频率相同的正弦波，它的相应函数就是阻抗 Z。不同频率测试获得一系列阻抗则可以绘制出系统的阻抗谱[25]。交流阻抗技术于 1971 年首次被 Epelboin 用来进行金属腐蚀性能的研究。当测试电极在进行 EIS 测试时，电极表面包括：周期性充电/放电与电极反应的周期性变化，前者为非法拉第过程，后者为法拉第过程。EIS 测试后，得出 Nyquist 图和 Bode 图，进行电极表面状态模拟分析，以及获得腐蚀性能参数的重要信息。

4.3　高强铝合金应力作用下的阳极溶解

陈文敬[25]研究了应力和在腐蚀介质中的浸泡时间对 7075 铝合金表面腐蚀形貌的影响，认为这种情况下的应力腐蚀属于阳极溶解。图 4-1 所示为铝合金在无应力及 240MPa、340MPa 应力作用下，3.5%（质量分数）NaCl 溶液（pH=6.5）中浸泡 3 天的表面腐蚀形貌。图 4-1（a）显示无应力状态下 7075 铝合金主要发生点蚀，局部大量蚀孔已连接成片形成腐蚀坑。图 4-1（a）中点 a 处经能谱分析为 Al-Fe-Cu，较周围基体为阴极相，促使周围基体阳极溶解，并观察到这些粒子周围发生大量点蚀。当施加应力 240MPa 时，蚀孔增大，点蚀数目增多，呈现均匀腐蚀（图4-1（b））。当应力增至 340MPa 时，合金腐蚀程度明显加剧，合金表面大量腐蚀产物已脱落，出现大片较深的腐蚀坑（图 4-1（c））。因此，随着应力增加，7075 铝合金的腐蚀程度加剧。

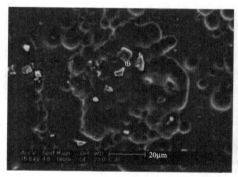 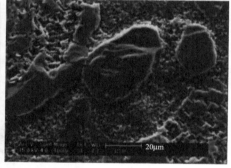

(a) 无应力　　　　　　　　　　　　　　　　(b) 240MPa

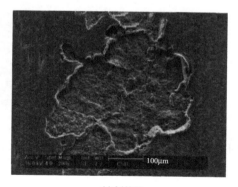

(c) 340MPa

图 4-1　7075 铝合金在不同弹性应力的作用下，3.5%（质量分数）NaCl 溶液
中浸泡 3 天的腐蚀形貌

　　图 4-2 为 7075 铝合金在无应力及 240MPa、340MPa 应力作用下，3.5%（质量分数）NaCl 溶液（pH=6.5）中浸泡 10 天的表面腐蚀形貌。由无应力时 7075 铝合金的腐蚀形貌（图 4-2（a））看出已发生均匀腐蚀，而主要腐蚀类型表现为点蚀，并伴有少量的晶间腐蚀。图 4-2（a）中点 B 处经能谱分析为 Al-Cu-Mg，较周围基体为阳极相，自身发生溶解。当施加应力 240MPa 时，腐蚀程度加重，局部出现较深的腐蚀坑（图 4-2（b））。当应力增至 340MPa 时，合金表面已发生严重的均匀腐蚀，点蚀程度严重加剧，同时，大面积范围内形成向合金内部深入扩展的腐蚀裂纹（图 4-2（c）），且局部出现较大的腐蚀坑。同样可以看出，铝合金随着应力的增加，腐蚀程度逐渐加剧。

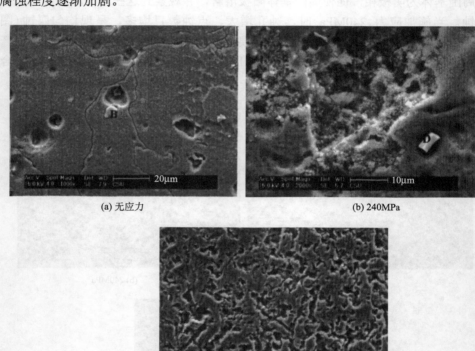

(a) 无应力　　　　　　　　　　　　　　(b) 240MPa

(c) 340MPa

图 4-2　　7075 铝合金在不同弹性应力的作用下，3.5%（质量分数）NaCl 溶液中浸泡 10 天的腐蚀形貌

　　比较相同应力状态下，7075 铝合金在 3.5%（质量分数）NaCl 溶液中浸泡不同时间的腐蚀形貌，还可发现无应力时，样品浸泡 10 天时晶间腐蚀加剧。分别承受 240MPa、340MPa 应力时，浸泡 10 天较 3 天腐蚀程度更大，其中，340MPa 应力

状态下 7075 铝合金浸泡 10 天的腐蚀程度最为严重。故相同应力状态下，随着浸泡时间延长，7075 铝合金的腐蚀加剧。由此可以认为浸泡时间和应力使 7075 铝合金的腐蚀加剧。

铝合金在大气中易生成钝化膜，当试样浸入 NaCl 溶液后，在拉应力或 Cl⁻ 作用下，合金表面局部钝化膜的缺陷处发生阳极溶解反应而优先破裂，形成蚀坑或裂纹源。点蚀一旦发生，蚀孔底部露出的新鲜合金表面便发生溶解，即

$$Al \longrightarrow Al^{3+}+3e^- \qquad (4\text{-}1)$$

蚀孔外表面的阴极发生吸氧反应，蚀孔内氧浓度下降，与孔外富氧形成氧浓差电池。且蚀孔内金属离子不断增加，在点蚀电池产生的电场作用下，孔外 Cl⁻ 不断向孔内迁移、富集。同时孔内金属离子发生水解：

$$Al^{3+}+H_2O+Cl^- \longrightarrow H^++AlOHCl^+ \qquad (4\text{-}2)$$

结果孔内氢离子浓度升高，导致溶液酸化，孔内合金处于活性溶解状态，从而形成自催化效应：

$$Al+3H^++2Cl^- \longrightarrow H_2+AlCl_2^+ \qquad (4\text{-}3)$$

蚀孔口生成的 $Al(OH)_3$ 阻碍孔内外物质的扩散和对流，形成闭塞电池，加速蚀孔向纵深方向扩展。另外拉应力也促使合金露出新鲜表面，同时又因重新氧化而修复，此种活化-钝化交替变化将导致裂纹源的萌生和扩展。

能谱分析表明 7075 铝合金中第二相粒子主要可分为两类：一是含 Mg 高的粒子，电位较周围基体负，将发生自身阳极溶解；二是含 Fe、Cu 高的粒子，电位较周围基体正，促使周围基体的阳极溶解。第二相粒子是为了使合金达到一定力学性能而人为添加合金元素并经过一定的热处理产生的，对提高合金的力学性能起重要作用，但是对合金腐蚀性能的影响也不容忽视，从一定程度上说，合金力学性能的提高是以其耐腐蚀性能的牺牲为代价的。

图 4-3 为 7075 铝合金微观组织结构的 TEM 照片。由图可以看出 7075 铝合金晶内析出细小均匀弥散的半共格亚稳相 $\eta'(MgZn_2)$，为合金的主要强化相（图 4-3(a)）；晶界处则分布短小粗大的连续链状非共格平衡相 $\eta(MgZn_2)$，且晶界无明显的无析出带（图 4-3(b)）。η' 相影响合金的力学性能，而 η 相则决定着合金的耐腐蚀性能，若晶内 η' 相细小、弥散，则该状态合金具有较高的强度；若 η 相在晶界处分布是不连续的，则该合金状态具有较好的耐蚀性。本试验中 7075 铝合金虽因具有细小、弥散的 η' 相而强度较高，但因其晶界处的 η 相连续分布而抗应力腐蚀性能较差。

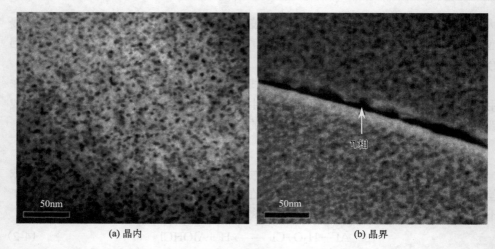

(a) 晶内　　　　　　　　　　　　(b) 晶界

图 4-3　7075 铝合金的 TEM 照片

4.4　时效对高强铝合金晶界偏析与应力腐蚀敏感性的影响

4.4.1　应力腐蚀参数测定

　　本节选用 7075 铝合金为试验对象，合金在经过 470℃/120min 固溶后在 120℃下进行时效，对不同时效态下的合金进行 DCB 试样应力腐蚀试验，试样尺寸如图 4-4。

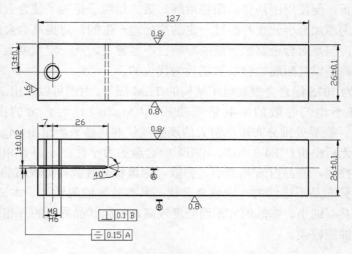

图 4-4　双悬臂梁(DCB)试样(单位：mm)

　　DCB 试样用螺钉加载预裂，然后用透明涤纶胶带封样，试样的头部及螺钉均用蜡封，放入 3.5%（质量分数）NaCl 溶液中，用读数显微镜测量表面裂纹长度。裂纹长度的测量值是由试样上两个面的测量取平均值得到的。但是由于裂纹前沿是凸出的，故表面测量值不能代表裂纹的真实长度。因此，要等试验结束后，把试样拉开，将表面测量获得的值进行修正。用修正后的裂纹长度作 a-t 曲线，此曲线上每一点的斜率就是对应点的裂纹扩展速率 $\mathrm{d}a/\mathrm{d}t$。用下列公式求出每个测量时间裂纹尖端的应力强度因子：

$$K_{\mathrm{I}} = \frac{E\delta H[3H(a+0.6H)^2 + H^3]^{1/2}}{4[(a+0.6H)^3 + H^2 a]} \tag{4-4}$$

式中，δ 为加载线上位移；H 为试样的半高长，13mm；E 为杨氏模量，认为其随着热处理制度变化很小，故统一取 70560MPa。

　　将修正好的一系列 a 值及上述公式中的有关参数输入计算及进行拟合处理，得到一系列 $\mathrm{d}a/\mathrm{d}t$ 及 K_{I} 值，最后做出 $\mathrm{d}a/\mathrm{d}t$-K_{I} 曲线。结果如图 4-5 所示。时效时间与应力腐蚀裂纹扩展平台速率关系如表 4-1 所示。可见，随着时效的延长，裂纹扩展平台速率下降，即合金的应力腐蚀敏感性随着时效时间的延长而下降。

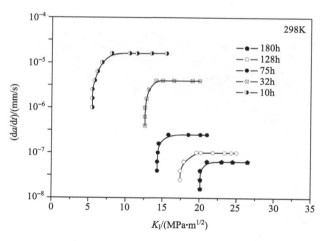

图 4-5　7075 合金 $\mathrm{d}a/\mathrm{d}t$-K_{I} 曲线

表 4-1　不同时效状态下的应力腐蚀性能

时效制度	应力腐蚀裂纹扩展平台速率/(mm/s)
120℃/10h	2.34×10^{-5}
120℃/32h	6.24×10^{-6}
120℃/75h	5.23×10^{-7}
120℃/128h	9.15×10^{-8}
120℃/180h	7.14×10^{-8}

4.4.2　应力腐蚀宏观断口特征

　　当 DCB 试样经应力腐蚀试验持续 576h 后，加载将试样拉断。图 4-6 所示的是应力腐蚀试样宏观断口。由图可见，随着时效时间的延长，在相同的加载位移和腐蚀时间下，裂纹扩展的平均长度越短。明显，欠时效(10h)最长；峰时效(32h)次之；过时效(75h)较短；第二峰时效(128h)更短；过时效(180h)最短。这就说明了第二峰时效时合金具有较强的抗 SCC 性能。另外，由图 4-6 可见，欠时效(10h)、第二峰时效(128h)状态下的合金拉伸断口相对于其他状态显得不平直，均在未拉到 DCB 试样终端而断裂。而且在数码相机下的光亮度也比较低，这是因为这两种状态下的断口韧窝相对较多，降低了反射效果，在一定程度上也说明了这两种状态下合金的韧性较好。比较第一峰时效(32h)和第二峰时效(128h)状态下的合金裂纹扩展情况，第一峰应力腐蚀试样的裂纹前沿曲率较大；而第二峰应力腐蚀试样的裂纹前沿曲率较小。两者应力腐蚀断口均呈现放射形鳞片状。两者曲率不同主要是残余应力不同造成的：第一峰的残余应力大；第二峰的残余应力小。就时效本身而言：一可以促使相变，二可以消除残余应力。明显第二峰时效时间相对较长，因此其残余应力较小或者被消除。

图 4-6　7075 合金应力腐蚀试样宏观断口(470℃/120min 固溶+120℃时效)

4.4.3　应力腐蚀断口的显微特征

　　为了研究应力腐蚀的断口的断裂类型，在 SEM 下对其进行了观察，结果如图 4-7 所示。左边所示的是裂纹尖端的断口形貌；右边所示的是裂纹平台扩展阶段的断口形貌。不同时效状态下的断口形貌，虽然腐蚀程度不同，但是断口类型都是沿晶断口。裂纹扩展区与机械拉断区的断口有明显差别。裂纹尖端的断口和裂纹平台扩展阶段的断口没有明显不同，这说明裂纹扩展速率对断口的形貌影响不大。另外，由图可见，随着时效时间的延长，断口中的二次沿晶断裂裂纹不断减少。峰时效的断口中存在明显的二次沿晶裂纹，而第二峰时效的断口无明显的二次沿晶裂纹。

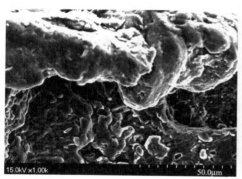
(a) 470℃/120min固溶+120℃/32h时效

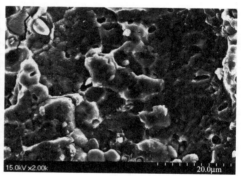
(b) 470℃/120min固溶+120℃/32h时效

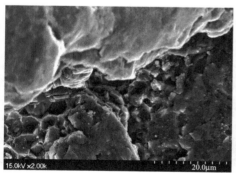
(c) 470℃/120min固溶+120℃/75h时效

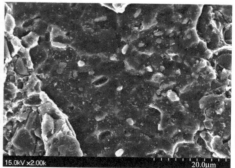
(d) 470℃/120min固溶+120℃/75h时效

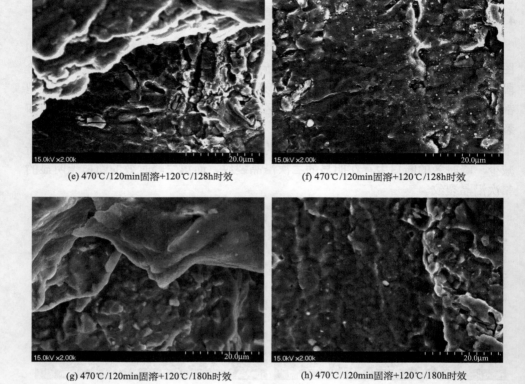

(e) 470℃/120min固溶+120℃/128h时效　　　(f) 470℃/120min固溶+120℃/128h时效

(g) 470℃/120min固溶+120℃/180h时效　　　(h) 470℃/120min固溶+120℃/180h时效

图 4-7　应力腐蚀断口

左列为裂纹尖端的断口形貌，右列为裂纹平台扩展阶段的断口形貌

4.4.4　SEM 能谱分析

　　表 4-2 是不同时效状态下 7075 合金 SEM 下晶界附近化学成分的能谱分析结果。由表 4-2 可以看出，Mg、Zn、Cu 元素在晶界附近存在着不同程度的偏析。随着时效时间的延长，Mg、Cu 元素在晶界附近的偏析不断减少；Zn 元素在晶界附近的偏析不断加重。显然，随着时效时间的延长，Mg 元素在晶界处的原子分数和晶粒内部的原子分数差距不断减小。另外，随着时效时间的延长，Mg 元素在晶界处的总量不断减少，而在晶粒内部的总量不断增加。

表 4-2　不同时效状态下 7075 合金 SEM 下晶界附近的化学成分（单位：%）（原子分数）

热处理制度（固溶+时效）	元素	晶界成分能谱点分析				
		1	2	3	4	5
470℃/120min+120℃/6h	Mg	3.50	7.49	8.51	6.64	3.19
	Zn	2.60	2.99	3.23	3.10	2.50
	Cu	2.14	3.86	4.20	4.10	3.17
	Al	余量	余量	余量	余量	余量
470℃/120min+120℃/32h	Mg	4.10	5.25	7.19	5.11	4.09
	Zn	2.08	3.05	3.43	2.95	2.10
	Cu	2.51	3.42	3.94	3.32	2.81
	Al	余量	余量	余量	余量	余量
470℃/120min+120℃/128h	Mg	4.05	4.90	6.03	4.83	4.97
	Zn	2.11	3.65	4.35	3.72	2.38
	Cu	1.52	2.12	2.52	2.04	1.43
	Al	余量	余量	余量	余量	余量
470℃/120min+120℃/180h	Mg	3.96	4.26	5.51	4.04	3.95
	Zn	2.90	3.95	4.92	3.81	3.02
	Cu	1.95	1.63	1.97	1.34	1.97
	Al	余量	余量	余量	余量	余量

4.4.5　晶界透射电镜（TEM）分析

　　为了研究晶界附近的沉淀相析出情况，对不同时效下的 7075 合金的进行了晶界观察，结果如图 4-8 所示。由图可见，峰时效（32h）状态下合金的基体沉淀相比较细小，分布比较均匀，而且密度很大；晶界无析出带比较明显，而且宽度较大；晶界析出相比较细小，较为连续，呈现链状分布。过时效（75h）状态下合金的基体中沉淀相变得粗大，分布不均匀，密度明显减小；部分晶界无析出带变宽；晶界沉淀相变得粗大且断开，部分晶界的析出相呈现分散状态。第二峰（128h）状态下合金的基体沉淀相变得十分的细小，分布也很均匀，密度非常大。这是原来的析出相发生了相变形成的新的析出相的结果。从拍到的三角晶界来看，合金的晶界析出相非常细小，晶界无析出带变得不明显。第二峰后的过时效状态下（180h）的合金基体沉淀相变得粗大，密度相对第二峰时减低，分布比较均匀；在研究中没有发现明显的晶界无析出带；晶界析出相也相对第二峰状态时变得粗大，但是呈断续分布，而且间距变大。

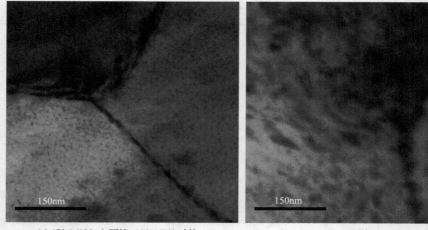

(a) 470℃/120min固溶+120℃/32h时效　　　　　(b) 470℃/120min固溶+120℃/75h时效

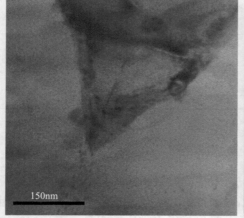
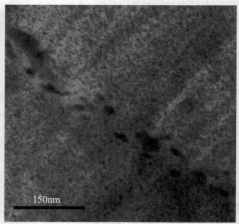

(c) 470℃/120min固溶+120℃/128h时效　　　　　(d) 470℃/120min固溶+120℃/180h时效

图 4-8　7075 合金晶界 TEM 照片

　　为了进一步探索 7075 合金的晶界偏析情况，对经过 470℃/120min 固溶处理后在 120℃下不同时效时间的 7075 合金在 TEM 进行晶界能谱分析，结果如表 4-3 所示。

　　由表 4-3 可见，晶界上 Mg、Cu、Zn 都有不同程度的偏析。Zn 元素随着时效时间的延长晶界偏析程度加大；而 Mg、Cu 元素的晶界偏析程度则随着时效时间的延长而减小。与表 4-2 的能谱分析结果相比，虽然数值大小存在差别，但是两个试验结果所揭示的规律一致，即随着时效时间的延长，Mg 元素的晶界偏析不断减少。而且，前文中对冲击断口的能谱分析也证实了这一点，因此这就进一步证明了 7075 合金晶界存在偏析，而且随着时效时间的延长，Mg 的晶界偏析程度降低。将晶界偏析的试验结果（表 4-2 和表 4-3）与应力腐蚀试验结果（表 4-1）相比较，不难发现，晶界偏析对铝合金的应力腐蚀有着显著的影响，且合金的应力腐蚀敏感性随着晶界 Mg 偏析程度的降低而降低。

表 4-3　不同时效时间下 7075 合金 TEM 下晶界附近的化学成分（120℃/120min 固溶+120℃时效）

（单位：%）（原子分数）

时效时间/h	元素	晶界成分能谱点分析				
		1	2	3	4	5
32	Mg	3.50	5.00	7.01	4.95	3.61
	Zn	2.21	3.15	3.61	2.75	2.01
	Cu	2.71	3.12	3.89	3.12	2.41
	Al	余量	余量	余量	余量	余量
75	Mg	3.41	4.85	6.23	4.75	3.31
	Zn	2.23	3.31	4.15	3.06	2.11
	Cu	2.35	2.81	3.15	2.77	2.16
	Al	余量	余量	余量	余量	余量
128	Mg	3.15	4.70	5.53	4.43	3.01
	Zn	2.25	3.57	4.55	3.66	2.23
	Cu	1.92	2.22	2.72	2.11	1.78
	Al	余量	余量	余量	余量	余量
180	Mg	2.96	4.16	4.16	4.04	2.91
	Zn	2.94	3.57	4.88	3.86	3.12
	Cu	1.75	1.87	2.05	1.81	1.67
	Al	余量	余量	余量	余量	余量

4.4.6　晶界高分辨电镜（HRTEM）观察

图 4-9 所示的是晶界沉淀相 HRTEM 照片。由图可见，第一峰（32h）及过时效（75h）状态下的晶界析出相为粗大、共格的为 GP 区；第二峰状态下的晶界析出相为粗大、非共格的为 η 相。并不是所有状态下的晶界析出相都是 η 相。

通过对 7075 合金的晶界能谱分析，发现时效对合金元素在晶界的偏析有着显著的影响，其中 Mg 的偏析与时效时间有着明显的依赖关系。为探寻晶界自由 Mg 的含量与时效时间的关系，假定晶界上所有的 Zn 都是以 $MgZn_2$ 粒子形式存在。

按照原子比求得形成 $MgZn_2$ 粒子所需要的 Mg 量，那么剩余的 Mg 则是晶界自由 Mg。利用表 4-3 的数据，通过计算机拟合可以获得晶界自由与时效的关系，结果如图 4-10 所示。由图可见，随着时效时间的延长，自由 Mg 的含量不断减少，自由 Mg 占总体 Mg 的含量也随着时效的延长不断减少。这与其他高强铝合金的结果是一致的[26]。

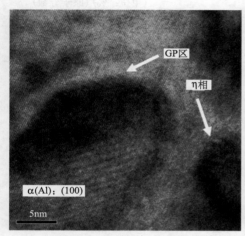

(a) 470℃/120min固溶+120℃/32h时效

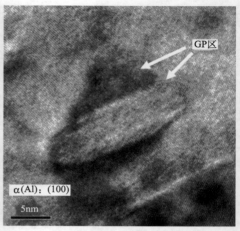

(b) 470℃/120min固溶+120℃/75h时效

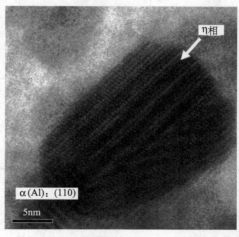

(c) 470℃/120min固溶+120℃/128h时效

图 4-9　晶界上的析出相（HRTEM）

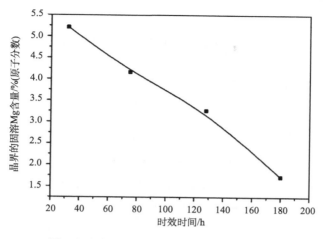

图 4-10　自由 Mg 随着时效时间的变化关系

　　由图 4-8 可见，随着时效时间的延长，晶界析出相的尺寸先变大后变小，又变大；晶界析出相的连续程度不断减低；晶界无析出带的宽度也是先变大后变小，又变大。在时效的初期，合金晶界上的析出相为 GP 区，但是相对于基体沉淀相的尺寸大得多，这可能是因为晶界上的能量较大，导致析出相在晶界上先析出并长大。因此，晶界上的析出相要比晶粒内部要大得多。HRTEM 的研究结果就证实了这种粗大相是 GP 区。在 32h 时，这种沉淀相的尺寸较小，连续程度比较高。晶界析出相是 SCC 的通道[27]，其越连续，则 SCC 敏感性越高。因此，32h 的合金的 SCC 敏感性比较高。而随着时效时间的进一步延长，基体沉淀相和晶界沉淀相都进一步长大，并交替溶解形成新的第二相，当然这时沉淀相主要还是 GP 区。晶界沉淀相的连续程度减低，这对提高合金的抗 SCC 性能是有利的，因此合金的抗 SCC 性能提高。随着时效时间的进一步延长，合金的沉淀相绝大多数都发生了相变即形成了亚稳定相 η′(MgZn₂)。时效时间为 128h 的合金组织中，可以观察到高密度的 η′(MgZn₂) 相。此时，合金的基体内主要强化相为 η′(MgZn₂) 相。由于晶界的能量较高，因此在晶界上的沉淀相先于基体内的沉淀相发生相变，并长大成为 η(MgZn₂) 相，在晶界上离散分布，这样有利于合金抗 SCC 性能的提高，另外有研究表明[28]MgZn₂ 相是 H 的不可逆陷阱，因此这种相在晶界上的存在有利于合金抗 SCC 性能的提高。因此第二峰 (128h) 时合金的 SCC 性能进一步提高。同样，随着时效时间的延长，基体内 η′(MgZn₂) 相也在长大变成 η(MgZn₂) 相，晶界上 η(MgZn₂) 相也会进一步长大，变得更加离散，从而更有利于合金的抗 SCC 性能的提高。

4.5　极化对高强铝合金应力腐蚀敏感性与膜致应力的影响

试验采用 7050 铝合金，470℃固溶处理，8h（欠时效）、16h（峰时效）、24h（过时效）分别时效。采用慢拉伸试验机分别在不同极化电位下进行拉伸性能测试。慢应变速率拉伸试验的试样按照国家标准 GB/T16865—1997 执行，试样为标距 20mm、直径 4mm 的圆棒试样，具体尺寸如图 4-11 所示。试样的取样方向为短横向(S-T)，这个方向拉伸时对应力腐蚀最为敏感[29]。试样拉伸时应力腐蚀敏感性对应变速率有很高的依赖性，尤其是在阳极极化的条件下，选取 5 个应变速率进行 SSRT 试验，每个应变速率做 2 个试样，试验的介质分别为 3.5% NaCl 水溶液和干燥空气。试样用 1200#砂纸打磨，然后用丙酮清洗油污，再用蒸馏水清洗并吹干，用橡胶封闭非工作段表面。装夹好试样后加载 300N 左右的预紧力以消除各向的间隙。选出应力腐蚀敏感性最高的应变速率作为后续试验的参数。根据应力腐蚀敏感性计算公式对实验数据进行处理。定义应力腐蚀敏感性如下：

$$I_{SCC} = (1 - \varepsilon_{SCC}/\varepsilon_0) \tag{4-5}$$

式中，ε_{SCC} 为在腐蚀介质中的延伸率；ε_0 为在干燥空气中的延伸率。I_{SCC} 的数值越大，表示应力腐蚀敏感性越大；反之，数值越小，应力腐蚀敏感性也越小。试验结果如表 4-4 所示，可以看出当应变速率为 $1 \times 10^{-6} s^{-1}$ 时，应力腐蚀敏感性最大。同时，这个速率已经低于 Al-Zn-Mg-Cu 合金能显示氢脆效应的临界应变速率。当应变速率小于 $1 \times 10^{-6} s^{-1}$ 时，试样断裂时间延长，试样在溶液中浸泡时间增加，裂纹尖端会发生腐蚀，腐蚀产物堵住了裂纹口，阻碍了裂纹的扩展，从而降低了应力腐蚀开裂的发生；当应变速率大于 $1 \times 10^{-6} s^{-1}$ 时，试样在应力作用下短时间内就断裂，力学的因素占据了主要地位，因此试样为机械断裂而不是应力腐蚀开裂[30]。

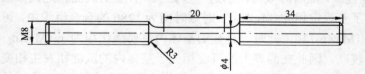

图 4-11　7050 铝合金拉伸试样尺寸（单位：mm）

表 4-4　不同应变速率下的应力腐蚀敏感性

	应变速率			
	$4 \times 10^{-6} s^{-1}$	$2 \times 10^{-6} s^{-1}$	$1 \times 10^{-6} s^{-1}$	$6 \times 10^{-7} s^{-1}$
欠时效	0.19	0.24	0.28	0.14
峰时效	0.27	0.30	0.34	0.21
过时效	0.30	0.29	0.35	0.23

4.5.1　极化对合金力学性能的影响

采用慢拉伸试验机分别在不同极化电位下进行拉伸性能测试。通过电化学极化试验得出三种时效状态的自腐蚀电位：欠时效自腐蚀电位约为–700mV，峰时效约为–710mV，过时效约为–730mV。根据自腐蚀电位的情况选取阳极极化电位为–630、–650、–670、–690mV；阴极化电位为–1300、–1200、–1100、–1000、–900、–800mV。试验介质为 3.5%NaCl 水溶液和干燥空气，应变速率为 $1\times10^{-6}s^{-1}$。由于阳极极化时，阳极溶解对电位的变化非常敏感，当极化电位过高时，合金基体会快速溶解，拉伸的时间过短，应力腐蚀行为还没来得及发生就断裂了，因此阳极极化电位不能过高，每个电位的间隔也比较小。而阴极极化时，当极化电位过低时，会发生阴极保护作用，因此电位的选择不能过低。

阳极极化时，不同时效状态下的 7050 铝合金的应力应变曲线如图 4-12 所示；阴极极化时，不同时效状态下的 7050 铝合金的应力应变曲线如图 4-13 所示。由

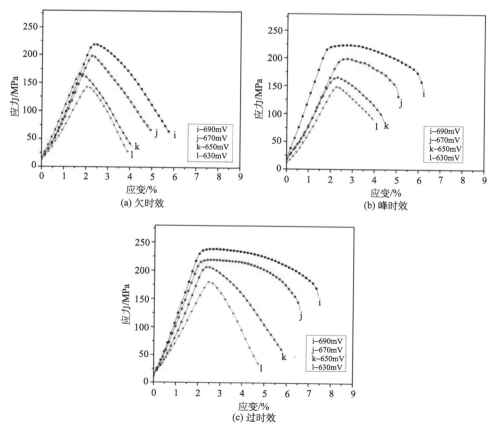

图 4-12　阳极极化时不同时效状态 7050 铝合金应力应变曲线图

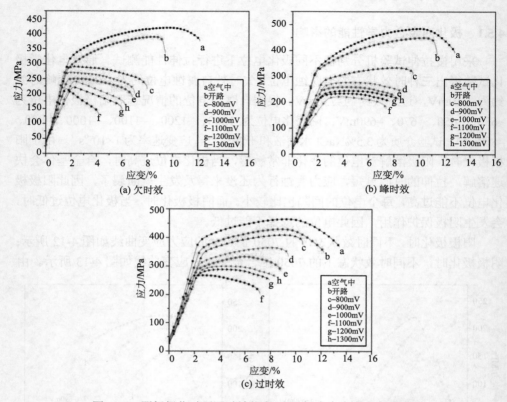

图 4-13　阴极极化时不同时效状态 7050 铝合金应力应变曲线图

图 4-12 和图 4-13 可知，无论阳极极化还是阴极极化，未极化时的抗拉强度明显高于极化后的抗拉强度，同时在相同的极化电位下，欠时效的强度最低，其次是过时效，峰时效最高。当阳极极化时，抗拉强度随着极化电位的升高急剧降低，即使 20mV 的变化也能使强度降低很多。阴极极化时，随着极化电位的负移，抗拉强度随之下降，而当极化电位小于 –1100mV 时，抗拉强度则略有上升，但小于 –1000mV 时的值。以上说明极化对 7050 铝合金的力学性能有着显著的影响，其中对欠时效的影响最大。

4.5.2　极化对应力腐蚀敏感性的影响

通过公式 (4-5) 得出不同极化条件下不同时效状态 7050 铝合金的应力腐蚀敏感性，如图 4-14 所示。由图 4-14 可知，三种时效状态铝合金，开路条件下时合金的应力腐蚀敏感性最低，同一极化电位下，欠时效的应力腐蚀敏感性最高，峰时效次之，过时效最低。阳极极化时，随着极化电位的升高，应力腐蚀敏感性急剧上升，这是由于阳极极化对电位非常敏感，极化电位的升高使基体的溶解速度上升，同时在外应力的作用下使合金在较低的应力时发生断裂。阴极极化时，应力腐蚀敏感性随电位的负移呈现先上升后下降的趋势，但是下降的程度不大。其转折点是−1100mV，发生这种情况是氢脆的作用，随着阴极极化作用增强，阴极的析氢反应逐步加强，进入合金基体的氢增多，氢脆效应上升，应力腐蚀敏感性随之上升，当极化电位小于−1100mV 时，析氢反应更加剧烈，有可能使更多的氢易于以气态析出，使得进入铝合金内部的氢含量下降，反而降低了氢脆效应，导致应力腐蚀敏感性下降[31]。合金的延伸率如图 4-15 所示，其随电位变化的规律和应力腐蚀敏感性随电位变化的规律相同，延伸率可以较好地表征 7050 铝合金的延展性。阳极极化时，合金的延伸率均小于 5%，说明合金发生了脆性断裂，尤

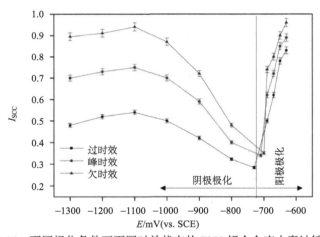

图 4-14　不同极化条件下不同时效状态的 7050 铝合金应力腐蚀敏感性

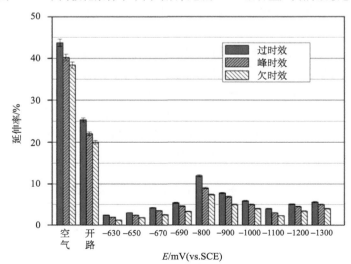

图 4-15　不同极化电位下不同时效状态 7050 铝合金的延伸率

其是当电位等于–630mV时,延伸率几乎为0。阴极极化时,延伸率随电位的负移先下降后上升,合金经历了从韧性断裂到脆性断裂的过程。虽然当电位小于–1100mV时,延伸率有所上升,但是仍不足5%,为脆性断裂。

1. 合金中氢浓度与应力腐蚀敏感性的关系

1) 开路条件下的氢浓度

铝合金的应力腐蚀是阳极溶解和氢脆的共同作用,只不过在不同极化电位下各自所占的比例不同,即

$$I_{SCC} = I_{SCC}(H) + I_{SCC}(AD) \tag{4-6}$$

阳极极化时应力腐蚀以阳极溶解为主,进入合金基体的氢含量非常少可以忽略不计,即 $I_{SCC}=I_{SCC}(AD)$。开路条件下和阴极极化时氢不可忽略,即 $I_{SCC}=I_{SCC}(H)+I_{SCC}(AD)$。阴极极化时应力腐蚀以氢脆为主。同时,无论何种时效状态,开路条件下和阴极极化时的 $I_{SCC}(AD)$ 几乎不变,即 $I_{SCC}^h(AD)=I_{SCC}^*(AD)$,$I_{SCC}^h(AD)$ 为阴极极化时阳极溶解产生的应力腐蚀敏感性,$I_{SCC}^*(AD)$ 为开路电位下阳极溶解产生的应力腐蚀敏感性。因此,如果知道了开路电位下的 $I_{SCC}^*(AD)$,就能得出不同阴极极化下的 $I_{SCC}^h(AD)$ 和 $I_{SCC}(H)$ 各自的值。通过计算 $I_{SCC}^h(H)/I_{SCC}^h(AD)$,可以帮助我们分析不同时效状态下不同极化电位时氢脆和阳极溶解在应力腐蚀中各自发挥的作用。

问题是如何得出开路条件下的 $I_{SCC}^*(AD)$ 呢?

首先,在开路条件下对试样进行 SSRT 试验,并计算其应力腐蚀敏感性 I_{SCC},之后对拉断的试样用定氢仪进行氢浓度的测试,得出开路条件下进入试样的氢浓度 C_0^{*H},然后进行恒电流充氢试验,同时测试充氢后试样的氢浓度,得出试样氢浓度随充氢时间的变化关系图。在图中找出与开路情况下氢浓度相同的那一点,记下充氢的时间。最后取出一个试样,同样的条件下充氢相同的时间,然后在空气中进行 SSRT 拉伸,计算得出的应力腐蚀敏感性即为开路条件下氢脆引起的应力腐蚀敏感性 $I_{SCC}^*(H)$,开路条件下的 $I_{SCC}^*(AD)$ 随即便可得出,当然,阴极极化下的 $I_{SCC}^h(H)$ 也就知道了。7050 铝合金不同时效状态下恒电流充氢时氢浓度随时间的变化关系如图 4-16 所示,$I_{SCC}^*(H)$ 和 $I_{SCC}^*(AD)$ 的值列于表 4-5。需要指出的是,以上的测试都进行了重复试验以保证数据的可靠性。

表 4-5　开路条件下不同时效状态铝合金的参数

	充氢时间/min	$I_{SCC}(H)$	$I_{SCC}(AD)$	C_0^{*H}/ppm
欠时效	62	0.04	0.32	0.09
峰时效	78	0.05	0.29	0.07
过时效	90	0.03	0.20	0.04

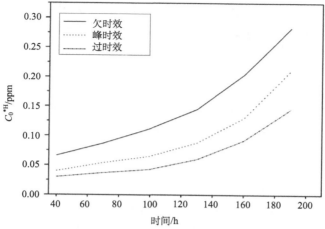

图 4-16　不同时效状态下 7050 铝合金恒电流充氢图

2) 阴极极化时氢浓度与应力腐蚀敏感性的关系

计算了阴极极化条件下试样拉断后的氢浓度，同时根据上文得出的 $I_{SCC}^*(AD)$ 计算出不同时效状态下的 $I_{SCC}^h(H)/I_{SCC}^h(AD)$，根据 $I_{SCC}^h(H)/I_{SCC}^h(AD)$ 来判断氢在 SCC 过程中的作用，$I_{SCC}^h(H)/I_{SCC}^h(AD)$ 的值越大说明氢的作用越强烈。不同时效状态的 $I_{SCC}^h(H)/I_{SCC}^h(AD)$ 以及氢浓度 C^{*H} 列于表 4-6，从表 4-6 可以看出，阴极极化条件下，三种时效状态的合金随着极化电位的负移 $I_{SCC}^h(H)/I_{SCC}^h(AD)$ 先升高后下降，拐点为 –1100mV。对 $I_{SCC}^h(H)/I_{SCC}^h(AD)$ 和氢浓度进行拟合，发现 $I_{SCC}^h(H)/I_{SCC}^h(AD)$ 随着氢浓度的指数（$e^{C^{*H}}$）的升高而线性增大。

设 $y=I_{SCC}^h(H)/I_{SCC}^h(AD)$，得出其线性关系为

$$\text{欠时效：} y = 4.7215e^{C^{*H}} - 4.2668 \tag{4-7}$$

$$\text{峰时效：} y = 3.9651e^{C^{*H}} - 3.3571 \tag{4-8}$$

$$\text{过时效：} y = 3.2075e^{C^{*H}} - 2.5328 \tag{4-9}$$

表 4-6　不同时效状态下铝合金的 $I_{SCC}^h(H)/I_{SCC}^h(AD)$ 和氢浓度

时效状态	$I_{SCC}(H)/I_{SCC}(AD)$						C^{*H}					
	−800 mV	−900 mV	−1000 mV	−1100 mV	−1200 mV	−1300 mV	−800 mV	−900 mV	−1000 mV	−1100 mV	−1200 mV	−1300 mV
欠时效	1.500	2.250	2.721	2.94	2.848	2.798	0.220	0.340	0.392	0.423	0.410	0.403
峰时效	1.390	2.049	2.431	2.604	2.535	2.432	0.180	0.310	0.378	0.410	0.396	0.379
过时效	1.342	1.750	2.083	2.25	2.167	2.000	0.193	0.290	0.364	0.401	0.383	0.346

　　由上述三式可知，氢对不同时效状态 7050 铝合金的应力腐蚀敏感性影响规律相同，只是影响的程度有所不同。其中欠时效状态时氢的作用最明显，峰时效居中，过时效次之。故氢和 7050 铝合应力腐蚀敏感性有很强的关联性。拟合后的线性关系图见图 4-17。

　　为什么会出现上述现象？不同时效状态对合金晶粒内部的结构发生了不同程度的改变，7050 铝合金在时效过程中晶内会发生如下改变[32]：

$$过饱和固溶体 \rightarrow GP \ 区 \rightarrow \eta' \ 相 \rightarrow \eta \ 相$$

　　对于欠时效状态的铝合金，由于时效的时间不足晶粒内部主要是脱溶 GP 区（溶质原子的偏聚区），这些 GP 区可以作为可逆的氢陷阱[33]，合金在极化时产生的氢原子会被这些氢陷阱捕获，同时位错滑移也会带来的一定的氢，这样导致了大量的氢在晶界发生偏聚，从而降低了晶界的强度使合金发生沿晶断裂；过时效状态时铝合金晶内析出了稳定的 η 相粒子，η 相粒子是不可逆的氢陷阱，氢原子无法达到饱和，因此氢无法在晶界过多偏聚从而降低了氢致开裂的程度，峰时效状态的合金处于中间态，主要沉淀组织为 GP 区和 η' 相，介于以上两种情况之间。

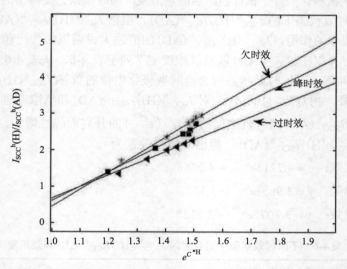

图 4-17　不同时效状态的铝合金 $I_{SCC}^{h}(H)/I_{SCC}^{h}(AD)$ 和氢浓度的指数（$e^{c^{*H}}$）线性关系

2. 腐蚀表面和断口形貌观察

　　图 4-18 为不同时效状态铝合金极化时拉伸试样断口侧面的形貌，从图 4-18 (a)(b) 可以看出欠时效时表面有许多腐蚀产物并且当极化电位为–630mV 时，表面开始剥落；从图 4-18 (c)(d) 可以看出峰时效状态下，裂纹开始形成并且随着极

化电位的上升，裂纹开始扩展、变大；从图 4-18（e）（f）可以看出过时效状态下的情况要好一些，极化电位为–690mV 时，试样表面发生点蚀，当极化电位为–630mV 时，试样表面裂纹也开始萌生。

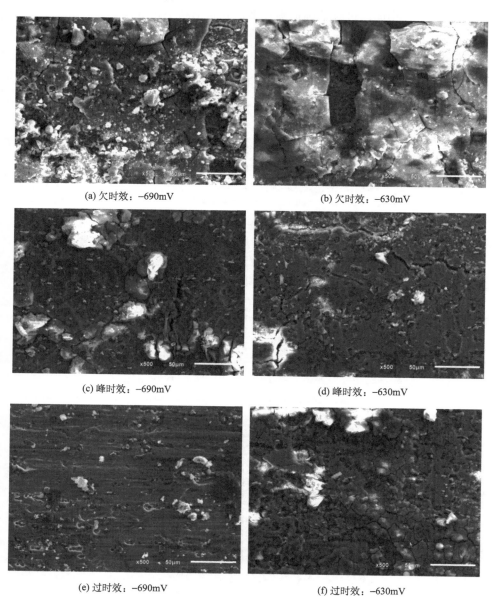

(a) 欠时效：–690mV

(b) 欠时效：–630mV

(c) 峰时效：–690mV

(d) 峰时效：–630mV

(e) 过时效：–690mV

(f) 过时效：–630mV

图 4-18　阳极极化时铝合金断口侧面的形貌

　　图 4-19 为阴极极化以及开路时铝合金的断口形貌，(a)(c)(e)为开路条件下的断口形貌，(b)(d)(f)为极化电位为–1100mV 时的断口形貌。开路时，欠时效的断口出现明显的脆化现象，但是仍有一些韧窝，峰时效时的韧窝比较小，伴随着一些穿晶解理小面，过时效则韧窝较多，并且形状不规则。

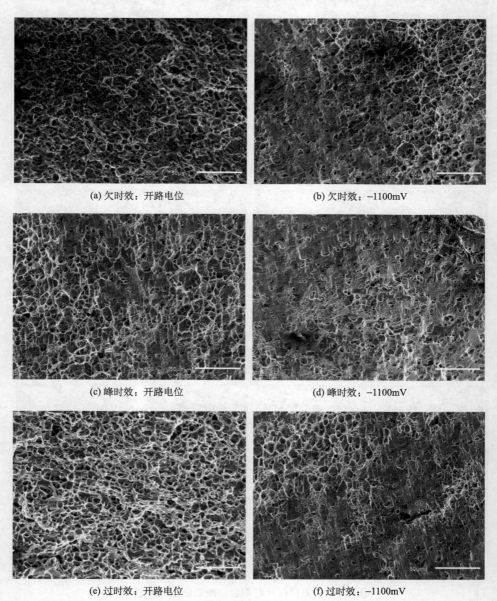

(a) 欠时效：开路电位　　　　　　　　　　(b) 欠时效：–1100mV

(c) 峰时效：开路电位　　　　　　　　　　(d) 峰时效：–1100mV

(e) 过时效：开路电位　　　　　　　　　　(f) 过时效：–1100mV

图 4-19　阴极极化下铝合金的断口形貌

–1100mV 阴极极化时，同一时效状态下明显比开路时断口更平坦，都存在一些沿晶断裂。欠时效时断口以沿晶断裂为主，峰时效时断口为穿晶和沿晶的混合断裂，而过时效则以准解理断裂为主，伴随少量的沿晶开裂。

4.5.3　极化对合金膜致应力的影响

选取试验溶液为 3.5%NaCl 水溶液，饱和甘汞电极通过盐桥与溶液连通。测量 SCC 敏感性时，试样分别在开路条件下和不同极化电位下进行慢拉伸试验（SSRT），拉伸速率为 $1 \times 10^{-6} s^{-1}$。采用 $I_\sigma = (1 - \sigma_{SCC}/\sigma_{OCP}) \times 100\%$ 作为 SCC 敏感性的度量。其中 σ_{OCP} 和 σ_{SCC} 分别是在开路条件下和不同极化电位下慢拉伸的名义断裂应力。试样在 5% 的 NaOH 溶液中浸泡 1min 除去在空气中形成的氧化物，然后在稀硝酸溶液中用超声波清洗，再用丙酮洗净。测量 7050 铝合金在 3.5%NaCl 水溶液中自腐蚀电位随时间变化，其稳定的开路电位为：–730mV（vs.SCE）。因而在 SSRT 过程中，试样保持恒定的极化电位–640、–670、–700（阳极极化）、–730（稳定的开路电位）、–800、–900、–1100、–1200 和–1300mV（vs.SCE）（阴极极化）。

测量膜致应力时，试样以 $1 \times 10^{-6} s^{-1}$ 的拉伸速率在空气中拉伸至塑性变形量 $\varepsilon \geqslant$ 1%。卸载后试样在 5% 的 NaOH 溶液中浸泡 1min，然后在稀硝酸溶液中用超声波清洗，再用丙酮洗净从而除去表面的氧化膜，立即放入保持不同恒电位的 3.5%NaCl 水溶液中浸泡 12h，以形成不同的钝化膜。将带有钝化膜的试样在空气中再次进行拉伸至屈服。形成钝化膜的试样在空气中加载，其屈服应力 $\sigma_{0.2}$ 与卸载前的流变应力 σ_F 的差值 $\sigma_P = \sigma_F - \sigma_{0.2}$ 即为膜致应力。

1. 开路电位及膜致应力随浸泡时间的变化

图 4-20 为 7050 铝合金开路电位随浸泡时间的变化，可以看出在 NaCl 水溶液中腐蚀浸泡的 7050 铝合金，随着浸泡的时间增加，自腐蚀电位上升，当浸泡时间到 12h 左右，浸泡后的铝合金开路电位趋于稳定，其值约为–730mV，随着浸泡时间的延长，铝合金的膜致应力逐渐增加，如表 4-7 所示。因此选择 12h 作为后续试验的浸泡时间。

表 4-7　膜致应力随腐蚀浸泡时间的变化

	浸泡时间/h								
	0	2	4	6	8	10	12	14	16
电位/mV	–1402	–1100	–920	–805	–741	–737	–730	–721	–716
膜致应力/MPa	0	6.2	12.4	20.5	24	27.8	35	48.3	56

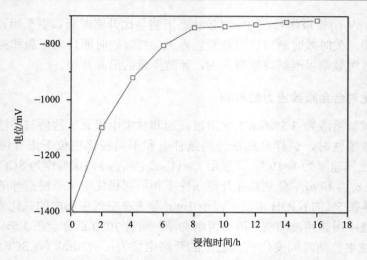

图 4-20　7050 铝合金开路电位随浸泡时间的变化

2. 不同极化电位下的 SCC 敏感性

试样在开路条件下和不同极化电位下的名义断裂应力 σ_{SCC}、断裂时间 t_{SCC} 及应力腐蚀敏感性 I_σ 如表 4-8 所示。试样在室温空气中拉伸时平均断裂应力和断裂时间分别 500MPa 和 40.6h。在 3.5%NaCl 水溶液中不同极化条件下的平均断裂应力和断裂时间分别为 286MPa 和 18h。从表 4-8 可以看出 7050 铝合金在不同极化条件下的 SCC 敏感性的变化特征：无论阳极极化还是阴极极化的应力腐蚀敏感性均大于开路电位下的应力腐蚀敏感性；阳极极化时随着极化电位的正移应力腐蚀敏感性不断增大；而阴极极化时随着极化电位的负移，应力腐蚀敏感性先逐渐增大，当极化电位小于–1100mV 左右时，应力腐蚀敏感性开始下降。

图 4-21 为 7050 铝合金在不同条件下形成钝化膜拉伸后的断口形貌，在空气中拉伸时断口为典型的韧窝型断口，韧窝孔洞较大，不均匀分布；在开路条件下拉伸时为韧窝加准解理开裂；阴极极化断口转为准解理开裂断口，并有少量的沿晶断裂；阳极极化断口则为沿晶开裂。

表 4-8　不同极化电位下 7050 铝合金的 SCC 敏感性

$E/mV(vs.SCE)$	σ_{SCC}/MPa	$I_\sigma/\%$	t_{SCC}/h
–640	214	57.2	15
–670	275	45	17.1
–700	288	42.4	17.5
–730	340	32	24

续表

E/mV(vs.SCE)	σ_{SCC}/MPa	I_σ/%	t_{SCC}/h
−800	324	35.2	19
−900	291	41.8	17.8
−1100	260	48	16.4
−1200	282	43.6	17.3
−1300	300	40	18

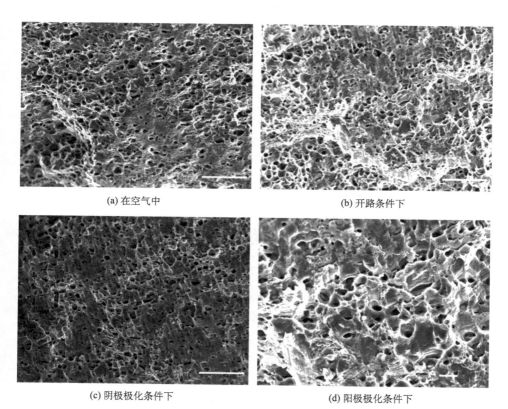

(a) 在空气中　　　　　　　　　　　　　　(b) 开路条件下

(c) 阴极极化条件下　　　　　　　　　　　(d) 阳极极化条件下

图 4-21　铝合金不同条件下形成膜后在空气中拉伸的断口形貌

3. 不同极化电位下腐蚀钝化膜引起的内应力

阳极极化时试样在溶液中浸泡前后的应力-应变曲线见图 4-22。图中虚线表示空拉超过屈服后在 A 点卸载,实线表示卸载后在 3.5%NaCl 水溶液中浸泡 12h,干燥后再在空气中拉伸,它在 B 点屈服。$\sigma_P=\sigma_F(A)-\sigma_{0.2}(B)$ 就是膜致应力。A、C 两点的应力差就是阳极极化电位为–700mV 时的膜致应力,以此类推。不同阳极极化电位–640、–670、–700 和–730mV（开路电位）对应的膜致应力 σ_P 分别为 76.3、64.5、55.7 和 35MPa。阴极极化时试样在溶液中浸泡前后的应力–应变曲线见图 4-23。不同阴极极化电位–800、–900、–1100、–1200、–1300mV 对应的膜致应力 σ_P 分别为 47、52、58、47.6 和 44MPa。从图 4-22 和图 4-23 可以看出，无论阳极极化还是阴极极化，7050 铝合金试样表层都会产生由钝化膜引起的膜致应力，其变化规律和该合金的应力腐蚀敏感性变化规律相似。

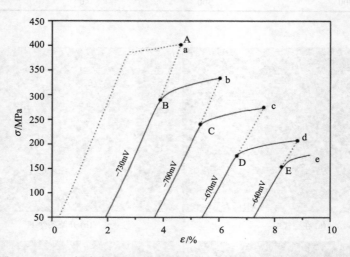

图 4-22　7050 铝合金不同阳极极化电位下浸泡前后的应力-应变曲线

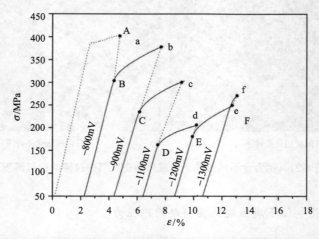

图 4-23　7050 铝合金不同阴极极化电位下浸泡前后的应力-应变曲线

根据表 4-8 的数据可以获得不同极化电位下 SCC 敏感性 I_σ 随电位的变化（图 4-24）。从图 4-24 可以看出阳极极化时膜致应力和应力腐蚀敏感性随极化电位增加而急剧上升，这是由钝化膜的组成变化引起的。阳极极化时，钝化膜比较疏松、多孔，溶液中的 Cl⁻向基体扩散的速率增加，裂纹萌生，膜层与合金基体之间的相互作用增加，进而导致膜致应力和应力腐蚀敏感性急剧上升。当阴极极化时随着极化电位的负移，膜致应力和应力腐蚀敏感性呈先上升后下降的趋势，其转折点电位–1100mV，说明在阴极极化条件下铝合金同样也会在表面形成一层钝化膜，从而产生一个附加拉应力的作用促进局部的塑性变形，而当阴极极化电位小于–1100mV 时膜致应力和应力腐蚀敏感性下降的原因是当阴极极化电位过大时阴极保护开始占主导作用。由此可见，SCC 敏感性随电位的变化和膜致应力的变化完全一致，存在一个较大的膜致应力是 7050 铝合金在 3.5%NaCl 水溶液中发生 SCC 的必要条件。

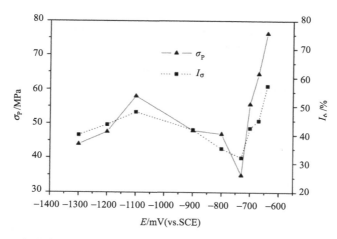

图 4-24　7050 铝合金在 3.5%NaCl 水溶液中 SCC 敏感性和膜致应力随外加电位的变化

铝合金是两性金属，当外加一个极化电位时，铝合金基体与溶液之间的电化学反应加剧，从而加速合金基体的金属离子向外迁移以及溶液中的阴离子向合金内部扩散，在这个过程中合金表面会产生钝化膜。7050 铝合金在 3.5%NaCl 水溶液中腐蚀时，在阳极极化的情况下随着极化电位的上升，离子交换的速率加快，钝化膜形成的速率上升，厚度增加；在阴极极化的情况下随着电位的正移，钝化膜形成的速率先上升后下降，–1100mV 时为转折点。应当指出，由钝化膜引起的膜致应力在整个横截面分布均匀，在膜和基体界面处存在最大值[34]。用流变应力差值法测出的膜致应力是整个试样的平均应力，它远比界面处的最大应力 $\alpha\sigma_P(\alpha>1)$ 要低，而对 SCC 过程起作用的正是界面处的应力。在 SCC 过程中钝化膜界面附近的最大应力 $\alpha\sigma_P$ 仍然存在并和外应力叠加，从而促进位错的发射、增殖和运动。有研究表明，当裂尖组态稳定后，增大外载荷就可使位错继续发射、增殖和运动。

7050 铝合金在 pH =10 的 3.5%NaCl 水溶液浸泡过程中表面形成钝化膜，从而产生一个附加应力 $\alpha\sigma_P$，它使裂尖又开始发射位错，并使已停止的位错又开始增殖和运动[35]。

　　7050 铝合金在 3.5%NaCl 水溶液中发生应力腐蚀开裂时，无论阳极极化还是阴极极化，膜致应力 $\sigma_P>0$，当膜致应力 $\sigma_P>0$ 时，应力腐蚀必然发生，σ_P 越大，SCC 敏感性越大。对于 7050 铝合金而言，在阳极极化时，随着电位的升高，σ_P 也升高，从而 SCC 敏感性也升高；阴极极化时，当极化电位大于−1100mV 时，随着电位的升高，σ_P 降低，SCC 敏感性也降低，而当极化电位小于−1100mV 时，随着电位升高，σ_P 升高，SCC 敏感性也升高，如图 4-23。由此可知，钝化膜引起的应力随外加电位的变化规律和 SCC 敏感性随电位的变化完全一致。

　　用定氢仪测试了阴极极化条件下浸泡后试样的氢浓度，测试结果如图 4-25 所示，可以看出氢含量随电位的变化与膜致应力与电位的变化趋势相一致。褚武扬[36]提出，在不锈钢的膜致应力试验中，进入基体的氢能够通过改变钝化膜的性质来影响不锈钢的膜致应力的大小。然而对于 7050 铝合金，氢究竟以何种机制影响膜致应力目前尚缺乏深入的研究。

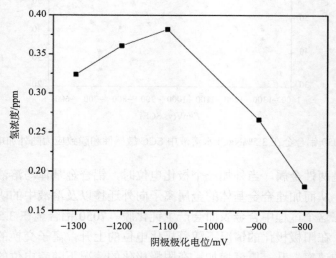

图 4-25　铝合金氢浓度随阴极极化电位的变化

4.6　pH 对高强铝合金应力腐蚀敏感性与膜致应力的影响

　　采用慢拉伸试验(SSRT)研究 pH 对 7050 铝合金应力腐蚀敏感性及膜致应力的影响。试验过程中所用试样的取样方向为短横(S-T)向。合金的应力腐蚀敏感性采用强度的损失作为度量，即 $I_t = (1 - t_{SCC}/t_F) \times 100\%$ 和 $I_\sigma = (1 - \sigma_{SCC}/\sigma_F) \times 100\%$，$\sigma_F$、$t_F$ 和 σ_{SCC}、t_{SCC} 分别表示在空气中拉伸的断裂应力和断裂时间，以及在不同 pH 的 3.5%NaCl 水溶液中浸泡 12h 后的断裂强度和断裂时间。试验之前，试样先在 5%NaOH 溶液中浸泡 1min 以除去表面的氧化膜，然后在稀硝酸溶液中清洗，最后在蒸馏水中清洗并吹干。溶液的 pH 用 NaOH 或者 H_2SO_4 调节。试样在空气中拉伸至屈服后，用上述方法除去新生成的氧化膜，然后立即放入 3.5%NaCl 水溶液中浸泡 12h 以形成钝化膜，取出吹干后再在空气中拉伸至屈服，屈服应力为 σ_S，而浸泡之前的流变应力为 σ_F，二者之差即为钝化膜产生的膜致应力，即 $\sigma_P = \sigma_F - \sigma_S$。

试验采用 PAR273A 型号电化学工作站进行电化学阻抗试验，饱和甘汞电极作为参比电极，铂电极作为辅助电极，铝合金基片作为工作电极。基片的面积为 $1cm^2$，电解液为 3.5%NaCl 溶液，体积为 $120cm^3$。试验采用的频率范围为 $10^{-2} \sim 10^5$Hz，开路电位下的正弦振幅偏差为 5mV。

4.6.1　不同 pH 下的膜致应力

7050 铝合金在不同 pH 的 3.5%NaCl 溶液中浸泡 12h 后的钝化膜形貌如图 4-26 所示。当 pH 为 1 和 14 时，试样表面开始剥落（图 4-26(a)(f)），表明试样受到了强烈的腐蚀，腐蚀的类型为剥蚀。因此，试样的表面没有钝化膜形成。而当 pH 为 7 和 9 时（图 4-26(c)(d)），钝化膜较为平整，表面没有腐蚀产物形成。当 pH 为 2 和 13 时（图 4-26(b)(e)），钝化膜较为疏松，并且凹凸不平，通常情况下，这种类型的钝化膜能够产生较大的膜致应力。

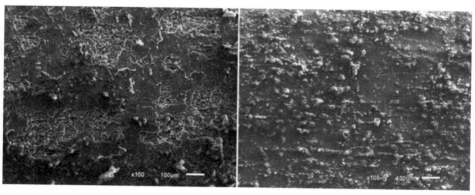

(a) pH=1　　　　　　　　　　　　　　　　(b) pH=2

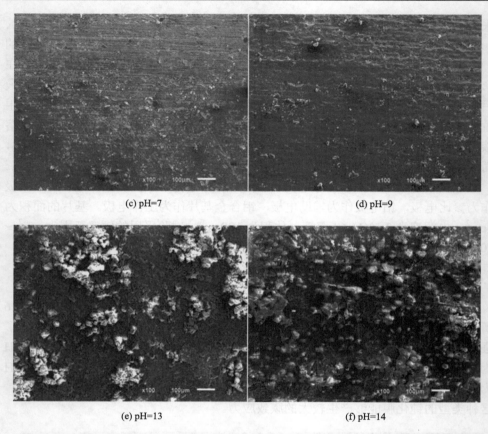

(c) pH=7　　　　　　　　　　　　　　(d) pH=9

(e) pH=13　　　　　　　　　　　　　(f) pH=14

图 4-26　铝合金试样在不同 pH 的 3.5%NaCl 溶液中浸泡 12h 后的表面形貌

　　试样在空气中拉伸的平均断裂应力和断裂时间为 σ_F=500MPa 和 t_F=42h，而在不同 pH 的 3.5%NaCl 溶液中浸泡 12h 后的断裂应力和断裂时间列于表 4-9，同时不同条件下的应力腐蚀敏感性 I_σ 和 I_t 也列于表 4-9。图 4-27 为应力腐蚀敏感性随 pH 的变化情况，尽管 I_σ 的绝对值有所差别但是它们的变化趋势基本相同，均呈现一个明显的谷状，在曲线两端（即 pH 在区间[2, 5]和[10, 13]时）应力腐蚀敏感性随电位变化较为剧烈，而 pH 在区间(5,10)较为平缓，当 pH=7 时，应力腐蚀敏感性取得最小值。

表 4-9　7050 铝合金在不同 pH 3.5%NaCl 溶液中浸泡后的应力腐蚀敏感性

pH	t_{SCC}/h	σ_{SCC}/MPa	I_t	I_σ
2	16.0	145	0.62	0.71
3	18.9	205	0.55	0.59
4	23.9	230	0.43	0.54

续表

pH	t_{SCC}/h	σ_{SCC}/MPa	I_t	I_σ
5	29.4	320	0.3	0.36
6	31.5	335	0.25	0.33
7	31.9	345	0.24	0.31
8	29.4	340	0.3	0.32
9	27.3	295	0.35	0.41
10	18.9	220	0.55	0.56
11	11.4	150	0.73	0.7
12	10.9	100	0.74	0.8
13	5.0	80	0.88	0.84

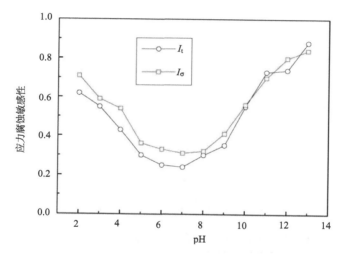

图 4-27　7050 铝合金应力腐蚀敏感性随 pH 的变化

　　试样在不同 pH 的 3.5%NaCl 溶液中浸泡前后在空气中拉伸的应力-应变曲线如图 4-28 所示，虚线表示浸泡前在空气中拉伸至屈服的曲线，试样在 A 点卸载，实线表示卸载后经过 12h 浸泡之后重新拉伸至屈服的曲线，试样在 B 点卸载。A点的流变应力和 B 点的屈服应力之间的差值就是钝化膜产生的附加应力，即 $\sigma_P = \sigma_F - \sigma_S$。膜致应力 σ_P 列于表 4-10。从图 4-28 可以看出 pH=7 和 9 时膜致应力的值较为相近，而当 pH=2 和 13 时膜致应力的值也较为相近，但与 pH=7 和 9 时的值相差较大，说明 pH=7 和 9 与 pH=2 和 13 钝化膜的类型有很大的差异。图 4-28表明膜致附加应力与外应力的方向平行并且能够协助外应力促进合金的塑性变形。膜致应力产生的应力强度因子 K_{IP} 与外应力产生的应力强度因子 K_{Ia} 叠加在一起促进位错的发射和运动，进而导致腐蚀裂纹的萌生和扩展。这一点已被 TEM

观察结果所证实[37]。

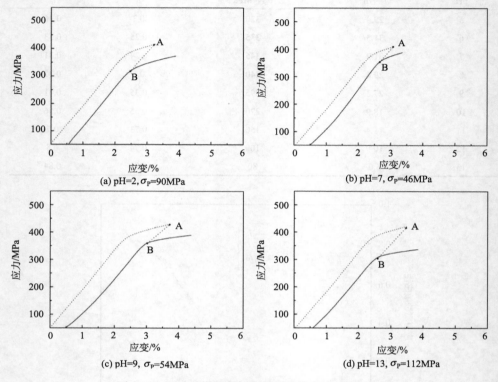

图 4-28　同一试样形成钝化膜前后的应力-应变曲线

表 4-10　不同 pH 下 7050 铝合金的腐蚀过程中产生的膜致应力

	pH										
	2	3	4	5	6	7	8	9	10	11	12	13
σ_P/MPa	90	86	71	63	49	46	46	54	76	83	96	112

　　膜致应力随 pH 的变化以及应力腐蚀敏感性随 pH 的变化如图 4-29 所示,可以看出二者随 pH 的变化具有一致性,都是呈现一个谷状曲线,并且当 pH=7 时,二者取得最小值。这说明一个较大的附加应力的产生是阳极溶解型应力腐蚀发生的必要条件。

4.6.2　电化学阻抗测试

　　本节采用电化学测试研究了钝化膜的电化学特性。电化学极化曲线测试采用标准的三电极体系,其中工作电极为 7050 铝合金电化学试样,辅助电极为铂电极,

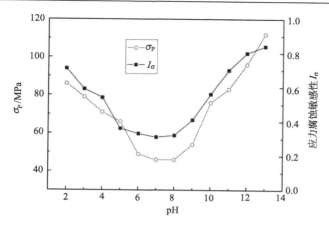

图 4-29　不同 pH 的膜致应力与应力腐蚀敏感性

参比电极为饱和甘汞电极(SCE)。将试样浸泡在腐蚀溶液中 30min 后进行动电位扫描，动电位极化的扫描电位区间为–1.4V(vs. SCE)开始到–0.3V(vs. SCE)结束，其中扫描速率为 1mV/s。阻抗测试(EIS)的激励信号是正弦波，幅值是 10mV，频率为 $10^{-5}\sim4\times10^{-2}$ Hz。试样是 1cm×1cm×0.4cm 的小方块，工作面积是 1cm²，其余面均用环氧树脂进行密封，在测试之前试样表面在水磨机上进行打磨至划痕一致，再通过抛光使表面光滑。图 4-30 表示 pH 为 2、7、9 和 13 时的 Nyquist 图。pH=7 和 9 时，Nyquist 图的高频部分呈现钝化膜的容抗弧，低频段容抗弧半径较大，阻抗模值高，当 pH=2 和 13 时，阻抗模值和容抗弧半径均明显小于 pH=7 和 9 时的值，同时 Nyquist 图具有明显的扩散控制特征，说明当 pH=2 和 13 浸泡后形成的疏松的钝化膜应力腐蚀抗性较差，而当 pH=7 和 9 浸泡后形成的平整严密的钝化膜的应力腐蚀抗性相对较好。图 4-31 为 pH 为 2、7、9 和 13 时的 Bode 图。pH=2 和 13 与 pH=7 和 9 时的 Bode 图在低频段($10^{-2}\sim10$Hz)有明显的区分，pH=2 和 13 时的 |Z| 值小于 pH =7 和 9 时的值。在中频段(10～1000Hz)时 |Z| 值急剧上升，而在高频段($10^{3}\sim10^{5}$Hz)时则较为平缓，并且各 pH 之间的差别不大。图 4-32 为相应的电化学等效电路图，其中 R_{S} 为电解质的电阻，$C_{f}\text{-}R_{f}$ 为表征铝合金表面钝化膜的组元，$C_{p}\text{-}R_{p}$ 为表征腐蚀反应的组元。各组元的参数如表 4-11 所示。拟合时，电容元件采用恒相位角元件(CPE)代替时，能够得到更好的拟合效果，CPE 的定义为[38]

$$Z_{\text{CPE}} = Z_0 \frac{1}{(\text{j}\omega)^n} \tag{4-10}$$

式中，Z_{CPE} 为恒相位角元件；ω 为角频率；j 为 $\sqrt{-1}$；Z_0、n 为常数。当 $n=1$ 时，Z_{CPE} 为理想电容；$n=-1$ 时为电感；$n=0$ 时为纯电阻；$n=0.5$ 时为 Warburg 阻抗。

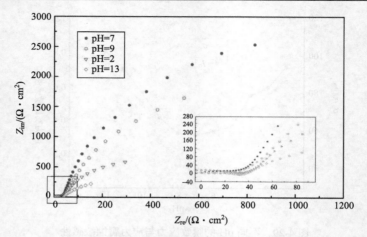

图 4-30   7050 铝合金不同 pH 时的 Nyquist 图

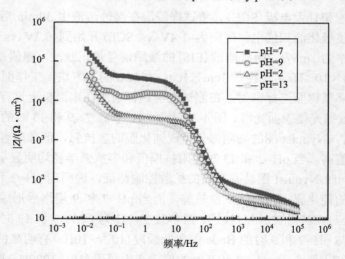

图 4-31   7050 铝合金不同 pH 时的 Bode 图

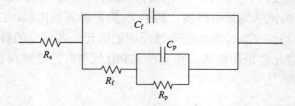

图 4-32   7050 铝合金试样在 3.5%NaCl 溶液中的等效电路

表 4-11 等效电路中各组元的电化学阻抗参数

	pH			
	2	7	9	13
$R_s/(\Omega \cdot cm^2)$	1.082	1.004	1.768	1.208
$C_f/(\mu F/cm^2)$	6.496×10^{-4}	1.511×10^{-4}	3.986×10^{-4}	2.445×10^{-3}
$R_f/(\Omega \cdot cm^2)$	7.983	3.279×10	2.135×10	2.762×10^2
$C_p/(\mu F/cm^2)$	2.365×10^{-2}	6.004×10^{-3}	1.237×10^{-2}	6.875×10^{-2}
$R_p/(\Omega \cdot cm^2)$	3.298×10^2	9.153×10^2	1.762×10^3	2.224×10^2

7050 铝合金在 3.5%NaCl 水溶液中发生阳极溶解的反应为[39]

$$Al \longrightarrow Al^{3+}+3e^- \tag{4-11}$$

$$Al^{3+}+H_2O \longrightarrow Al(OH)^{2+}+H^+ \tag{4-12}$$

或

$$Al^{3+}+3H_2O \longrightarrow Al(OH)_3+3H^+ \tag{4-13}$$

式中，$Al(OH)_3$ 为絮状物，常温下会如下分解：

$$2Al(OH)_3 \longrightarrow Al_2O_3+3H_2O \tag{4-14}$$

Al_2O_3 为黑色氧化物，当 $6\leqslant pH\leqslant9$ 时，生成的 Al_2O_3 较多，附着在铝合金基体表面形成一个平整的严密的膜层，膜层与合金基体之间的相互作用会产生一个膜致附加应力，Al_2O_3 的增多会在一定程度上减少溶液向合金基体的渗透和扩散，从而减少了溶解过程中的腐蚀速率，同时 Al_2O_3 会封住原有的腐蚀裂纹口，阻碍其继续扩展。而当 $pH\leqslant5$ 或者 $pH\geqslant10$ 时，溶液中的 H^+ 或 OH^- 离子的平衡被打破，Al_2O_3 开始溶解，溶液中的 Cl^- 向基体扩散的速率增加，裂纹萌生，铝合金基体表面的钝化膜变得疏松，膜层与合金基体之间的相互作用增加，进而导致膜致应力上升。同时溶液中还会发生少量的如下反应[40]：

$$Al(OH)^{2+}+Cl^-+H_2O \longrightarrow Al(OH)_2Cl+H^+ \tag{4-15}$$

$Al(OH)_2Cl$ 的存在也会加速腐蚀速率，导致裂纹的萌生。当 $pH=1$ 或 $pH=14$ 时，Al_2O_3 溶解速率大于其生成的速率，铝合金的基体暴露，并开始发生剥蚀，因此就没有膜层与合金基体之间的相互作用，也就没有膜致应力。

电化学阻抗测试主要表征了在不同 pH 溶液中浸泡 12h 后形成的钝化膜的抗腐蚀特性，阻抗模值和容抗弧半径越小，则腐蚀抗性越差，试样整体的应力腐蚀敏感性越高，从而导致了拉伸时的屈服强度随着应力腐蚀敏感性的升高而降低。从图 4-28 和图 4-30 可以看出屈服强度随 pH 的变化与电化学阻抗的参数随 pH 的变化趋势保持一致，说明膜致应力的存在是导致屈服强度下降的直接原因，然而膜致应力到底以何种机制降低了屈服强度，还需要更深入的研究。表 4-11 为等效电路拟合的参数值，其中 C_f 和 C_p 值越低，R_f 和 R_p 值越高，试样越容易受腐蚀，R_S 为电解质的电阻，在各个 pH 值下相差不大，均在同一个数量级。

4.7　腐蚀介质温度对高强铝合金应力腐蚀的影响

采用 7003 铝合金研究了不同腐蚀介质温度对不同热处理状态下合金应力腐蚀的影响[41]，利用水浴加热法控制 3.5%NaCl 水溶液温度分别为 30、50、70℃（±5℃）。SSRT 试验时利用加热棒控制腐蚀溶液温度为 30、50 和 70℃（±5℃）。

所用 7003 铝合金的热处理由固溶及时效两个步骤组成，本试验时效制度分为三种，分别是峰时效（PA）、双峰时效（DPA）和回归再时效（RRA），三种时效工艺见表 4-12。

表 4-12　7003 铝合金的热处理工艺

时效	参数
峰时效（PA）	470℃/2h 固溶+120℃/50h 时效
双峰时效（DPA）	470℃/2h 固溶+120℃/120h 时效
回归再时效（RRA）	470℃/2h 固溶+120℃/48h 预时效+205℃/10min 回归+120℃/48h 再时效

4.7.1　腐蚀介质温度对铝合金力学性能的影响

在进行 SSRT 拉伸试验过程中发现，当试样在腐蚀液中服役 1h 后，溶液中试样标距内冒出气泡，且越靠近溶液界面处气泡量越多，然后随着服役时间的延长，气泡越来越少，该气泡为氢气泡。腐蚀一段时间后表面形成大量白色腐蚀产物。而温度对气体生产的量和白色产物形成量有着影响：温度越高，产生氢气的量越多，产生的速率也越快，腐蚀产物越多。图 4-33 是慢应力-应变曲线，与空气中对比，7003 铝合金在不同温度腐蚀液中应变均出现大幅度的下降。且温度越高应变越低，说明温度对 7003 铝合金在氯化钠溶液中 SCC 行为确有一定影响。当温度为 50 和 70℃时，溶液中 Cl⁻ 的扩散速率会随温度提高而增大，加速了表面点蚀坑的形成，点蚀坑是最容易成为裂纹源的，通过拉应力，裂纹源不断向外扩张形成大的裂缝。因此温度越高腐蚀速率越高，应力腐蚀敏感性，也越高，且时效对延伸率的影响规律与前面耐蚀性规律一致。

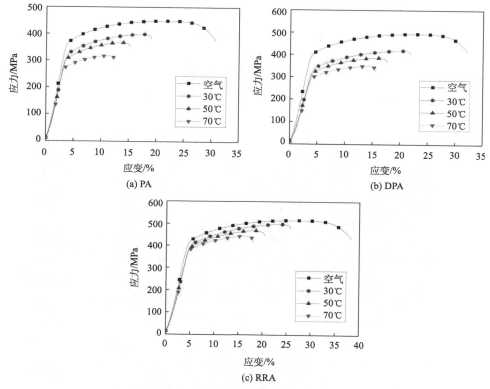

图 4-33　7003 铝合金在不同温度下应力-应变曲线

　　为了研究不同温度下产生的氢气对 SCC 的影响，选取 PA 状态下各个温度的断裂试样，将表面的腐蚀产物层打磨去除。测得去除的腐蚀层厚度 γ：30℃时为 312μm；50℃时为 404μm；70℃时为 521μm。因为表面腐蚀层为疏松多孔，气态氢不易聚集，氢气聚集在腐蚀层下方。因此氢扩散层为扩散深度减去腐蚀层厚度，根据氢的扩散经验公式[42]：

$$\delta = \sqrt{16 t D_{\text{eff}}} \times 10^6$$
(4-16)

式中，δ 为扩散深度；t 是扩散时间，这里近似试样断裂时间（分别是 15、24、30h）；D_{eff} 为扩散系数，是常数，对于 7000 铝合金取 $10^{-15}\text{m}^2/\text{s}$。通过计算 $\delta - \gamma$ 得出氢的扩散层厚度 30℃时为 608μm；50℃时为 756μm；70℃时为 791μm。因此可得出，在慢应力应变拉伸过程中氢产生并扩散到合金内部的能力随温度的上升而上升，即温度越高氢脆越严重。此外阳极溶解也是随温度升高而更剧烈，而合金在慢应力应变拉伸过程中受阳极溶解和氢脆共同作用，从而合金 SCC 敏感性也随温度升高而升高。对断裂试样进行氢含量的测定，30℃时为 0.18ppm；50℃时为 0.25ppm；70℃时为 0.41ppm。可以发现断裂试样的氢含量随温度的升高而升高，这与氢扩散层厚度成正比。

　　图 4-34 是不同时效下 7003 铝合金在空气和 30、70℃的溶液中拉伸断口形貌。空气中断口为纯韧窝状，是典型的韧性断裂。30℃和 70℃的断口变得平整。30℃时断口存在着韧窝的同时还有解理面和沿晶微孔。而 70℃合金断口最为平整，沿晶断裂特征最显著无解理面的存在。产生这一现象的原因是：当温度

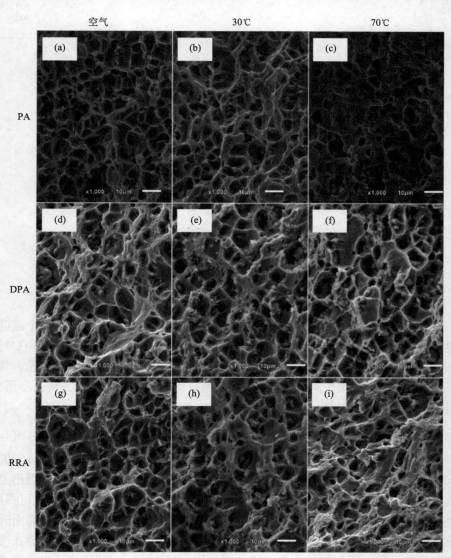

图 4-34　不同时效 7003 铝合金在不同温度腐蚀介质中的断口形貌

为相对低的 30℃时，Cl⁻扩散速率较低，反应较慢，延长了整体的反应时间，导致 Cl⁻对合金侵蚀在不同平面形成多个裂纹源（点蚀坑），然后由于力的作用向不同方向扩展至点蚀坑相连，使得截面断裂，形成解理面。而当温度提高到70℃时，整体反应速率变快，点蚀坑形成乃至裂纹的扩展也变快，缩短了整个应力腐蚀的时间，导致断裂截面最为平整。此外，观察同一温度下不同时效状态合金的断口形貌可以看出 PA 状态沿晶断裂特征明显但微孔最少，而 DPA 时效下沿晶微孔细小而多，RRA 状态下微孔最粗大。这跟不同时效下合金晶界处存在差异有关，PA 状态下晶界能最高，氢偏聚最为严重；而 DPA 晶界由于时效延长而析出相分布变化，解理面的出现表明了氢只在合金内部特定界面产生偏聚，降低了 SCC 敏感性；RRA 处理是通过回归处理溶解原本形成的析出相，并重新形成弥散的相核心后，通过时效进一步使析出相长大，粗大的析出相进一步降低了氢的偏聚从而降低 SCC 敏感性。

4.7.2　电化学腐蚀

图 4-35 是不同时效状态 7003 铝合金在不同温度的 3.5%NaCl 溶液中的动电位极化曲线，利用软件对极化曲线进行塔菲尔拟合，结果见表 4-13。结合图和拟合结果，可以看出合金的自腐蚀电位随温度和时效的改变而改变，但是改变量极小。而自腐蚀电流随时效和温度的改变呈现一定的规律，同种时效状态下自腐蚀电流随温度的升高而增大，同一温度下自腐蚀电流 PA 最大、DPA 居中、RRA 最小。腐蚀速率与自腐蚀电流的规律一致。因此由极化曲线可以得出合金耐腐蚀性随试验温度的升高而降低，随时效的加深而增强。

表 4-13　7003 铝合金在不同温度 NaCl 溶液中极化曲线拟合值

时效	温度/℃	E_{corr}/V	I_{corr}/ (A · cm²)	腐蚀速率 /(mm/a)
PA	30	−1.0648	5.1670×10⁻⁵	0.56389
	50	−1.0486	6.1432×10⁻⁵	0.67543
	70	−1.1288	9.2421×10⁻⁵	1.01345
DPA	30	−1.0911	1.9434×10⁻⁵	0.21336
	50	−1.0134	4.4733×10⁻⁵	0.48563
	70	−1.0933	5.3662×10⁻⁵	0.58124
RRA	30	−0.7434	1.3387×10⁻⁶	0.03992
	50	−1.0756	3.1125×10⁻⁶	0.01457
	70	−1.1822	1.2654×10⁻⁵	0.13582

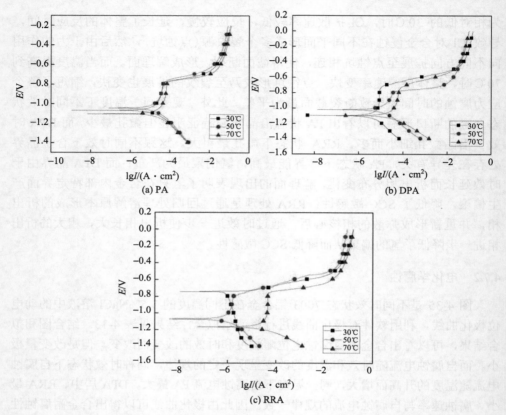

图 4-35　不同时效 7003 铝合金在不同温度 NaCl 溶液中极化曲线

　　图 4-36 是三种时效状态下 7003 铝合金在不同温度的 NaCl 溶液中的电化学阻抗谱，从三个图中可以看出容抗弧半径随着温度的升高而减小，说明合金电化学腐蚀随温度升高而变得剧烈。而对比不同时效可以看出，阻抗谱均由一个高频容抗和低频感抗组成，RRA 状态下，温度为 30℃和 50℃时感抗几乎不存在，李劲风等[43]认为合金在腐蚀的初期阶段，感抗的存在表示着腐蚀的萌生。可见 RRA 状态这两个温度下合金腐蚀初期点蚀并不严重。图 4-37 是等效电路图，其中 R_S 是溶液电阻，R_t 和 CPE_{d1}（恒相位角原件）分别是电荷转移电阻及电双层电容，用来描绘电化学阻抗谱中容抗弧，R_L 和 L 是描绘感抗弧的，拟合值由表 4-14 给出。R_S 随温度的升高而减小，说明腐蚀介质浓度随温度升高而升高，溶液电阻值减小，溶液中的电化学腐蚀速率增大。由于此溶液的腐蚀过程及拟合电路与室温下氯化钠溶液中一致。

　　通过计算得出 R_P 值随温度升高而降低，温度升高促进溶液中阴离子的移动，加速对基体的侵蚀，因此 R_P 会下降，所以在不同温度腐蚀介质中 7003 铝合金的耐腐蚀性能呈：$I_{t(30℃)} < I_{t(50℃)} < I_{t(70℃)}$；而相同温度下，PA 状态下合金 R_P 最小、DPA 居中、RRA 最高。

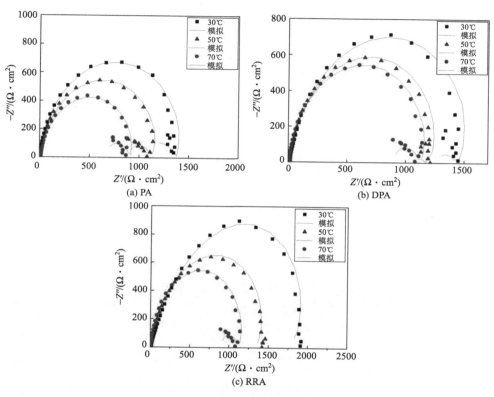

图 4-36 不同时效状态下 7003 铝合金在不同温度 NaCl 溶液中电化学阻抗谱

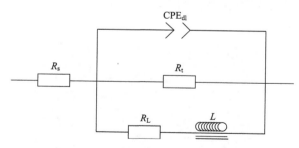

图 4-37 7003 铝合金在不同温度 NaCl 溶液中模拟电路

表 4-14　7003 铝合金在不同温度 NaCl 溶液中 EIS 拟合

时效	$t/℃$	$R_s/(\Omega \cdot cm^2)$	CPE$_{dl}$		R_t /$(\Omega \cdot cm^2)$	R_L /$(\Omega \cdot cm^2)$	L /(H/cm^2)	R_P /$(\Omega \cdot cm^2)$
			$Y_0/(\Omega^{-1} cm^{-2} s^{-n} \times 10^{-5})$	n				
PA	30	4.802	7.48	0.9243	1526	3880	2755	954
	50	4.401	4.91	0.8944	1304	2882	1288	897
	70	4.287	8.06	0.8809	1038	1857	1027	665
DPA	30	5.512	8.82	0.8514	1530	3894	3086	1098
	50	5.112	6.89	0.8941	1415	4499	2196	1076
	70	4.304	8.06	0.8809	1149	1987	1589	665
RRA	30	5.703	13.23	0.7450	2968	5026	4453	1856
	50	4.765	10.44	0.8319	1763	4922	2987	1298
	70	3.842	12.85	0.8812	1268	2308	2058	818

4.7.3　不同腐蚀介质温度下的腐蚀形貌

图 4-38(a)(b)(c)分别是时效状态为 PA 的试样在 30、50、70℃的腐蚀溶液中腐蚀 24h 之后的腐蚀形貌图。可以看出不同温度下合金的腐蚀种类是一致的，均

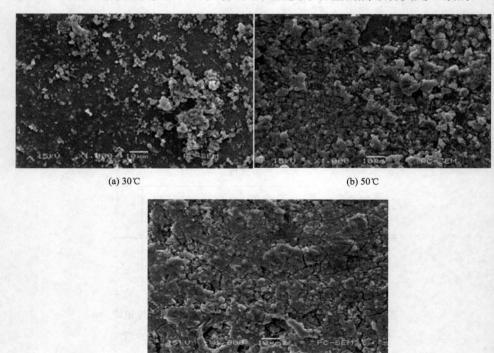

(a) 30℃　　　　　　　　　　　　　　　　(b) 50℃

(c) 70℃

图 4-38　7003 铝合金(PA)在不同温度腐蚀溶液中腐蚀 24h 之后的腐蚀形貌

因溶液高温腐蚀严重形成面腐蚀。温度为 30℃的试样表面布满腐蚀产物,但是表面几乎看不见腐蚀裂缝;而当温度上升到 50℃时,腐蚀产物也布满基体表面,另外还存在少量的腐蚀裂缝;当温度上升为 70℃时,除了腐蚀产物外,存在大量的腐蚀裂缝,这些裂缝均是由点蚀坑引起的,腐蚀液中 Cl⁻首先在合金表面侵蚀,萌生点蚀坑,然后腐蚀溶液从点蚀坑渗入合金内部,进一步形成裂纹。从三张图片中可以看出,随着温度的升高,白色腐蚀产物和裂纹都变多。在此试验中,合金化学反应随温度变化而变化,温度越高反应越剧烈。

综上所述,在 3.5%NaCl 溶液中,腐蚀介质的温度越高,7003 铝合金的电化学腐蚀速率及 SCC 敏感性越高。就时效而言,峰时效的应力腐蚀敏感性最高,其次是双峰时效,而回归再时效最佳。7003 铝合金在腐蚀液中浸泡后,合金表面存在疏松的腐蚀层,同时腐蚀层下方还有一个氢的扩散层,这一点被氢含量测定结果所验证,且氢扩散层厚度也随温度的升高而增厚。将不同温度下合金的断口形貌相比,温度越高断口越平整,说明高温导致裂纹源尽可能地聚集于同一平面。

参 考 文 献

[1] 潘复生, 张丁非. 铝合金及应用. 北京: 化学工业出版社, 2006.

[2] 韩念梅, 张新明, 刘胜胆, 等. 预拉伸对 7050 铝合金断裂韧性的影响. 中国有色金属学报, 2010, 20(11): 2088-2093.

[3] Chen S Y, Chen K H, Peng G S, et al. Effect of quenching rate on microstructure and stress corrosion cracking of 7085 aluminum alloys. Transactions of Nonferrous Metals Society of China, 2012, 22(1): 47-52.

[4] 张宇, 宋仁国, 陈小明, 等. 7xxx 系铝合金氢脆的研究现状及发展趋势. 材料导报, 2009, 23(5): 453-456.

[5] Tanner D A, Robinson J S. Residual stress magnitudes and related properties in quenched aluminum alloys. Materials Science and Technology, 2006, 22(1): 77-85.

[6] Jing C, Hsueh L, Wern D. Effect of heat treatments on the tensile strength and SCC-resistance of AA7050 in an alkaline saline solution. Corrosion Science, 2006, 48: 3139-3156.

[7] 祁星, 宋仁国, 王超, 等. 阴极极化对 7050 铝合金应力腐蚀行为的影响, 中国有色金属学报, 2014, 24(3): 631-636.

[8] 宋仁国, 张宝金, 曾梅光. 7175 铝合金的应力腐蚀与晶界 Mg 偏析的作用. 金属学报, 1997, 33(6): 595-601.

[9] Adler P N. Influence of microstructure on the mechanical properties and stress corrosion susceptibility of 7075 aluminum alloy. Metallurgical Transcactions, 1972, 3(2): 3191-3200.

[10] 刘继华, 李荻, 张佩芬. 氢对 LC9 高强铝合金应力腐蚀断裂的影响. 中国腐蚀与防护学报, 2002, 22(5): 308-310.

[11] Ou B L, Yang J G, Wei M Y. Effect of homogenization and aging treatment on mechanical

properties and stress corrosion cracking of 7050 alloys. Metallurgical and Materials Transactions A, 2007, 38: 1760-1773.

[12] Wang D, Ma Z Y. Effect of pre-strain on microstructure and stress corrosion cracking of over-aged 7050 aluminum alloy. Journal of Alloy and Compounds, 2009, 469(1/2): 445-450.

[13] Qi X, Song R G, Qi W J, et al. Effects of polarization on mechanical properties and stress corrosion cracking susceptibility of 7050 aluminum alloy. Corrosion Engineering, Science and Technology, 2014, 49: 643-650.

[14] Qi X, Jin J R, Dai C L, et al. A study on the susceptibility to SCC of 7050 aluminum alloy by DCB specimens. Materials, 2016, 9(11): 884-894.

[15] Imamura T. Current status and trend of applicable material technology for aerospace structure. Journal of Japan Institute of Light Metals, 1999, 49(7): 302-309.

[16] Li J F, Peng Z W, Li C X, et al. Mechanical properties, corrosion behaviors and microstructure of 7075 aluminum alloy with various aging statements. Transactions of Nonferrous Metals Society of China, 2008, 18: 755-762.

[17] 宋仁国, 张宝金, 曾梅光. 高强铝合金晶界偏析与氢致断裂机理的研究. 航空材料学报, 1997, 17(1): 31-38.

[18] 吕宏, 郭献忠, 高克玮, 等. α-Ti 在甲醇中应力腐蚀和膜致应力的研究. 自然科学进展, 2000, 10(8): 729-733.

[19] 郭献忠, 高克玮, 乔利杰, 等. 黄铜应力腐蚀敏感性及其与脱锌层拉应力的对应性. 金属学报. 2000, 36(7): 753-756.

[20] Deshais G, Newcomb S B. The influence of microstructure on the formation of stress corrosion cracks in 7xxx series aluminum alloys. Materials Science Forum, 2000, 331-337: 1635-1640.

[21] Tsai W T, Duh J B, Yeh J J, et al. Effect of pH on stress corrosion cracking of 7050-T7451 aluminum alloy in 3.5 wt% NaCl solution. Corrosion, 1990, 46(6):444-449.

[22] Braun R. Slow strain rate testing of aluminum alloy 7050 in different tempers using various synthetic environment. Corrosion, 1997, 53(6): 467-474.

[23] 祁星, 宋仁国, 祁文娟, 等. 7050 铝合金在 EXCO 溶液中的腐蚀与氢脆对拉伸性能的影响. 稀有金属材料与工程, 2015, 44(11): 2852-2856.

[24] 金骥戎, 宋仁国, 代春丽, 等. 时效、阴极极化对 7050 铝合金应力腐蚀敏感性的影响. 材料热处理学报, 2015, 36(3):90-95.

[25] 陈文敬. 高强铝合金应力条件下的腐蚀行为及其电化学行为研究. 长沙: 中南大学, 2008.

[26] Song R G, Tseng M K, Zhang B J. Aging characteristics, stress corrosion behavior and role of Mg segregation in 7175 high-strength aluminum alloy. Journal of Materials Science and Technology, 1998, 14: 259-263.

[27] 戴晓元, 夏长清, 刘昌斌, 等. 固溶处理及时效对 7xxx 铝合金组织与性能的影响. 材料热处理学报, 2007, 28(4): 59-63.

[28] Li D, Liu J H, Liu P Y, et al. Effect of ageing treatment on mechanical and corrosion properties of 7075 aluminum alloy. Materials Science Forum, 2002: 1497-1504.

[29] Yue T M, Lan L J, Dong C F, et al. Stress corrosion cracking behavior of laser treated aluminum alloy 7075 using a slow strain rate test. Material Science & Technology, 2005, 21: 961-965.

[30] 程远, 俞宏英, 王莹, 等. 应变速率对 X80 管线钢应力腐蚀的影响. 材料工程, 2013, 3: 77-82.

[31] Qi X, Song R G, Qi W J, et al. Correspondence between susceptibility to SCC of 7050 aluminum alloy and passive film induced stress at various pH values. Journal of Wuhan University of Technology-Materials Science Edition, 2017, 32(1): 173-178.

[32] Song R G, Zhang B J, Tseng M K. Role of grain boundary segregation in corrosion fatigue process of high strength aluminum alloy. Materials Chemistry and Physics, 1996, 45(1): 84-87.

[33] Ringer S P, Hono K. Microstructural evolution and age hardening in aluminum alloys: atom probe field-ion microscopy and transmission eledtron microscopy studies. Materials Characterization, 2000, 44: 101-103.

[34] Guo X Z, Gao K W, Qiao L J, et al. The correspondence between susceptibility to SCC of brass and corrosion-Induced tensile stress with various pH values. Corrosion Science, 2002, 44: 2367-2378.

[35] Chen H, Guo X Z, Chu W Y, et al. Martensite caused by passive film-induced stress during stress corrosion cracking in type 304 stainless steel. Materials Science & Engineering A, 2003, 358(1-2):122-127.

[36] 褚武扬. 氢损伤与滞后断裂. 北京: 冶金工业出版社, 1988.

[37] Li J X, Chu W Y, Wang Y B, et al. In situ TEM study of stress corrosion cracking of austenitic stainless steel. Corrosion Science, 2003, 45(7): 1355-1365.

[38] 李劲风, 郑子樵, 张昭, 等. 铝合金剥蚀过程的电化学阻抗谱分析. 中国腐蚀与防护学报, 2005, (1):49-53.

[39] Guseva O , Schmutz P , Suter T , et al. Modelling of anodic dissolution of pure aluminium in sodium chloride. Electrochimica Acta, 2009, 54(19):4514-4524.

[40] Oliveira A F , Barros M C D , Cardoso K R , et al. The effect of RRA on the strength and SCC resistance on AA7050 and AA7150 aluminium alloys. Materials Science & Engineering A, 2004, 379(1-2):321-326.

[41] 张晓燕. AA7003 在不同腐蚀环境下的应力腐蚀行为及其敏感性研究. 常州: 常州大学, 2017.

[42] Kamoutsi H, Haidemenopoulos G N, Bontozoglou V, et al. Corrosion-induced hydrogen embrittlement in aluminum alloy 2024. Corrosion Science, 2006, 48(5): 1209-1224.

[43] 李劲风, 曹发和, 张昭, 等. 铝合金剥蚀敏感性及其定量研究方法. 中国腐蚀与防护学报, 2004, 24(1): 55-58.

第 5 章　高强铝合金的氢脆

5.1　引　　言

氢引起材料损伤的形式是多种多样的，如氢致塑性损失(即氢脆)、氢致不可逆损伤、高温氢腐蚀、氢化物相的产生和氢致滞后开裂等[1-6]。氢损伤既是一个理论课题，又是一个重大的工程实际问题，与此相关的质量事故和工程断裂事故屡见不鲜。所以，发展具有良好抗氢损伤性能的新材料以及新工艺是急待解决的实际问题。大多数材料工作者认为应力腐蚀开裂(SCC)主要是氢致断裂过程[7,8]，所以氢脆问题一直受到广泛的重视。在恒载荷条件下，原子氢通过应力诱导扩散富集到临界值后就引发氢致裂纹的形核、扩散从而导致应力断裂的现象称为氢致滞后开裂。褚武扬等[9]在对 7000 系在内的多种材料研究时，提出了氢促进裂纹尖端塑性变形的理论。褚武扬等认为，当合金的强度和 K_I 均大于临界值时，氢环境会导致裂纹前端的塑性区尺寸及变形量随时间而增加，即发生了氢致滞后变形。该形变达到一定程度时，就会导致氢致滞后开裂和 SCC。

原子间存在排斥力和吸引力，当互作用能(势)处于最小值时，原子分布就处于平衡状态。早期 Troiano[10]对氢在钢件中的行为进行研究时首先提出了弱键理论，他认为在裂纹尖端存在三向应力区时，应力梯度易造成氢向裂尖的长程扩散，使裂尖处发生局部氢的富集，造成原子间的键合力下降。当偏聚达到一定浓度时，材料就会在较低的应力下发生破坏。尽管氢降低原子键合力的物理本质目前还并不十分清楚，而且没有直接的实验证明氢能使原子键合力大幅度下降，但氢能降低原子键合力似乎已经被广为接受。Viswanadham 等[11]最早提出了"Mg-H"复合体理论，认为晶界上存在着过量的自由 Mg。过量的自由 Mg 易与 H 形成"Mg-H"复合体，造成了晶界上固溶氢的增加形成氢的偏聚，使得晶界的结合能下降，从而促进了裂纹的扩展。这个机理是目前较为认可的机理。

曾梅光[12]曾用二次离子质谱分析了不同时效处理的 7075 铝合金应力腐蚀晶界断裂面上的 Mg、H 成分，发现 Mg 和 H 的浓度都随剥离深度的增加而减少，然后趋于稳定，即晶界上有 Mg、H 偏析。此外，晶界断裂面上的 Mg 和 H 浓度都随时效时间依次减少，且 Mg 偏析愈多，H 偏析也愈多，这表明 Mg 和 H 之间存在较强的相互作用。

宋仁国等[13]采用准化学理论，从理论上研究了 Mg、H 偏析对 7075 铝合金沿晶断裂功的影响。计算结果表明，随着 Mg、H 偏析浓度的增加，沿晶断裂功下降百分数随之增大，即沿晶断裂功随之下降。并且还发现，Mg、H 同时偏析导致的沿晶断裂功下降量略小于 Mg、H 分别偏析时而导致的沿晶断裂功下降量的叠加。由此充分说明 Mg 原子与 H 原子之间的相互作用较 Al 原子和 H 原子之间的相互作用强，即 Mg 与 H 有可能形成复合体。尽管"Mg-H"复合体理论已经得到了充分的实验证实，但两者之间究竟以何种方式相互作用而导致脆化，尚有待于进一步的研究。

5.2　充氢时间对高强铝合金氢脆敏感性的影响

充氢时间是影响试样氢浓度的重要工艺参数，按照经验，随着充氢时间的延长，初始阶段试样中氢的浓度迅速增大，随后逐步趋于稳定接近于饱和状态。

试验中，通常采用预充氢的方式来研究高强铝合金的氢脆效应，这样能够一定程度的减轻阳极溶解的存在。因为位错的关系，不同的热处理方式对铝合金预充氢的效果也存在影响[14-16]，这可以通过定氢的方式来宏观地确定。本章首先研究了不同充氢时间对高强铝合金氢脆敏感性的影响。

试验所采用的 7050 铝合金热处理方式为：固溶处理，将合金在 470℃保温120min 后室温水淬火；时效处理，分为欠时效、峰时效和过时效 3 种时效制度，欠时效是合金固溶处理后，再在 135℃保温 8h，峰时效和过时效处理和上述过程相同，保温时间分别为 16h 和 24h。充氢试验采用电化学阴极充氢法，试样为阴极，铂作为阳极，电源为 HDY-Ⅱ恒电位仪，电解液成分为 2mol/L H_2SO_4 水溶液加微量 As_2O_3 毒化剂。毒化剂的作用是使氢在金属上的超电位升高，阻碍氢原子结合成氢分子，使得氢进入金属的机会增加。充氢电流密度控制在 $(20±1)\,mA/cm^2$，充氢时间分别为 0、6、12、18、24h。为了避免氢散失造成的误差，在充氢完毕5h 进行拉伸试验。试样拉伸前先用 1200#砂纸打磨去掉表面的氧化物层，然后用丙酮清洗，再用蒸馏水清洗并吹干。

图 5-1 是不同时效状态和不同充氢时间的 7050 铝合金慢应变速率拉伸曲线。由图可以看出，相同充氢条件下，不同时效状态的合金的抗拉强度：峰时效最高，过时效次之，欠时效的抗拉强度最低；而延伸率则是：过时效的延伸率略大于峰时效，欠时效延伸率最低。合金经过峰时效处理后其抗拉强度有了很大的提高，但是延伸率相对较低；过时效处理的合金其延伸率较高，但是牺牲了一定的抗拉强度；欠时效由于时效时间不足导致延伸率和强度都不理想。预充氢则使得合金抗拉强度明显下降，且充氢时间越长，抗拉强度下降越明显。

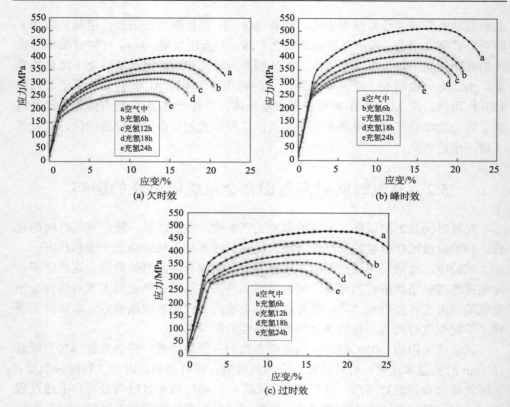

图 5-1　不同热处理状态的 7050 铝合金在不同充氢时间下的应力-应变曲线

　　图 5-2 为不同时效状态和不同充氢时间合金的氢含量曲线，根据应力腐蚀敏感性计算公式对试验数据进行处理绘得合金氢脆敏感性(I_{HE})曲线，见图 5-3。由图 5-2、图 5-3 可以看出，试样充氢时间越长，氢含量越高，I_{HE} 值越大；相同充氢时间下，氢含量随时效程度的加深而下降，并且欠时效 I_{HE} 值最大，峰时效 I_{HE} 值居中，过时效 I_{HE} 值最小。根据 I_{HE} 定义可知：I_{HE} 值越大，合金氢脆敏感性就越大，即欠时效具有较高的氢脆敏感性，峰时效氢脆敏感性居中，过时效最低，并且延长充氢时间会增加合金的氢脆敏感性。按照我们之前的研究[17-20]，合金经固溶后的淬火处理，将导致大量位错在晶界附近生成，而位错是氢的陷阱，合金预充氢时产生的氢吸附在金属表面并向合金内部扩散和迁移，进入合金内部的氢将在位错处钉扎并大量聚集，氢在晶界处发生偏聚并加速了裂纹的扩展，合金氢脆明显。不同的时效制度下位错密度是不一样的，过时效处理能减轻或消除一部分位错密度，而欠时效、峰时效处理对位错密度的改变较小，这就能解释相同充氢时间下，过时效处理的合金中氢含量低于峰时效及欠时效，故而氢脆敏感性相对最小。

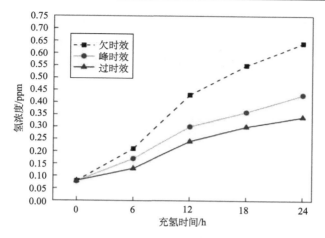

图 5-2　不同时效状态 7050 铝合金充氢后的氢含量

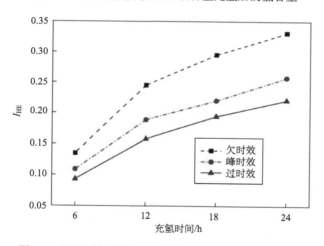

图 5-3　不同时效状态 7050 铝合金充氢后的氢脆敏感性

采用 Digaku D/max-2500 型 X 射线衍射仪(XRD)对不同充氢条件的铝合金试样进行 X 射线衍射数据收集,采用铜靶 K_α 光源辐射,波长为 0.154056nm,管电压 40kV,管电流 100mA,扫描范围是 20°～90°,步进 0.02°,速度是 4°/min。得到合金的 XRD 数据后结合 MDI Jade 软件分析数据,计算出晶胞点阵参数 L。

由图 5-4 可以看出,欠时效状态下的合金 XRD 衍射图谱主要是由 α(Al)组成,$MgZn_2$ 衍射峰很弱,在图谱上显示不明显,随着时效程度的加深,XRD 图谱上能观察到较明显的 $MgZn_2$ 的衍射峰。图中还可以观察到衍射峰的位置随着充氢时间的延长有向低角度移动的趋势,依据布拉格衍射理论和晶体学理论,可以推测晶格参数在变大。这可能是由于充氢时间的延长,氢扩散进入合金增多并在晶界附近偏聚，使得基体发生晶格畸变，因而其点阵常数扩大。根据 XRD 数据并结合 MDI Jade 软件计算出不同时效状态及充氢时间的合金试样基体的点阵常数，如表 5-1 所示。表 5-1 的结果证实了上述推测，即基体的点阵常数随着氢含量的增加而增加。

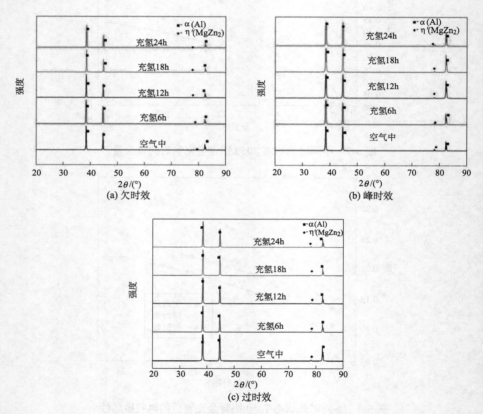

图 5-4 不同时效状态下 7050 铝合金的 XRD 图谱

表 5-1 不同时效状态和充氢时间的 7050 铝合金的点阵常数

时效状态	充氢时间/h	氢浓度/ppm	晶格常数/nm
欠时效	0	0.08	0.405208
	6	0.21	0.405226
	12	0.43	0.405276
	18	0.55	0.405282
	24	0.64	0.405297

续表

时效状态	充氢时间/h	氢浓度/ppm	晶格常数/nm
峰时效	0	0.079	0.405165
	6	0.17	0.405182
	12	0.30	0.405235
	18	0.36	0.405249
	24	0.43	0.405262
过时效	0	0.078	0.405159
	6	0.13	0.405173
	12	0.24	0.405222
	18	0.30	0.405234
	24	0.36	0.405246

　　图 5-5～图 5-7 为不同时效状态和不同预充氢时间的拉伸断口 SEM 形貌。在空气中拉伸时 3 种时效状态下的断口均为韧窝型，欠时效的断口韧窝形状不规则，峰时效的断口大小差异明显并伴有少量的夹杂物，过时效则有少量的大尺寸韧窝出现。预充氢 12h 后的断口开始转为脆性韧窝并且脆化的程度不一，其中欠时效脆化最为明显并且出现一些准解理面。预充氢 24h 后，欠时效的断口形貌为沿晶

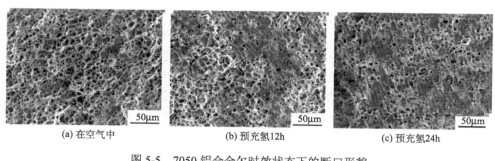

(a) 在空气中　　　　　　　　(b) 预充氢12h　　　　　　　　(c) 预充氢24h

图 5-5　7050 铝合金欠时效状态下的断口形貌

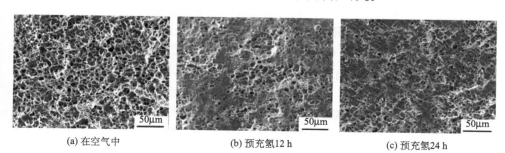

(a) 在空气中　　　　　　　　(b) 预充氢12 h　　　　　　　　(c) 预充氢24 h

图 5-6　7050 铝合金峰时效状态下的断口形貌

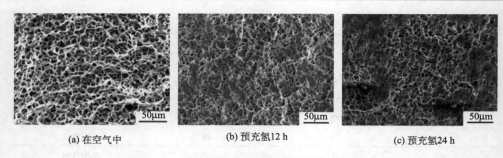

(a) 在空气中　　　　　(b) 预充氢12 h　　　　　(c) 预充氢24 h

图 5-7　7050 铝合金过时效状态下的断口形貌

开裂，峰时效为沿晶、解理混合开裂，过时效则以准解理开裂为主，并伴有少量的沿晶开裂。通过以上观察发现，充氢和时效对 7050 铝合金的断口形貌均有一定的影响，总的趋势是随着充氢时间增加，合金的脆化程度也随之加深；欠时效脆化最明显，峰时效居中，过时效最不明显。这一观察结果与前面数据得出的结论一致。

5.3　充氢电流密度对高强铝合金氢脆敏感性的影响

电流密度是充氢过程中的重要工艺参数之一，它决定了充氢速率、充氢量进而影响试样中氢的浓度。我们之前的研究表明[21]，在相同的充氢时间下试样的氢含量随充氢时电流密度的增大而快速升高，但当电流密度大于 30mA/cm^2 之后，氢含量的增速并不明显。因此综合充氢的效果与节约电能方面考虑，本章最大电流密度定为 30mA/cm^2。阴极充氢在室温下进行，充氢电流密度分别为 5、10、20、30mA/cm^2（±1mA/cm^2），充氢时间为48h。为了避免氢散失造成的误差，在充氢完毕 5h 内进行拉伸。电解液成分为 2mol/L H$_2$SO$_4$ 水溶液加微量 As$_2$O$_3$ 毒化剂。

可采用定氢仪测量试样中的氢浓度，本试验中氢含量的测定采用 EMGA-621 型定氢仪，以石墨坩埚为加热体，通过脉冲加热低电压、高电流迅速升温。坩埚在高温下脱气去除杂质。样品在载气氩气流中先低温去除表面氢，然后在较高的温度下熔融后进入热导检测器进行检测，分析结果由仪器直接读出。

不同时效状态的 7050 铝合金在不同充氢电流密度下充氢 48h 后的慢拉伸曲线见图 5-8。由图可以看出，相同充氢条件下不同时效状态的合金的抗拉强度：峰时效最高，过时效次之，欠时效的抗拉强度最低；而延伸率则是：过时效的延伸率略大于峰时效，欠时效延伸率最低。这说明合金经过峰时效处理后其抗拉强度有了很大的提高但是延伸率相对较低，过时效处理的合金其延伸率较高但是牺牲了一定的抗拉强度，欠时效由于时效时间不足导致延伸率和强度都不理想。存在这种差异是由于时效过后晶粒内部的结构发生了不同程度的改变[22]，对于欠时效状态的铝合金，晶粒内部主要是脱溶 GP 区（溶质原子的偏聚区），过时效状态的铝合金的晶内析出相为 η 相粒子，峰时效主要沉淀组织则是 GP 区和 η′相。Song 等[23]的研究表明 7000 铝合金中，当基体组织刚刚出现 η′相时，合金强度最高，因此峰时效处理后的铝合金具有最高抗拉强度。相同时效状态的 7050 铝合金在充氢后拉伸，其合金抗拉强度明显下降，且充氢电流密度越大，抗拉强度下降越明显。这是因为氢通过预充氢被引进试样中，并使合金发生氢脆，其机械性能下降。

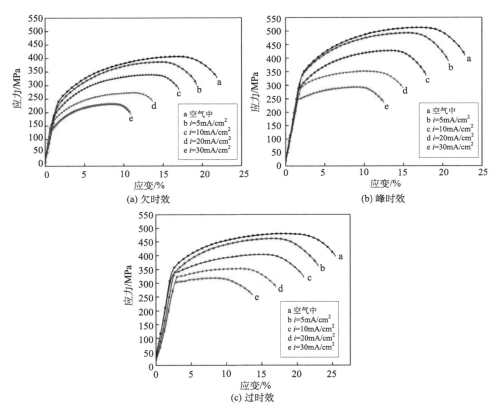

图 5-8 不同时效状态、不同充氢电流密度下 7050 铝合金的拉伸曲线

不同时效状态下的 7050 铝合金在不同充氢电流密度下的氢浓度见表 5-2，氢浓度随充氢电流密度的变化见图 5-9。由图 5-9 可以看出，在相同充氢条件下欠时效试样的氢浓度高于峰时效，过时效氢浓度最低。图 5-10 为不同充氢电流密度下合金的氢脆敏感性曲线，图中显示，合金试样的 I_{HE} 值随着电流密度的增大而增大，且在相同的充氢条件下，试样中的 I_{HE} 值随着时效程度的加深而下降。由 I_{HE} 定义可知：I_{HE} 值越大，合金氢脆敏感性就越大，即欠时效具有较高的氢脆敏感性，峰时效氢脆敏感性居中，过时效最低，并且增大充氢电流密度会增加合金的氢脆

敏感性。同一时效状态下，充氢电流密度增大，进入合金的氢增多，研究表明[24]金属中的氢能促进位错的发射、增殖和运动，从而促进局部塑性变形，进而促进氢致裂纹的形核和扩展，并且，合金中的氢会在晶界上附近富集，使得晶界的原子结合力及结合能下降，从而引起氢脆，合金中氢浓度越高，氢脆敏感性越高。

表 5-2　7050 铝合金的不同充氢条件下的氢浓度及氢致附加应力

时效状态	电流密度 /(mA/cm²)	氢浓度 /×10⁻⁴% （质量分数）	氢致附加应力 /MPa
欠时效	5	0.21	19.65
	10	0.37	34.94
	20	0.59	55.73
	30	0.71	69.86
峰时效	5	0.15	13.75
	10	0.26	22.42
	20	0.42	38.95
	30	0.51	48.12
过时效	5	0.11	9.89
	10	0.19	18.01
	20	0.30	27.67
	30	0.36	33.51

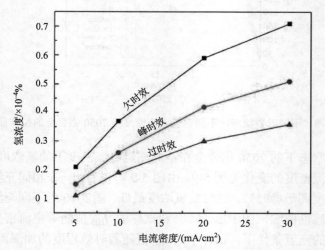

图 5-9　7050 铝合金氢浓度随充氢电流密度的变化

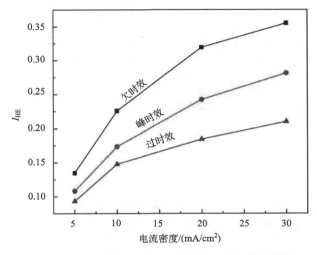

图 5-10　不同时效状态 7050 铝合金的氢脆敏感性

图 5-11～图 5-13 为不同时效状态和不同充氢电流密度的拉伸断口 SEM 形貌。在空气中拉伸时三种时效状态下的断口均为韧窝型，欠时效的断口韧窝形状不规则，峰时效的断口大小差异明显并伴有少量的夹杂物，过时效则有少量的大尺寸韧窝出现。充氢电流密度为 5mA/cm² 时的断口开始脆化，韧窝尺寸变小、变浅，并且脆化的程度不一，其中欠时效脆化最为明显，呈以穿晶准解理为主的断裂形貌。充氢电流密度增大至 20mA/cm² 时，欠时效的断口形貌转变为沿晶开裂，峰时效为沿晶、解理混合开裂，过时效则以准解理开裂为主，并伴有少量的沿晶开裂。通过以上观察发现，充氢电流密度和时效对 7050 铝合金的断口形貌均有一定的影响，总的趋势是随着充氢电流密度的增大，合金的脆化程度也随之加深；欠时效脆化最明显，峰时效居中，过时效最不明显。这一观察结果与前面数据得出的结论一致。

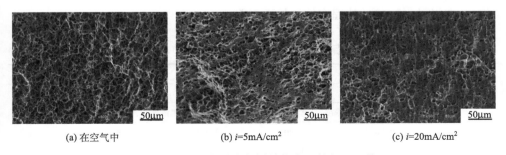

(a) 在空气中　　　　　(b) i=5mA/cm²　　　　　(c) i=20mA/cm²

图 5-11　7050 铝合金欠时效状态下的断口形貌

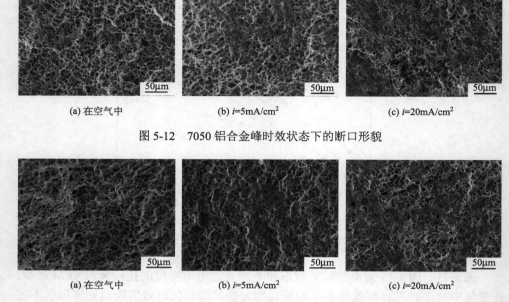

(a) 在空气中　　　　　　(b) i=5mA/cm²　　　　　　(c) i=20mA/cm²

图 5-12　7050 铝合金峰时效状态下的断口形貌

(a) 在空气中　　　　　　(b) i=5mA/cm²　　　　　　(c) i=20mA/cm²

图 5-13　7050 铝合金过时效状态下的断口形貌

5.4　双峰时效制度下高强铝合金的氢脆特性

课题组的张宇[25]采用 7075 铝合金研究了充氢对高强铝合金双峰时效下氢脆敏感性的影响。所用 7075 铝合金的热处理制度如下：固溶温度为 470℃，固溶时间为 120min，然后在 120℃下分别时效 10、32、75、128 和 180h。

充氢试样的定氢结果如表 5-3（电流密度（20±1）mA/cm²）所示。结果表明，各种时效制度下，充氢试样的氢含量均随充氢时间的延长而增加；在相同的充氢时间下，充氢量则随着时效程度的加长而下降。

表 5-3　7075 铝合金充氢量（电流密度：（20±1）mA/cm²）　（单位：ppm）

充氢时间	时效时间									
	10h		32h		75h		128h		180h	
	氢浓度	充氢量	氢浓度	充氢量	氢浓度	充氢量	氢浓度	充氢量	氢浓度	充氢量
0h	0.223	0.000	0.185	0.000	0.180	0.000	0.173	0.000	0.178	0.000
2h	0.343	0.120	0.294	0.109	0.277	0.105	0.264	0.091	0.260	0.900
4h	0.445	0.222	0.371	0.186	0.356	0.164	0.317	0.144	0.320	0.151
6h	0.589	0.366	0.431	0.246	0.401	0.215	0.372	0.199	0.378	0.189

　　7075 铝合金充氢后的慢应变拉伸试验结果如表 5-4 所示。由表 5-4 可知，合金强度存在"双峰"特征。首先，充氢前后合金的强度性能具有时效"双峰"特征，且在不同的充氢条件下，第二峰(时效 128h)的断裂强度都比第一峰(时效 32h)的略高，欠时效(时效 10h)的最低。同时，充氢使得合金在三种时效状态的断裂强度均有所下降，但第二峰处合金断裂强度的下降程度明显比第一峰小。图 5-14 是充氢试样与未充氢试样的断裂强度随充氢时间变化的规律，从此图可更直观地得出上述结论。其次，充氢使得合金塑性发生了变化。材料是否发生脆化，取决于断裂前后塑性变形量的大小，而延伸率损失率 δ_{loss} 则是反映这一性能的指标之一，δ_{loss} 越大说明损失越严重。从表 5-4 的 δ_{loss} 比较可以看出，充氢对三种不同时效状态的合金均造成程度不同的脆化作用。图 5-15 是充氢时间对 7075 铝合金延伸率的影响变化规律，可见，欠时效(时效 10h)的脆化现象相对比较严重，第一峰时效次之，第二峰时效最轻。由上说明第二峰时合金具有低氢脆敏感性的优异性能。

表 5-4　充氢前后 7075 铝合金的机械性能(应变速率：$10^{-6}s^{-1}$)

时效制度	充氢时间/h	$\sigma_{0.2}$/MPa	σ_k/MPa	δ/%	δ_{loss}/%
10h	0	479	529	13.1	0
	2	431	488	11.1	15.2
	4	417	470	10.9	16.8
	6	413	460	10.5	19.6
32h	0	487	547	14.6	0
	2	454	511	12.8	12.3
	4	440	498	12.5	14.6
	6	454	487	12.1	16.7
75h	0	470	531	12.8	0
	6	425	474	10.6	17.1
128h	0	499	551	13.3	0
	2	482	535	12.4	6.9
	4	474	518	12.0	10.1
	6	469	510	11.7	12.1
180h	0	468	523	12.9	0
	6	420	468	10.8	16.3

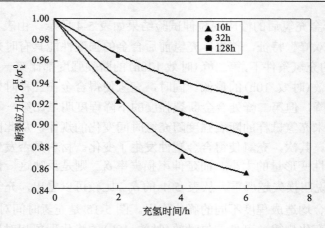

图 5-14　充氢对 7075 铝合金断裂强度的影响

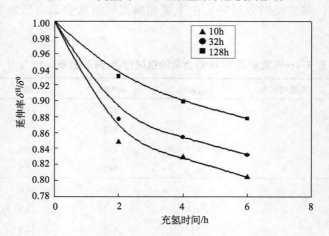

图 5-15　充氢对 7075 铝合金延伸率的影响

　　表 5-5 和表 5-6 是在其他两个应变速率拉伸下的合金机械性能，比较表 5-4 相对应的 10h 和 32h 中的数据，无论是 10h 还是在 32h，δ_{loss} 都随着应变速率的减小而增大，而我们知道 δ_{loss} 越大说明损失越严重，即氢脆敏感性越大。因此，可以判定 7075 铝合金的氢脆敏感性随着应力的增大而减小。

表 5-5　充氢前后 7075 铝合金的机械性能（应变速率：$5\times10^{-7}\text{s}^{-1}$）

时效制度	充氢时间/h	$\sigma_{0.2}$/MPa	σ_k/MPa	δ/%	δ_{loss}/%
10h	0	475	525	12.5	0
	4	410	466	10.0	20.0
32h	0	480	543	14.0	0
	4	434	490	11.9	15.0

表 5-6　充氢前后 7075 铝合金的机械性能(应变速率：$10^{-7} s^{-1}$)

时效制度	充氢时间/h	$\sigma_{0.2}$/MPa	σ_k/MPa	δ/%	δ_{loss}/%
10h	0	471	527	11.7	0
	4	412	459	8.8	24.8
32h	0	480	539	12.8	0
	4	435	485	10.7	16.4

图 5-16～图 5-18 为不同充氢时间和时效条件下的拉伸断口形貌。未充氢（图 5-16）时，三种时效制度下，断口形貌均有比较明显的韧窝，其中第二峰时效（时效 128h）最多。三者断裂以沿晶断裂为主，第一峰时效（32h）时出现沿晶解理，其脆性明显大于第二峰时效。充氢 2h（图 5-17）时，三种时效制度下，断口形貌还有韧窝出现，但明显减少。断裂仍以沿晶为主，开始出现穿晶迹象。尤其是欠时效（10h），开始出现明显的脆化迹象。第一峰时效形变量的下降也比第二峰时效更为显著。充氢 6h（图 5-18）时，三种时效制度下，欠时效出现明显的穿晶断裂，并伴有二次裂纹，第一峰时效出现穿晶准解理。但第二峰时效仍以沿晶断裂为主，且保持着一定量的平坦韧窝，可见此时脆性最小。

(a) 10h时效　　　　　　　　(b) 32h时效　　　　　　　　(c) 128h时效

图 5-16　未充氢试样的拉伸断口形貌

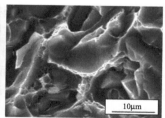

(a) 10h时效　　　　　　　　(b) 32h时效　　　　　　　　(c) 128h时效

图 5-17　充氢 2h 试样的拉伸断口形貌

| (a) 10h时效 | (b) 32h时效 | (c) 128h时效 |

图 5-18   充氢 6h 试样的拉伸断口形貌

通过以上观察发现，充氢和时效对 7075 铝合金的断口形貌均有一定的影响。总的趋势是随着充氢时间的增加，合金的脆化程度也随之严重；而脆化增加以欠时效最为敏感，第一峰时效居中，第二峰时效最不敏感。这观察结果与慢应变拉伸数据得出的结论一致并且与 5.2 节、5.3 节的试验结果相符合。

5.5   氢致附加应力

氢致附加应力可由不同试样充氢前后在空气中慢拉伸（多试样法）或用一个试样逐次增大充氢电流（单试样法）来测量获得，文献表明，单试样法和多试样法的结果基本一致[26,27]。本节采用单试样法研究铝合金充氢后产生的氢致附加应力。不同时效状态下 7050 铝合金用不同充氢电流密度充氢后的应力-应变曲线见图 5-19，虚线为试样充氢前拉伸至屈服的应力-应变曲线，实线是试样卸载后充氢再拉伸至屈服的应力-应变曲线，由图可见，试样空拉至 A 点卸载后用 $i=5\text{mA/cm}^2$ 充氢 48h，空拉至 b 点卸载（在 B 点屈服）；然后用 $i=10\text{mA/cm}^2$ 充氢 48h，空拉至 c 点卸载（在 C 点屈服）；再用 $i=20\text{mA/cm}^2$ 充氢 48h，空拉至 d 点卸载（在 D 点屈服）；最后用 $i=30\text{mA/cm}^2$ 充氢 48h，空拉至 E 点屈服。A 和 B、A 和 C、A 和 D、A 和 E 之间的应力差分别对应 $i=5$、10、20、30mA/cm² 充氢时的氢致附加应力，结果见表 5-2。

由图 5-19 及表 5-2 可以看出，同一时效的铝合金试样随着充氢电流密度的增大，试样中的氢浓度随之升高，且会产生一个氢致附加拉应力，氢致附加拉应力随着充氢电流密度的增大而增大，相同充氢条件下，欠时效的氢含量高于峰时效高于过时效，氢致附加应力欠时效最大，峰时效次之，过时效相对最低。图 5-20 为不同时效状态的铝合金氢致附加应力随氢浓度的变化曲线图，由图可以看出，随着氢浓度的升高，氢致附加应力线性升高。线性方程为

欠时效：$\sigma_{ad} = -1.61 + 9.93 \times 10^5\, C_H$ ⋯⋯⋯⋯⋯⋯⋯⋯⋯⋯ (5-1)

峰时效：$\sigma_{ad} = -1.55 + 9.67 \times 10^5\, C_H$ ⋯⋯⋯⋯⋯⋯⋯⋯⋯⋯ (5-2)

过时效：$\sigma_{ad} = -0.16 + 9.35 \times 10^5\, C_H$ ⋯⋯⋯⋯⋯⋯⋯⋯⋯⋯ (5-3)

比较图 5-20 与图 5-9、图 5-10 不难发现，铝合金试样经预充氢后，试样中的氢含量上升，氢脆敏感性也随之升高，同时预充氢使得试样中产生一个氢致附加拉应力，它能与外应力叠加，促进局部塑性变形，进而可促进氢致裂纹的形核和扩展，试样氢脆更为明显，因此 7050 铝合金的氢脆敏感性与氢致附加应力密切相关。

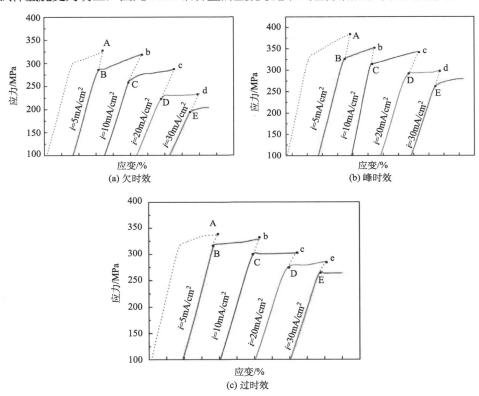

图 5-19　同一试样充氢前及依次充氢后的应力-应变曲线

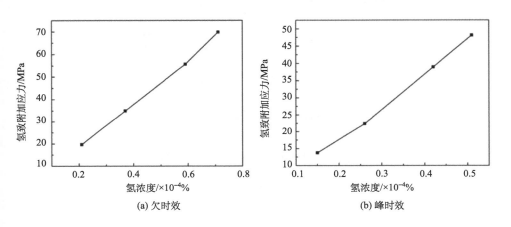

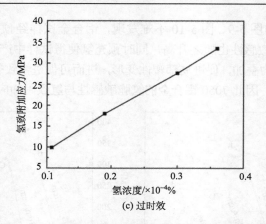

(c) 过时效

图 5-20　7050 铝合金氢致附加应力随氢浓度的变化

5.6　充氢后的电化学特性

5.6.1　电化学阻抗

通过极化和阻抗的电化学分析可以了解充氢对铝合金耐腐蚀性的影响。图 5-21～图 5-23 是不同时效状态下 7050 铝合金充氢不同时间后的阻抗图谱，可看出峰时效及双峰时效均是由高-中频的容抗弧与中-低频的感抗弧组成。图 5-24 是 7050 铝合金在 3.5%NaCl 溶液中的阻抗谱等效电路图，其中 R_t 和 CPE_{dl} 描绘容抗

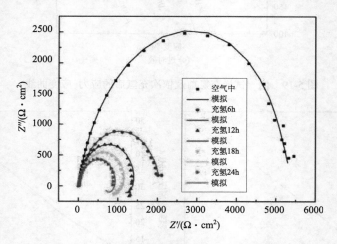

图 5-21　欠时效状态 7050 铝合金的阻抗图谱

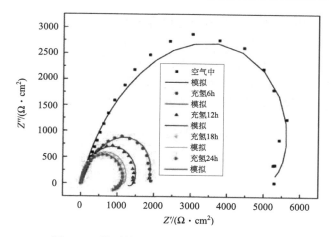

图 5-22　峰时效状态 7050 铝合金的阻抗图谱

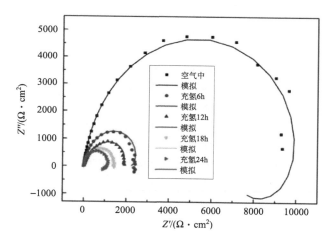

图 5-23　过时效状态 7050 铝合金的阻抗图谱

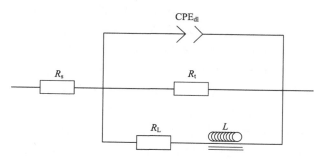

图 5-24　7050 铝合金在 3.5%NaCl 溶液中的阻抗谱等效电路图

弧，R_t 为电荷转移电阻，CPE_{dl} 为双电层电容。恒相位角元件 CPE_{dl} 常被用来补偿系统中的不均匀性[28]，由参数 Y_0 与 n 定义，当 $n=1$ 时，为理想电容。根据曹楚南与张鉴清[29] 的理论，R_L 和 L 描绘低频感抗。7050 铝合金阻抗模拟原件的拟合值见表 5-7，拟合参数中，R_t、R_L、L 反映了材料腐蚀初期点蚀萌生的阻力。由表 5-7 数据可以看出，随着充氢时间的延长，合金的 R_t、R_L 及 L 值降低，合金耐腐蚀性降低。

表 5-7　不同时效状态 7050 铝合金阻抗模拟元件拟合值

时效状态	充氢时间/h	$R_s/(\Omega \cdot cm^2)$	$Y_0/(\Omega^{-1}cm^{-2}s^{-n})$	n	$R_t/(\Omega \cdot cm^2)$	$R_L/(\Omega \cdot cm^2)$	$L/(H/cm^2)$
	0	4.497	2.661×10^{-5}	0.8722	6715	4986	7920
	6	4.287	7.985×10^{-5}	0.8553	2164	2327	4586
欠时效	12	4.802	7.483×10^{-5}	0.9243	1526	1453	3894
	18	4.401	4.939×10^{-5}	0.8994	1304	1288	2882
	24	4.842	8.609×10^{-5}	0.8809	1038	1270	1857
	0	4.836	5.162×10^{-5}	0.7839	8489	1.076×10^4	1.387×10^4
	6	5.112	4.322×10^{-5}	0.7451	2768	2987	5026
峰时效	12	5.703	8.871×10^{-5}	0.8513	1530	2755	4499
	18	5.065	6.896×10^{-5}	0.8941	1415	2196	3866
	24	4.401	4.939×10^{-5}	0.8944	1334	1570	2882
	0	4.025	8.240×10^{-5}	0.9134	1.08×10^4	2.108×10^4	2.061×10^4
	6	3.913	6.047×10^{-5}	0.8992	3110	3662	7748
过时效	12	5.011	5.342×10^{-5}	0.7450	2776	3278	5992
	18	4.514	5.04×10^{-5}	0.8319	1763	3086	5026
	24	4.401	4.939×10^{-5}	0.8994	1503	2778	3882

5.6.2　极化

不同时效状态的 7050 铝合金预充氢不同时间后在 3.5%NaCl 溶液中的极化曲线见图 5-25～图 5-27。利用 CorrView 软件对极化曲线进行经典 Tafel 拟合，结果见表 5-8。结合图表可以看出，随着充氢时间的延长，合金的动电位极化的自腐蚀电位（E_{corr}）负移，相比于未充氢，充氢 24h 之后，三种时效状态的自腐蚀电位分别负移：欠时效，负移 0.078V；峰时效，负移 0.0659V；过时效，负移 0.1379V。自腐蚀电流（I_{corr}）及腐蚀速率也相应地增大，其中充氢后的自腐蚀电流比未充氢普遍增加一个数量级，研究表明自腐蚀电位越正，腐蚀电流和腐蚀速率越小，合金的耐蚀性越好。因此，预充氢降低了合金的耐蚀性，且充氢时间越长，耐蚀性越差。结合上文分析可知，预充氢使合金氢脆敏感性增加。时效状态对合金耐蚀性也存在一定的影响，由表 5-8 中数据可知，相同充氢条件下，欠时效状态的合金耐蚀性最差，过时效合金耐蚀性最好，峰时效居中。

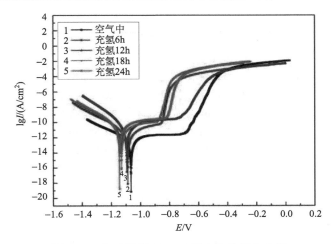

图 5-25　欠时效状态 7050 铝合金的极化曲线

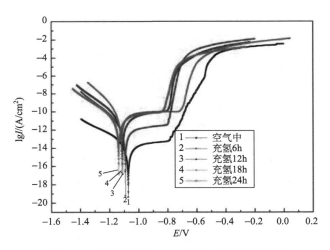

图 5-26　峰时效状态 7050 铝合金的极化曲线

表 5-8　不同时效状态的 7050 铝合金极化曲线拟合值

时效状态	充氢时间/h	开路电位 (E_{corr})/V	腐蚀电流密度 (I_{corr})/(A/cm^2)	腐蚀速率 /(mm/a)
欠时效	0	−1.0651	1.9423×10^{-5}	0.21158
	6	−1.0867	4.471×10^{-5}	0.48703
	12	−1.0946	5.3737×10^{-5}	0.58537
	18	−1.1288	7.697×10^{-5}	0.83851
	24	−1.1432	9.2915×10^{-5}	1.0122

续表

时效状态	充氢时间/h	开路电位 (E_{corr})/V	腐蚀电流密度(I_{corr})/(A/cm²)	腐蚀速率 /(mm/a)
峰时效	0	−1.0724	3.1134×10⁻⁶	0.033915
	6	−1.0922	1.2693×10⁻⁵	0.13827
	12	−1.1104	4.8932×10⁻⁵	0.53303
	18	−1.1196	5.1287×10⁻⁵	0.55868
	24	−1.1383	5.8596×10⁻⁵	0.63831
过时效	0	−0.89284	1.3379×10⁻⁶	0.014574
	6	−0.92493	9.9423×10⁻⁶	0.1083
	12	−0.95502	2.2012×10⁻⁵	0.23978
	18	−1.00488	3.4866×10⁻⁵	0.3798
	24	−1.03072	5.1663×10⁻⁵	0.56278

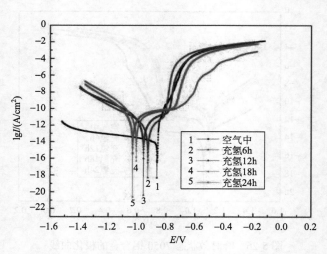

图 5-27　过时效状态 7050 铝合金的极化曲线

5.7　晶界 Mg 偏析对高强铝合金氢脆敏感性的影响

　　合金的元素组成与氢脆敏感性有密切的联系。合金元素不仅能影响合金电导率及相关电化学性质，还能直接与氢发生交互作用，影响氢的浓度和行为，对铝合金的氢脆有重要影响[30]。茹红强[31]研究结果表明，Mn、Cr、Zr、Ti 和 Ce 的加入可降低铝合金的氢脆敏感性。在沉淀强化型的 7000 系铝合金中，尽管时效析出的沉淀相是位错运动的主要障碍，但是合金在变形过程中，由于大量位错的运动向晶界滑移而造成塞积，晶界也是影响位错运动的障碍之一。因此不同时效态合金对氢的敏感性的差异极有可能与晶界附近合金元素的组成有关。

有学者认为当氢浓度达到某氢临界值时会形成氢气泡，而氢气泡能造成合金的脆性开裂。茹红强[31]通过理论计算，得出当铝合金中固溶氢浓度达到 223.6ppm 时才可形成氢气泡，而本课题组测得试样最大氢含量也远小于此临界值，如此低的氢浓度几乎不可能形成氢气泡，因此该机理不适于本书研究。通过本课题组前期一系列的工作，作者比较赞同运用"Mg-H"复合体理论来解释不同时效状态下氢的敏感性。Viswanadhan 等[11]通过能谱分析 Al-Zn-Mg-Cu 系合金晶界断裂面上 Mg 元素的偏析提出了受研究者关注 Mg-H 复合体模型。晶界 Mg 与 H 原子发生复合形成"Mg-H"复合体能够降低了 H 原子在晶界处的化学势，从热力学的角度上看，外部环境以及基体中的固溶氢有自发向晶界处扩散的趋势，从而造成晶界氢偏聚降低晶界强度、脆化晶界。因此，设法抑制晶界 Mg 偏析对于提高合金的抗氢脆敏感性能至关重要，故本书借鉴此方式从不同时效阶段晶界上 Mg 元素的偏析行为以及 Mg-H 相互作用来探讨对氢敏感性机理，对于理论计算，将在下一章重点介绍。

5.7.1　晶界能谱分析

为了探索高强铝合金的晶界的偏析状况，在上述三种典型时效制度的前提下增加双峰时效制度来系统、完整地在晶界附近进行 TEM 晶界能谱分析，结果如表 5-9 所示。结果表明 Mg、Cu、Zn 各元素在越靠近晶界处其原子分数越高，三者均存在不同程度的偏析。其中 Zn、Cu 元素随着时效时间的延长晶界附近的原子分数增大，而 Mg 元素的原子分数则随着时效时间的延长而减小。由此可见，随着时效时间的延长，三种重要的合金元素中只有 Mg 元素随着时效时间的延长其原子分数降低。

表 5-9　不同时效状态下 7003 合金晶界成分能谱点分析

热处理制度	元素	晶界成分能谱点分析/%(原子分数)				
		1	2	3	4	5
欠时效	Mg	2.95	3.25	3.21	3.11	2.91
	Zn	2.79	3.62	3.68	3.64	2.89
	Cu	0.08	0.24	0.35	0.28	0.09
峰时效	Mg	2.52	2.90	2.95	2.95	2.49
	Zn	3.67	3.80	3.94	3.87	2.95
	Cu	0.10	0.18	0.30	0.23	0.09

热处理制度	元素	晶界成分能谱点分析/%（原子分数）				
		1	2	3	4	5
过时效	Mg	2.31	2.80	2.81	2.81	2.40
	Zn	3.81	4.15	4.25	4.22	3.98
	Cu	0.11	0.19	0.25	0.18	0.14
双峰时效	Mg	2.25	2.52	2.50	2.42	2.24
	Zn	4.02	4.31	4.31	4.26	4.02
	Cu	0.12	0.13	0.15	0.12	0.13

5.7.2　Mg 偏析

从表 5-9 晶界的能谱测试结果可以发现，充氢后合金的晶界上存在明显的 Mg 和 Zn 的偏析，其中 Mg 偏析程度随时效的延长而逐渐降低，Zn 偏析程度则随时效的延长而增加。显然，时效过程中晶界上发生的固态相变与晶界 Mg、Zn 的偏析有关。淬火之后过饱和固溶体 Mg、Zn 含量较高，组织中的 Mg、Zn 从固溶体中析出以降低体系的能量。亚晶界尤其是大角度晶界由于存在很大的晶格点阵畸变使晶界附近可提供很高的自由能，使得 Mg、Zn 优先在晶界上的析出、富集可以自发地进行，所以在晶界上存在着 Mg、Zn 的大量偏析。但是随着时效程度的加大，Mg 和 Zn 的偏析浓度发生的上述变化可能还与 Mg、Zn 的原子尺寸效应的差异有关。所以必须综合考虑晶界上的相变、原子尺寸效应两种因素探讨时效过程中 Mg、Zn 偏析程度的变化。

作为溶质原子的 Mg 和 Zn 半径与作为溶剂原子的 Al 半径均存在着差异，导致了溶质原子在晶内存在一定的弹性应变能，由于 Mg、Zn 各自原子尺寸的不同，它们在 Al 基体中的弹性应变能也不同。偏析是溶质原子从晶内向晶界的迁移过程，能松弛晶内的弹性应变场导致弹性应变能的减低，而降低的这部分弹性应变能作为 ΔG 的一部分，为溶质原子的迁移提供驱动力，不同溶质原子具有不同的驱动力致其各自在晶界的偏析程度的差异。考虑溶质原子的固溶度，Mg 在 Al 基中的固溶度远小于 Zn，固溶度越小的溶质原子在晶内的弹性应变能越大，在晶内也越难稳定存在，Mg 从晶内向晶界迁移的驱动力 ΔG 则越大。因此时效初期 Mg 比 Zn 更易在晶界上偏析。

在时效的初始阶段，Mg 在晶界上大量偏析，晶界附近的 Mg 大量迁移至晶界形成了 Mg 的浓度梯度，因此在晶界附近出现 Mg 的贫瘠带。随时效程度的加大，晶内开始沉淀析出第二相粒子即富溶质的 GP 区，同时晶界上由于其本身具有较高的能量提供 η′ 相的形核，因此在晶界上 Mg 与 Zn 形成金属间化合物 $MgZn_2$。

由于时效初期晶界附近 Zn 的偏析能力较弱，含量相对较少，形成的 MgZn$_2$ 含量也相对很少，这就导致晶界上残存着大量的自由 Mg。随着时效程度的加大，一方面晶界 Mg 浓度大于晶界附近的 Mg 贫瘠带，形成的浓度差为原子的扩散提供驱动力；另一方面晶界附近 GP 区的形成降低了体系能量，晶界附近的贫瘠带为GP 区的形核及长大提供溶质原子增大了晶界附近溶质原子的浓度差，这就为晶界上的自由 Mg 向晶内迁移提供了更大的驱动力，直接导致了晶界上 Mg 浓度的降低。随着时效的继续进行，析出相转变为更加稳定的过渡相 η′ 以及平衡态的 η相，体系能量进一步降低，Mg 也继续向晶界附近的贫瘠带迁移，因此随着时效程度的加大，晶界上的 Mg 浓度逐渐降低，这很好地解释了表 5-9 中晶界能谱 Mg的成分测试结果随时效的变化规律。

5.7.3　晶界上 Mg 随时效的变化规律

晶界上并非所有的 Mg 都可以和 H 发生相互作用，晶界上有一部分 Mg 存在于析出相 η′ 和 η 中以 MgZn$_2$ 粒子形式存在，所以去除 MgZn$_2$ 中所含 Mg 的量，余下部分就是晶界自由 Mg 的含量，而只有这些自由 Mg 才有可能与 H 发生相互作用。假设晶界上所有的 Zn 都是以 MgZn$_2$ 粒子形式而存在，则可按照原子比求出形成过渡相和平衡相中 Mg 的量，进而计算出晶界上自由 Mg 的量，不同时效态下晶界上自由 Mg 的含量见表 5-10，通过计算机拟合获得晶界自由 Mg 与时效的关系曲线，其结果如图 5-28 所示。随着时效程度的加大，晶界上的自由 Mg 的净含量逐渐减少，其所占全部晶界 Mg 的比例也降低，这与已发现的其他高强铝合金的结果一致[32]。可以看出在双峰时效处理后，双峰位的自由 Mg 晶界偏析量相差较大，第二峰低于第一峰，这可能与双峰位上不同的应力腐蚀敏感性有一定的关系。

表 5-10　不同时效状态下晶界自由 Mg 含量表(原子分数)

时效状态	晶界 Mg/%	晶界 Zn/%	晶界自由 Mg/%	(自由 Mg/晶界 Mg)/%
欠时效	3.086	3.324	1.424	46.14
峰时效	2.762	3.646	0.939	34.00
过时效	2.626	4.082	0.585	22.28
双峰时效	2.386	4.184	0.294	12.32

5.7.4　Mg-H 相互作用机制

Mg-H 复合体理论由 Viswandaham 等最先提出，晶界上过量的自由 Mg 易与H 形成 Mg-H 复合体，使 H 在晶界上固溶度增加，这将导致晶界结合能的降低从

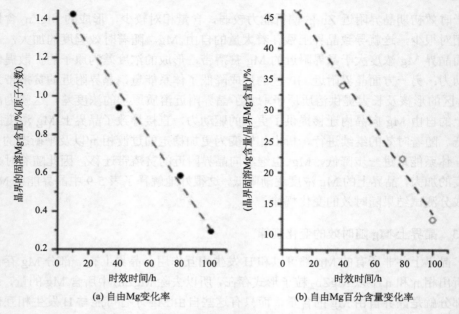

(a) 自由 Mg 变化率　　　　　　　　(b) 自由 Mg 百分含量变化率

图 5-28　晶界上自由 Mg 随着时效时间的变化关系图

而脆化晶界。曾梅光等也发现高强铝合金在应力腐蚀及腐蚀疲劳过程中存在 Mg-H 相互作用,随后宋仁国(Song R G)等[33]也证实了 Mg-H 相互作用的存在。Mg 与 H 之间的相互作用能可由以下公式求得:

$$N_0 W = -96.5 (X_H - X_{Mg})^2 \qquad (5\text{-}4)$$

式中,N_0 为 Avogadro 常数;W 为原子间作用能;X_H、X_{Mg} 分别为 H、Mg 二元素的电负性参数 $X_{Mg}=1.2$、$X_H=2.1$。其他原子与 H 亲和力的大小亦可由式(5-4)求出。从表 5-9 中可以看出晶界上 Cu 的含量极少,这与 7050 铝合金含 Cu 量低有关,而晶界上 Zn 都与 Mg 结合形成过渡相或者平衡相,所以晶界上只有自由 Mg 和基体中的 Al 可以与 H 发生相互作用,而 $X_{Al}=1.5$ 代入式(5-4)中可以得出 Mg 原子与 H 原子间的亲和力比 Al 原子与 H 原子间的亲和力大,所以 H 首先与 Mg 发生较强相互作用。因此,从理论上看晶界上自由 Mg 偏析越多,充氢试样中吸收的氢也就越多,即 Mg 的偏析导致了更多 H 的富集。

5.7.5　自由 Mg 偏析与氢敏感性的关系

在阴极充氢的试验中,我们发现试样充氢后的氢浓度、合金力学性能的损失率与时效状态密切相关[34];而随后的晶界能谱分析发现,不同的时效状态其晶界上 Mg 的偏析程度也不一致。根据 Mg-H 相互作用机制,由时效制度不同引起的氢浓度、合金力学性能的损失率差异其实质是由晶界 Mg 偏析程度不一致而引起的[35]。

　　在充氢 16h 后试样含氢量与强度、含氢量与延伸率损失率随晶界自由 Mg 浓度大小的变化规律如图 5-29、图 5-30 所示。由此可见，试样含氢量随着自由 Mg 浓度的增大而增加，即阴极充氢的过程中确实存在着 Mg-H 相互作用。Mg 在晶界附近的偏析能促进阴极充氢时试样对氢的吸收，增大了 H 沿晶界的扩散速率导致 H 在晶界上的富集，减小晶界断裂应力脆化了晶界，加速了裂纹的形成与扩展。在整个充氢过程中，欠时效态晶界附近 Mg 偏析最严重，其与氢的亲和作用最强，由于 Mg-H 相互作用导致其强度、延伸率损失最大；随着时效程度的加大，Mg 在晶界附近的偏析逐渐减弱，过时效态 Mg 在晶界附近的偏析最轻微，自由 Mg 浓度也最小，此时试样与氢的亲和作用最弱，因此强度、延伸率的损失均最小。

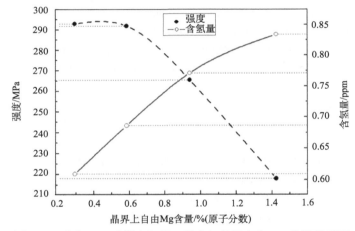

图 5-29　充氢 16h 试样含氢量、强度与晶界自由 Mg 偏析关系图

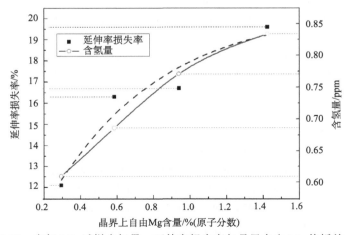

图 5-30　充氢 16h 试样含氢量、延伸率损失率与晶界自由 Mg 偏析关系图

参 考 文 献

[1] 祁文娟, 宋仁国, 祁星, 等. 7050 铝合金氢致附加应力与氢脆. 中国有色金属学报, 2015, (5): 1185-1192.

[2] 张宇, 宋仁国, 陈小明, 等. 7xxx 系铝合金氢脆的研究现状及发展趋势. 材料导报:纳米与新材料专辑, 2009, (1): 453-456.

[3] Sanctis M D. Structure and properties of rapidly solidified ultrahigh strength Al-Zn-Mg-Cu alloys produced by spray deposition. Materials Science and Engineering A, 1991, 141(1): 103-121.

[4] Lü H, Li M, Zhang T, et al. Hydrogen-enhanced dislocation emission, motion and nucleation of hydrogen-induced cracking for steel. Science in China, 1997, 40(5): 530-538.

[5] Imamura T. Current Status and Trend of Applicable Material Technology for Aerospace Structure. Journal of Japan of Light Metals, 1999, 49(7): 302-309.

[6] Qi W J, Song R G, Zhang Y, et al. Study on mechanical properties and hydrogen embrittlement susceptibility of 7075 aluminium alloy. Corrosion Engineering, Science and Technology, 2015, 50: 480-486.

[7] Thakur A, Raman R, Malhotra S N. Hydrogen Embrittlement Studies of Aged and Retrogressed-reaged Al-Zn-Mg alloys. Materials Chemistry and Physics, 2007, 101 (2-3): 441-447.

[8] Takano N. Hydrogen Diffusion and Embrittlement in 7075 Aluminum Alloy. Materials Science and Engineering A, 2008, 483-484: 336-339.

[9] 褚武扬, 肖继美, 李世琼. 钢中氢致裂纹机构研究. 金属学报, 1981, 17 (1): 10-17.

[10] Troiano A R. Campbell Memorial Lecture. Transactions of the American Society for Metals, 1960, 52: 54.

[11] Viswanadham R K, Sun T S, Green J A S. Grain Boundary Segregation in Al-Zn-Mg Alloys-Implications to Stress Corrosion Cracking. Metallurgical and Materials Transactions A, 1980, 11(1): 85-89.

[12] 曾梅光. 高强铝合金的氢致断裂. 轻合金加工技术, 1985, (1): 31-35.

[13] 宋仁国, 张宝金, 曾梅光. 高强铝合金晶界偏析与氢致断裂机理的研究. 航空材料学报, 1997, 17(1): 31-38.

[14] 祁文娟, 宋仁国, 祁星, 等. 不同时效状态下 7050 铝合金氢致开裂行为. 材料热处理学报, 2014, 35(11): 56-62.

[15] Song R G, Tseng M K. Grain Boundary Segregation and Intergranular Brittleness in High Strength Aluminum Alloys. Transaction of Nonferrous Metals Society of China, 1995, 5(3): 97.

[16] Qi W J, Song R G, Qi X, et al. Hydrogen Embrittlement Susceptibility and Hydrogen-InducedAdditive Stress of 7050 Aluminum Alloy Under Various Aging States. Journal of Materials Engineering and Performance, 2015, 24: 3343-3355.

[17] Bond G M, Robertson I M, Birnbaum H K. Effects of Hydrogen on Deformation and Fracture Processes in High-Purity Aluminum. Acta Metallurgica, 1988, 36(8): 2193-2197.

[18] 熊京远. 7003 铝合金"双级双峰"时效工艺及氢敏感性研究. 杭州: 浙江工业大学, 2010.

[19] Qi X, Jin J R, Dai C L, et al. A Study on the Susceptibility to SCC of 7050 Aluminum Alloy by DCB Specimens. Materials, 2016, 9(11): 884-894.

[20] Zhang X Y, Song R G, Sun B, et al. Effects of Applied Potentials on Stress Corrosion Cracking Behavior of 7003 Aluminum Alloy in Acid and Alkaline Chloride Solutions. International Journal of Minerals, Metallurgy and Materials, 2016, 23(7): 819-826.

[21] 毛杰, 熊京远, 王超, 等. 7003 铝合金双级双时效峰的氢脆敏感性. 轻合金加工技术, 2012, 40(1): 53-56.

[22] 宋仁国, 曾梅光, 张宝金, 等. 7050 铝合金晶界偏析与应力腐蚀、疲劳腐蚀行为的研究. 中国腐蚀与防护学报, 1996, 16(1): 1-8.

[23] Song R G, Geng P, Tseng M K, et al. Aging Characteristics, Stress Corrosion Behavior and Role of Mg Segregation in 7175 High-Strength Aluminum Alloy. Journal of Materials Science and Technology, 1998, 14: 259.

[24] 祁文娟. 7050 高强铝合金氢致开裂机理研究. 常州: 常州大学, 2015.

[25] 张宇. 7075 铝合金的氢脆特性及其机理研究. 杭州: 浙江工业大学, 2010.

[26] 张涛, 姚远, 褚武扬, 等. 管线钢氢致附加应力与氢致门槛应力的相关性. 金属学报, 2002, 38(8): 844-848.

[27] 李会录, 褚武扬, 高克玮, 等. 高强钢中氢致附加拉应力的定量研究. 金属学报, 2002, 38(8): 849-852.

[28] Huang Y S, Zeng X T, Hu X F. Corrosion Resistance Properties of Electroless Nickel Composite Coatings. Electrochemical Acta, 2004, 49: 4313-4319.

[29] 曹楚南, 张鉴清. 电化学阻抗谱导论. 北京: 科学出版社, 2002.

[30] Qi W J, Qi X, Sun B, et al. Study on Electrochemical Corrosion of 7050 Aluminum Alloy. Materials Performance, 2017, 56(11): 58-61.

[31] 茹红强. 微量元素对工业 AlZnMgCu 合金氢脆特性的影响. 沈阳: 东北工学院, 1985.

[32] 宋仁国, 曾梅光. 高强铝合金 Mg 偏析对晶界结合力和断裂应力的影响. 东北大学学报, 1994, 15(1): 5-9.

[33] Song R G, Dietzel W, Zhang B J, et al. Stress Corrosion Cracking and Hydrogen Embrittlement of An Al-Zn-Mg-Cu Alloy. Acta Materialia, 2004, 52(16): 4727-4743.

[34] 宋仁国, 张宝金, 曾梅光. 7175 铝合金的应力腐蚀及晶界 Mg 偏析的作用. 金属学报, 1997, 33(6): 595-600.

[35] 茹红强, 赵刚, 孙贵经, 等. LC4 超硬铝合金的氢脆特点. 东北大学学报, 1996, 15(2): 171-174.

第6章 高强铝合金应力腐蚀开裂机理

6.1 引 言

高强铝合金应力腐蚀开裂（SCC）的机理非常复杂，影响因素很多，目前为止尚无统一的理论。目前总体上看，铝合金的应力腐蚀按机理可分为阳极溶解和氢致开裂两类[1]。如果阴极是吸氧反应，则 SCC 由阳极溶解过程控制，和氢无关，如黄铜在氨水溶液中的 SCC[2]，Ti 在甲醇溶液中的 SCC[3]。

阳极溶解理论认为，阳极金属与腐蚀介质的电化学反应导致了铝合金基体的不断溶解，进而导致了应力腐蚀裂纹的萌生，对于阳极溶解的作用机制，产生机理等问题还存在一些争论和难点，这些问题目前还不是十分清楚。围绕这些问题提出了许多阳极溶解模型，如沿晶择优溶解、滑移溶解、膜破裂、腐蚀产物楔入、蠕变、隧道腐蚀、表面合金化等。

而如果发生 SCC 时阴极是析氢反应，氢进入材料富集后控制了 SCC 裂纹的形核和扩展，则属于氢致开裂型，也就是氢脆，如超高强度钢在水溶液中的 SCC[4]。氢脆理论认为由于氢的作用而引起的材料脆化包括氢损伤和氢致开裂。在侵蚀环境下高强铝合金普遍存在氢脆现象，氢脆的断口既可以是沿晶的，也可以是穿晶的[5]。氢通过改变晶界的偏析与强度来损伤晶界，对基体造成破坏。氢浓度的高低对合金的晶界有着很大的影响，影响氢脆的因素有合金元素、显微组织等。氢脆理论的模型有氢与位错的交互作用模型、"Mg-H"复合体理论等。

虽然 SCC 是一个古老的研究课题，关于航空航天工业中广泛应用的高强铝合金在水溶液中的 SCC 究竟是氢致开裂型还是阳极溶解型，国内外学者针对这一课题也已经开展了大量的研究工作[6-10]，但是迄今为止学术界一直存在着争议，尚未形成统一的理论，是腐蚀科学研究领域长期以来一直悬而未决的科学问题，因此弄清高强铝合金的 SCC 机理具有重要的科学意义。同时由于 SCC 具有突发性和强破坏的特点，对航空航天工业危害极大，因此这项研究也具有重要的应用价值。

20 世纪 70 年代以前，阳极溶解机理占主导地位，其后氢致开裂机理逐渐得到很多人的认同。高强铝合金 SCC 属于氢致开裂型的论据如下：①当湿度大于 0.8%以后 7075-T651 就能发生滞后扩展[11]，空气中慢拉伸的延伸率小于真空，且随应变速率下降，相对塑性损失升高[12-14]。由于相对湿度 RH<30%时裂尖不会被

水覆盖,不能发生阳极溶解电化学反应[15]。类似 FeAl、NiAl 等金属间化合物的湿空气氢脆,湿空气中的痕量水和铝合金反应生成 H,即 $2Al+3H_2O{\rightarrow}Al_2O_3+6H$,因此铝合金在湿空气中的 SCC 只能归因于氢的作用。②水溶液中 SCC 时氢能进入试样,并有 H_2 放出[16]。③不同时效状态 7475 的氢脆敏感性和水介质应力腐蚀敏感性有相同的变化趋势[17],故认为 SCC 属于氢致开裂。否认 SCC 是氢致开裂的论据如下:①大量实验表明,阴极极化抑制而阳极极化促进高强铝合金在水介质中的 SCC[18,19]。②很多高强铝合金的应力腐蚀门槛值 K_{ISCC} 随温度升高而降低[17],在 H_2 中氢致开裂门槛值 K_{IH} 随着温度升高而升高[20]。③对某些高强铝合金,SCC 和氢致开裂的断口形貌不同。例如 7075,氢脆敏感性 $I_{HE}>30\%$,但断口主要是韧窝[21,22];而水介质 SCC 时主要是沿晶断口[23]。最近,刘继华等[24]的研究工作则表明,高强铝合金的 SCC 机理是阳极溶解与氢致开裂混合型,但是在不同的条件下二者所起的作用不同。在潮湿空气和阳极极化条件下,铝合金的应力腐蚀开裂机理是以阳极溶解为主,氢几乎不起作用;而在预充氢或阴极极化条件下,氢致开裂则起主要作用。

6.2　高强铝合金的阳极溶解机理

6.2.1　滑移溶解机理

金属或合金在腐蚀介质中会形成一层钝化膜(氧化膜),应力使滑移面上的位错(图上用⊥符号表示)开动[25]。位错滑出表面产生滑移台阶,使膜破裂,露出无膜的新鲜金属。膜破裂部位相对有膜部位是阳极,会发生局部溶解,在外层会出现腐蚀产物。被溶解的缺口表面在溶液中会发生再钝化,钝化膜重新形成后溶解就停止。已经溶解区域的顶端(如裂尖或蚀坑底部)存在应力集中,因而该处的再钝化膜会通过位错运动而破裂,又发生局部溶解,见图 6-1[25]。这种膜破裂(通过滑移)、金属溶解、再钝化过程的循环重复,就导致应力腐蚀裂纹的形核和扩展。

对于铝合金而言,阳极极化时,应力腐蚀以阳极溶解为主[26],应力腐蚀过程中阳极溶解的影响比较复杂,在应力腐蚀裂纹内,裂尖(或蚀孔底部)形状和阳极溶解这两个因素促进应力腐蚀裂纹的扩展,活性阳极区与有膜部分发生溶解,伴随这一阳极溶解产生新的钝化膜。钝化膜重新形成后阳极溶解即停止。随后在应力的继续作用下,已经溶解的区域的钝化膜再一次发生破裂,接着再次发生阳极溶解,如此周而复始,造成裂纹扩展直至断裂。滑移溶解能够解释许多实验现象,但是对于无钝化膜的应力腐蚀和非连续性裂纹形核的情况却无法用滑移溶解理论来进行解释。

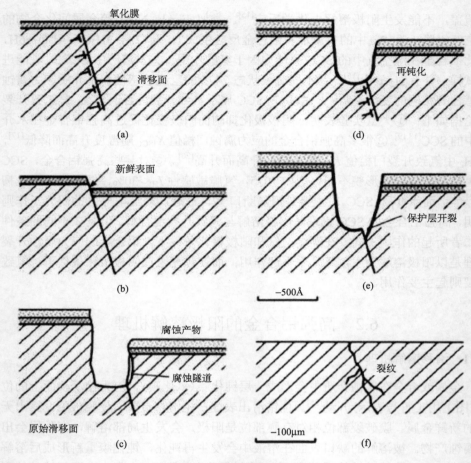

图 6-1　滑移溶解机理示意图

6.2.2　阳极择优溶解

　　该理论也叫活性通路-电化学理论[27]，其认为在合金中存在一条易于腐蚀的、大致是连续的路线，即所谓的"活性通路"。对于沉淀强化合金，引起晶间腐蚀的活性通路就是由于晶界存在以下三种电位不同的区域：晶内固溶基体（包含弥散分布的晶内沉淀析出相）；晶界析出相、偏析或者吸附的溶质原子；晶界附近的某种元素贫乏的固溶体区。峰时效热处理状态的 7000 系列铝合金由于晶界连续分布的 $MgZn_2$ 相（η 相）），或 2000 系铝合金晶界附近的溶质贫化区（无沉淀区）择优溶解而导致沿晶应力腐蚀。应力一方面使溶解形成的裂纹张开，使沿晶阳极相进一步溶解；另一方面应力可使各个被溶解阳极相之间的孤立基体（桥）撕裂，或使孤立基体的电位下降而被溶解。该理论可以成功地解释沿晶应力腐蚀。但有些体系的铝合金能发生应力腐蚀但并不发生晶间腐蚀，如 7039-T64 在沸腾 NaCl 溶液；7075-T651、7079-T651、7039-T64 在湿空气；7075-T6、2024-T3 在氯化物溶液[28]。相反，有些体系能发生晶间腐蚀，但不发生应力腐蚀，如 6061-T6 在 NaCl 溶液；2024-T6、2024-T8 以及 AlMgSi 合金在氯化物溶液[28]。

有一种阳极择优溶解的模型为隧道模型，这个模型认为在平面排列的位错露头处或新形成的滑移台阶位置，处于高应变状态的原子发生择优溶解，它沿位错线向纵深发展，形成一个个隧道孔洞，隧道孔沿横向和纵向长大，在应力作用下，隧道孔洞之间的金属产生机械撕裂。腐蚀沟槽成为无特征的平面，它们之间由韧断区相连。当某一区域因机械撕裂而停止后，又重新开始隧道腐蚀。这个过程的反复就导致了裂纹的不断扩展，直到金属不能承受载荷而发生过载断裂，如图 6-2 所示[25]。

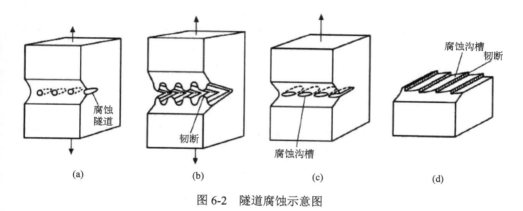

图 6-2　隧道腐蚀示意图

然而，实验表明，隧道腐蚀并非是应力腐蚀的必要和充分条件。虽然在应力腐蚀断口上偶尔看到沟槽腐蚀，但它不能成为应力腐蚀的控制机理。

6.2.3　阳极极化条件下的膜致应力

本书第 4 章描述了高强铝合金阳极和阴极极化条件下的膜致应力与应力腐蚀敏感性的关系。作者认为阳极极化条件下的膜致应力与阳极溶解息息相关，阳极极化条件下腐蚀产物膜(钝化膜)能产生一个拉应力，它和外应力叠加能促进局部塑性变形。当这种腐蚀促进(通过膜致拉应力)的局部塑性变形发展到临界状态，位错塞积群前端或无位错区中的应力集中就可能等于原子键合力，从而引起应力腐蚀裂纹形核扩展。这就是说，膜致附加应力和应力腐蚀敏感性之间存在必然的联系，即膜致附加应力越大，应力腐蚀就越敏感(见第 4 章图 4-22 和图 4-24)。

6.3　高强铝合金的氢脆机理

6.3.1　氢与位错交互理论

　　位错是氢的陷阱，氢在铝中的迁移依赖于位错，这点已经得到了证实，固溶氢会被铝合金的某些晶体结构所捕获，比如 GP 区，这些晶体结构也可以看作是氢陷阱，当氢陷阱达到饱和时，如果位错的滑移经过该饱和氢陷阱区，会被这个区域所阻碍，使其很难继续运动，从而降低了铝合金的位错能。Pressouyre 和 Bernstein[29]还根据氢的陷阱理论提出了氢的位错传输模型。近年来，褚武扬等[30]在得出了氢与位错交互作用的理论之后又提出了氢脆的新机理：氢存在偏聚现象会促进局部塑性变形，即使外加的应力相对于断裂应力比较低的情况下，氢依然会促进位错的发射和运动并且达到裂纹萌生和扩展的最小值，导致合金在局部产生应力集中，氢的应力集中降低了原子键合力，裂纹开始萌生并扩展，最终导致氢致脆性断裂。本课题组的张宇采用充氢的方式研究了氢浓度与位错运动的关系以及由此所引起的强度和塑性损失[31]。

1. 氢引起的强度损失

　　氢在铝合金中的体扩散比其他元素要快，在室温下可达 $D_H=10^{-12}\text{cm}^2/\text{s}$，但是氢要在合金的某些位置局部浓缩，还一定要依赖位错或晶界来进行传输[32]。这里假设氢主要靠在塑性变形中产生的运动位错来传输。

　　由位错的点阵模型可知，位错起始运动必须克服的晶格阻力(P-N 力)为[33]

$$\tau_{\text{P-N}} = \frac{2\mu}{1-\upsilon}\exp\left[-\frac{2\pi\alpha}{b(1-\upsilon)}\right] \tag{6-1}$$

式中，μ 为切变模量；υ 为泊松比；α 为滑移面间距；b 为滑移方向上的原子间距。此外，位错运动的其他阻力还可以来自于位错的弹性相互作用，与位错和割切的作用等，可表示为

$$\tau = \frac{\alpha\mu b}{x} \tag{6-2}$$

式中，α 为常数；x 为位错相互间距。因此位错运动阻力可写成：

$$f = \frac{2\mu}{1-\upsilon}\exp\left[-\frac{2\pi\alpha}{b(1-\upsilon)}\right] + \frac{\alpha\mu b}{x} \tag{6-3}$$

　　由于充氢后，氢原子降低原子间键合强度，使 μ 下降，导致 f 减小，从而表现为强度的损失。

　　显然，氢浓度对合金屈服强度有较大的影响，定义氢对材料屈服强度的损伤

度为[34]

$$D = 1 - \frac{\sigma_{0.2}^{H}}{\sigma_{0.2}^{0}} \tag{6-4}$$

D 与位错在滑移面上遇到氢的概率有关,即与氢原子在滑移面上的分布有关。这里氢可以聚集在陷阱附近,也可以在溶质原子周围,也可以在晶格间隙中。但我们主要考虑前两种。由于氢原子主要以气团的形式分布在弥散相周围,因其共有降低原子键强度的作用,必然会对强化效应带来损失。

设滑移面上氢原子之间的平均间距为 L,则位错遇到氢的概率与 L 成反比,即

$$D = \frac{m}{L} \tag{6-5}$$

式中,m 为常数。这里的 L 既与滑移面上的氢陷阱分布有关,也与材料氢含量浓度有关。一方面,氢浓度越大,氢气团的体积也就越大,这样就减少了气团的间距;另一方面,氢浓度增大后,会有一些原来得不到氢的陷阱有机会捕获氢原子而成为新的氢陷阱,从而也造成氢气团的间距减小,其分布平均间距也将受到氢原子浓度的影响。根据滑移面上溶质原子平均间距与浓度 C 的关系:

$$L = \frac{k}{\sqrt{C}} \tag{6-6}$$

式中,k 是一个与滑移面厚度有关的常数。将式(6-5)及式(6-6)代入式(6-4)可得

$$\sigma_{0.2}^{H} = \sigma_{0.2}^{0}(1 - \frac{m}{k}\sqrt{C}) \tag{6-7}$$

此式表明,铝合金的强度损失与氢浓度的平方根有线性下降的关系。

在此定义 $\beta = \frac{m}{k}$,β 值一方面同氢在陷阱中的密集程度有关,陷阱中氢的密集程度越高,氢原子的弱键作用就越不容易充分发挥,β 值就越小;另一方面,β 与材料的显微组织特点有关。在氢含量相同、时效时间不同的情况下,由于基体中陷阱的大小、分布、性能都有很大差别,因而不同时效状态材料的 β 值就不会相同。在时效时间较短的欠时效状态,作为氢陷阱的弥散相主要为尺寸小而弥散度很大的共格 GP 区。由于 GP 区尺寸小,因而对氢的容纳能力有限,使得氢的集聚程度不高,但分散度却很大,大大提高了滑移位错线遇氢的概率,故能促进位错运动的进行。因此在欠时效状态下充氢后强度的损失最严重。而在时效时间较长的过时效状态,析出相尺寸最大,是弥散度相对较低的非共格 η 相粒子。这样,由于 η 相作为氢的不可逆陷阱,造成氢在析出相界面上的大量偏聚,使得滑移面上氢原子分布的过于集中,位错滑移后遇氢的概率大大减少因而屈服强度的损失最少,β 值也最小。

强度下降，材料容易产生塑性变形，理应改善材料的抗氢脆能力，但由于氢的局部偏聚是以位错运输为主要方式来实现的，强度下降越多，氢向偏聚处运输开始得越早，加上氢对材料中原子键合强度的损伤使得断裂应力出现下降，造成材料在很低的应变量下即发生断裂，所以仍主要体现为断裂的脆化现象。

2. 氢引起的断裂应力损失

在沉淀强化型高强铝合金中，尽管位错运动的主要障碍是时效生成的沉淀相，但在变形过程中，位错向晶界滑移而造成塞积，因此晶界仍然是位错运动的主要障碍之一。在塞积顶端形成裂纹的条件为[35]

$$\sigma_{F} = \sigma_{S}^{0} + g\left[\frac{\mu b\sigma_{th}}{d}\right]^{\frac{1}{2}} \tag{6-8}$$

式中，σ_{S}^{0} 为位错在滑移时受到的阻力；g 是调整流变应力为滑移面上分量的几何因子；σ_{th} 是塞积顶端的界面结合强度；d 是塞积长度，与显微组织参数有关。当材料内部有氢存在时，根据氢脆的弱键理论，富集在陷阱界面上的氢将造成界面强度的下降。采用 Oriani 处理钢中氢的方法，当有氢存在时，

$$\sigma_{th}^{H} = \sigma_{th}(1 - \eta C_{H}') \tag{6-9}$$

式中，C_{H}' 为界面上氢的浓度；σ_{th}、σ_{th}^{H} 分别为充氢前后的界面强度。

流变应力受氢的影响可以认为与屈服应力受氢的影响有着相似的变化规律，即

$$\sigma_{S}^{H} = \sigma_{S}^{0}(1 - a\sqrt{C}) \tag{6-10}$$

将式(6-8)及式(6-9)代入式(6-10)得

$$\sigma_{F}^{H} = \sigma_{S}^{0}(1 - a\sqrt{C}) + g\left[\frac{\mu b\sigma_{th}(1 - \eta C_{H}')}{d}\right]^{\frac{1}{2}} \tag{6-11}$$

由此决定了充氢试样断裂时流变应力的大小及变化规律。式中第一项是充氢造成滑移面上位错运动阻力下降的因素所致；第二项则是塞积顶端界面强度降低所造成的下降。这两项都随着氢浓度的增加而下降，而且是氢浓度较低时下降较快，浓度上升后下降趋势就会有所减缓，这与我们在实验中观察到的现象是一致的。

同时，上式还表明，时效状态不同，a、C_{H}' 和 d 等与显微组织有关的参数就会发生变化，因为造成下降趋势的不同。我们的实验结果表明，欠时效时的断裂应力下降最快。这里有几个原因：

(1)在相同充氢时间下，欠时效比其他状态吸收更多的氢，从而导致断裂应

力下降较多。

（2）在欠时效状态下，沉淀出的脱溶 GP 区造成氢的弥散度较大，因而大大降低了阻碍位错运动的能力，形变中位错将把大量的氢运输到晶界处，从而导致较多的沿晶断裂。而在过时效状态氢仅集中在尺寸较大、弥散度较小的析出相界面上，不易造成位错运动阻力过多下降，同时析出相尺寸较大，不易在局部造成过高的氢浓度，因此界面断裂强度下降相对较少。至于峰时效，虽然其显微组织也是 GP 区，但其密度及尺寸较欠时效均大，因而阻碍位错运动的能力将比欠时效大，故其断裂应力下降程度介于欠时效与过时效之间。

3．氢引起的塑性损失

位错芯部一般是晶格严重畸变区，氢原子进入后使得其应力得到松弛，体系能量下降，所以我们说位错芯是氢的强陷阱。可动位错捕获氢原子并携带其一道迁移至晶界、相界或试样表面，造成局部氢的富集而促进裂纹或孔洞较早形成，这样就使得均匀变形部分减少，因而表现为氢致塑性损失，即氢脆。

6.3.2　合金元素在晶界的偏析

高强铝合金厚板高向的应力腐蚀及腐蚀疲劳裂纹主要是沿晶界扩展，因此晶界的化学性质在这些过程中必然起着十分重要的作用。近 20 年来，Al-Zn-Mg-Cu 系合金晶界断裂面的 Auger 谱分析表明，Mg、Zn、Cu 在晶界上存在偏析，并且对应力腐蚀开裂等起着不可忽视的作用[36-38]，本书的工作（见第 4 章及第 5 章）也证实了这一点。Viswanadham 等[39]曾提出应力腐蚀的 Mg-H 复合体模型，解释了沿晶气泡的产生和致脆的原因。曾梅光和刘新[40]也从实验上发现高强铝合金在应力腐蚀及腐蚀疲劳过程中的确存在 Mg-H 相互作用，即随着晶界 Mg 偏析浓度的增加，应力腐蚀与腐蚀疲劳裂纹顶端的氢富集量也随之增加。然而，到目前为止还没有人从理论上系统地研究晶界偏析在高强铝合金氢致断裂过程中的作用，因此仍有进一步探讨的必要。从理论上搞清晶界偏析与氢致断裂的关系，对于深入了解高强铝合金的氢脆本质以及寻找提高其抗应力腐蚀性能的途径将有着十分重要的理论意义和实际意义。

本节分别采用自由电子理论和准化学理论研究了晶界偏析对晶界强度的影响，并对高强铝合金的氢致断裂机理进行了探讨。

微量元素在晶界上偏析，往往强烈地影响材料的韧性。例如，P、Sb、S 等元素在铁基合金晶界上偏析，将造成钢的回火脆性[41-43]；而 B 在 Ni_3Al 晶界上偏析，却极大地改善了 Ni_3Al 的室温脆性[44,45]。因此研究晶界偏析与晶间脆性规律，具有重要的实际意义。

1. 自由电子理论

众所周知，金属原子间的结合能可以反映金属的强度，原子间结合能为负值，其绝对值越大，金属的强度也越大。但结合能与空位形成能之间有着密切的关系这一点是符合实验事实的。结合能越大，则空位形成能也越大。

首先，作者利用 Fumi 方法估算铝合金的空位形成能，然后再由金属结合能与空位形成能之间的关系，求得晶界原子的结合能及结合力。

所谓空位形成能就是由晶体内部原子正常位置上取出两个原子放在晶体的表面点阵位置上所需要的功(假设晶面是粗糙的，加入一个原子在表面上不增加表面积，只增加一个原子的体积，如图 6-3 所示)。

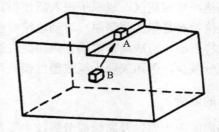

图 6-3　空位的形成

Fumi 和 Tosi[46]对贵金属(如 Cu、Ag、Au 等)的空位形成能进行了较为定量的计算，其假定金属中的正离子电荷是均匀分布的，电子是以自由电子的形态在晶体中运动。可以分两步来考虑：先把一个正离子的正电荷均匀地分摊到基体中，然后把这个不带电的原子实取出去，这样的晶体还是保持电的中和；其次再将其放在表面上并恢复其电荷。在第一步中所起的主要作用是形成一个正离子的空位，正电荷密度分布可用图 6-4 的"陷阱"来表示，电子云的分布相应也有变化，在陷阱处的电子密度有所降低，但不为零。这是因为如果在陷阱处的电子密度为零，构成如此分布所对应的波必包括波长较短的成分，这将使电子能量过分提高。相反，如果电子云仍然是均匀的，出现在陷阱处的负电荷对整个电子云起着干扰电荷的作用，也会使电子云的静电势提高。这两个矛盾因素决定了电子云的不均匀分布。所以，第一步中我们主要将计算电子云不均匀分布对电子能量的提高，这将是空位形成能的组成部分。在第二步中，将正离子放在晶体表面上造成晶体体积膨胀，这将使电子的费米能降低，计算空位形成能时也要考虑这一点。如果我们略去空位周围原子因松弛而发生的位移，则空位形成能就是由上面两部分组成。

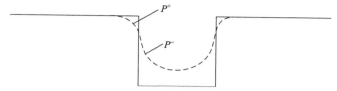

图 6-4　空位附近的电子分布

P 为电荷

本来，正电和负电都是均匀分布，到处是中和的。现在 B 点处的一价正离子的电荷加入到基体中，将这个不带电的原子实拿走，B 点出现一个负电荷，变成一个电场的中心，但是 B 点周围正负电分布不均匀，在负电荷为中心的周围被过剩的正电荷所屏蔽。电荷分布有了这样的改变，我们要计算整个体系静电势能的增加。

B 点干扰电荷被部分屏蔽了以后，静电分布在距离 r 的地方产生了静电势 V_p，在 r 处的一个电子的静电势能等于$-V_p e$（电子的电量为$-e$）。设在 A 处单位体积内的电子数（即电子密度）为 n，则总的增加的静电势能为

$$E = -e \int_0^R 4\pi r^2 n \mathrm{d}r V_p = -ne \int_0^R 4\pi r^2 V_p \mathrm{d}r \tag{6-12}$$

式中，n 近似的看作常数而与坐标无关；R 是干扰电荷的电场实际有效的伸展范围。

在完全自由电子的情况下，电子的密度为[47]

$$n = \frac{8\pi}{3h^3} P_0^3 \tag{6-13}$$

式中，P_0 是电子的最大动量；h 为 Planck 常数。

现在的情况和自由电子的图像有些差异，因为有一个干扰电荷存在，电子势能并非常数。幸而干扰电荷部分地被屏蔽掉了，仅剩下弱的电场，就整个区域来说，用自由电子图像并无很大误差。设电子的最大能量（包括动能与势能）用$-eV_0$表示之，则

$$\frac{P_0^2(r)}{2m} - eV_p(r) = -eV_0 \tag{6-14}$$

式中，$P_0(r)$ 和 $V_p(r)$ 分别是 A 处电子的最大动量和干扰电荷部分屏蔽以后的电势；m 是电子的质量。在离开 B 足够远的地方，干扰电荷已经不能发生作用，完全可用自由电子的概念，电子的最大能量等于费米能 E_F^0。在热平衡状态下，各处电子的最大能量应相等，所以$-eV_0 = E_F^0$，代入式（6-14）和式（6-13）得

$$n(r) = \frac{8\pi}{3h^3} [2me(V_p + \frac{E_F^0}{e})]^{\frac{3}{2}} \tag{6-15}$$

这就是考虑了干扰电荷的作用以后的电子密度分布。在 A 处的电子产生的负电荷密度为

$$\rho^- = -en(r) = -\frac{8\pi}{3h^3}e[2me(V_p + \frac{E_F^0}{e})]^{\frac{3}{2}} \tag{6-16}$$

还需要求出正离子所产生的正电荷密度。因为晶体足够大，我们虽然把一价正离子的电荷加入基体中，但基体中正电荷密度的增量可以忽略。所以，从原先正离子的分布必须和电子保持中和的事实，得出正电荷的密度为

$$\rho^+ = en = e\frac{8\pi}{3h^3}(2mE_F^0)^{\frac{3}{2}} \tag{6-17}$$

式中，n 由式(6-13)决定。这样，在 r 处净电荷密度为

$$\rho(r) = \rho^+ + \rho^- = e\frac{8\pi}{3h^3}(2mE_F^0)^{\frac{3}{2}} - e\frac{8\pi}{3h^3}(2mE_F^0)^{\frac{3}{2}}[1 + \frac{eV_p}{E_F^0}]^{\frac{3}{2}} \tag{6-18}$$

由于 $V_p(r)$ 必然较小，可以展开至第二项，得

$$\rho(r) = -\frac{4\pi}{h^3}(2m)^{\frac{3}{2}}e^2V_p(r)(E_F^0)^{\frac{1}{2}}, \quad V_p(r) < 0 \tag{6-19}$$

再由固体物理得知，单位体积能态分布函数为[48]

$$N(E)dE = \frac{4\pi}{h^3}(2m)^{\frac{3}{2}}E^{\frac{1}{2}}dE \tag{6-20}$$

比较式(6-19)和式(6-20)，可得

$$\rho(r) = -e^2N(E_F^0)V_p(r) \tag{6-21}$$

这个式子给出了 $V_p(r)$ 和净电荷分布的关系。假如我们近似地认为空位所在点是个点电荷，而且在 B 点以外的正电荷多一个电子的电量，即

$$\int_0^R \rho(r)4\pi r^2 dr = e$$

用式(6-21)代入，便得

$$N(E_F^0)\int_0^R 4\pi r^2 eV_p(r)dr = -1$$

再以此式代回(6-12)，有

$$E = \frac{n}{N(E_F^0)} \tag{6-22}$$

已知 $N(E) = CE^{\frac{1}{2}}$，C 为常数，所以 $n = \int_0^{E_F^0} N(E)dE = \frac{2}{3}C(E_F^0)^{\frac{3}{2}}$。代入式(6-22)，便得到了由于干扰电荷使静电势能的增量为

$$E_1 = \frac{2}{3} E_F^0 \tag{6-23}$$

将离子转移到表面台阶上（不增加表面积）之后会使晶体体积膨胀一个原子体积，计算这一过程导致的费米能降低。

$$E_F^0 = \left(\frac{3n}{2C}\right)^{\frac{2}{3}} = \left(\frac{3N}{2VC}\right)^{\frac{2}{3}}$$

式中，N 为原子数；V 为晶体的体积。现在 $V \to V+\Delta V$，则 $E_F^0 \to E_F^0 + \Delta E_F^0$，$E_F^0 < 0$。对上式进行微分得

$$\Delta E_F^0 = -\frac{2}{3}(E_F^0)\frac{\Delta V}{V}$$

已知 ΔV 为一个原子的体积，$\Delta V = V/N$，因此，

$$\Delta E_F^0 = -\frac{2}{3}(E_F^0)\frac{1}{N} \tag{6-24}$$

我们知道本来电子的平均动能等于 $\frac{3}{5}E_F^0$，所以电子的总的动能变化为

$$E_2 = N\left(\frac{3}{5}\Delta E_F^0\right) = -\frac{2}{5}E_F^0 \tag{6-25}$$

在 fcc 晶体中形成一个空位所产生的其他畸变能若可以忽略不计，则空位的形成能为

$$E_f = E_1 + E_2 = \frac{2}{3}E_F^0 - \frac{2}{5}E_F^0 = \frac{4}{15}E_F^0 \tag{6-26}$$

由此式可知，贵金属的空位形成能仅与其费米能有关。对于 Al，尽管其最外层有 3 个价电子，但仍是自由电子，因此作者认为 Al 的空位形成能必然也与费米能有关，令

$$E_f^{Al} = \alpha E_F^0 \tag{6-27}$$

式中，α 是一个待定常数；E_F^0 是 Al 的费米能，其表达式为[48]

$$E_F^0 = \frac{h^2}{8m}\left(\frac{3}{\pi}\frac{N}{V}\right)^{\frac{2}{3}} \tag{6-28}$$

式中，N 为自由电子数；V 为晶体的体积。

设 θ 为一个原子的体积，对于 fcc 结构，$\theta = \frac{L^3}{4}$，L 为晶胞的点阵常数。对于 Al 来说，$N/(V/\theta)$=自由电子数/原子数=3，于是有

$$E_f^{Al} = \alpha \cdot \frac{h^2}{8m}\left(\frac{36}{\pi}\right)^{\frac{2}{3}} \cdot L^{-2} \tag{6-29}$$

已知 Al 的空位形成能实验值 $E_{fe}^{Al} = 0.76\text{eV}^{[17]}$，$L_{Al} = 4.02\text{Å}^{[49]}$，将这些数据及 m 和 h 值代入式 (6-29) 可得 $\alpha \approx \dfrac{1}{16}$。因此我们得到计算 Al 的空位形成能的半经验公式为

$$E_f^{Al} = \frac{1}{16}E_F^0 = \frac{h^2}{128}\left(\frac{36}{\pi}\right)^{\frac{2}{3}} L^{-2} \tag{6-30}$$

虽然式 (6-30) 是纯 Al 的空位形成能，但假定对高强铝合金仍适用，只是公式中的 L 应为合金晶界附近的晶格常数。因 Mg 在晶界上偏析，所以为简单起见，将高强铝合金视为二元合金进行处理。设 Mg 在晶界上的摩尔分数为 X_b，则由 Vegard 定律得

$$L = L_{Al} + (L_{Mg} - L_{Al}) \cdot \frac{1}{2}X_b \tag{6-31}$$

金属中，平均每个原子的结合能 E_{coh} 与空位形成能 E_f 有如下关系[50]：

$$E_f = -0.29E_{coh} \tag{6-32}$$

即

$$E_{coh} = -\frac{h^2}{37.12m}\left(\frac{36}{\pi}\right)^{\frac{2}{3}} L^{-2} \tag{6-33}$$

由式 (6-33) 可求出晶界上每个原子的平均结合力为

$$f = \frac{dE_{coh}}{dL} = \frac{2h^2}{37.12m}\left(\frac{36}{\pi}\right)^{\frac{2}{3}} L^{-3} \tag{6-34}$$

令 Z_g 为晶界一侧界面层上的一个原子在另一侧的原子配位数，a 为合金晶界每一侧原子尺寸，a_{Al} 为 Al 的原子尺寸，则晶界单位面积上的结合力为

$$F = \frac{Z_g}{a^2}\frac{2h^2}{37.12m}\left(\frac{36}{\pi}\right)^{\frac{2}{3}} L^{-3} \tag{6-35}$$

$$F_0 = \frac{Z_g}{a_{Al}^2}\frac{2h^2}{37.12m}\left(\frac{36}{\pi}\right)^{\frac{2}{3}} L_{Al}^{-3} \tag{6-36}$$

由式 (6-35) 和式 (6-36) 可得

$$\frac{F}{F_0} = \left(\frac{a_{Al}^2}{a^2}\right) \cdot \left(\frac{L_{Al}^3}{L^3}\right) \tag{6-37}$$

其中，

$$a = a_{Al} + (a_{Mg} - a_{Al}) \cdot \frac{1}{2} X_b \qquad (6\text{-}38)$$

式中，a_{Al} 与 a_{Mg} 由下式决定：

$$\rho N_0 a^3 = A \qquad (6\text{-}39)$$

这里，ρ 为纯材料的体密度；N_0 为 Avogadro 常数；A 为原子量。

利用式(6-33)和式(6-37)，便可以容易地计算出晶界 Mg 偏析对晶界结合能以及结合力的影响。

2. 准化学理论

1) 二元合金晶界偏析与晶间脆性理论

目前，由界面偏析所导致的断裂，还不能从基本原理"从头计算"(abinito calculation)。因此，材料界广泛采用的演绎与归纳相结合的方法是可取的，即在已有的成熟理论指导下，演绎出表象方程，然后借助于大量实验结果所归纳的规律估算方程中的参量，从而应用表象方程达到预报的目的。Seah[51]和 Qi 等[52]正是采用演绎与归纳相结合的方法，首次提出用准化学理论来研究二元合金晶界偏析对晶间脆性的影响，并提出了二元合金晶界偏析引起晶界断裂的模型，如图 6-5 所示。

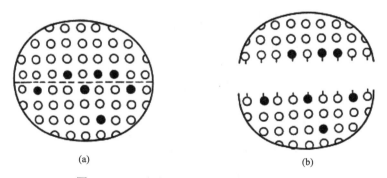

(a)　　　　　　　　　　　　(b)

图 6-5　二元合金晶界偏析与沿晶断裂示意图

假设晶界在室温条件下开裂后溶质原子没有重新分布，则破断穿过晶界的键所需的能量是由悬挂键数目及其能量之和所决定的，而这些能量可由升华焓(热)来计算。

在溶质 B 溶于溶剂 A 的二元合金系统中，考虑晶界的一侧对另一侧的原子对相互作用。设合金晶界上单位面积的断裂功为 $W(C_b)$；纯 A 晶界上单位面积的断裂功为 $W(0)$，则有[53]

$$W(0) - W(C_b) = \frac{Z_g}{a_A^2} \left[\frac{1}{2} C_b (\varepsilon_{BB} - \varepsilon_{AA}) + \omega C_b \left(1 - \frac{1}{2} C_b \right) \right] \tag{6-40}$$

式中，a_A^2 是两个基体 A 原子的面积；$1/a_A^2$ 是单位面积上的 A 原子数；Z_g 是横过晶界的配位数；C_b 是溶质 B 原子在晶界上的摩尔分数；ω 为交互作用参数，可由元素的电负性（χ_i）求得

$$N_0 \omega = -96.5 (\chi_A - \chi_B)^2 (\text{kJ/mol}) \tag{6-41}$$

ε_{AA}、ε_{BB}、ε_{AB} 分别是 AA、BB、AB 原子对间的结合能；ε_{ii} 可从元素的升华焓 H_i^{sub} 计算：

$$H_i^{\text{sub}} = -\frac{1}{2} N_0 Z \varepsilon_{ii} \tag{6-42}$$

这里，N_0 为 Avogadro 常数；Z 为配位数。

若 $W(0) - W(C_b) > 0$，则晶界偏析使断裂功下降；反之，若 $W(0) - W(C_b) < 0$，则晶界偏析使断裂功升高。这两种情况的溶质 B 偏析分别脆化和韧化晶界。对于理想固溶体（$\omega=0$）的情况[53]，为了简化处理，近似地认为 $\alpha_A = \alpha_B$，则式（6-40）为

$$W(0) - W(C_b) = \frac{C_b Z_g}{Z} \left[\frac{\varepsilon_{BB}}{a_B^2} - \frac{\varepsilon_{AA}}{a_A^2} \right] \tag{6-43}$$

将式（6-42）代入式（6-43）得

$$W(0) - W(C_b) = \frac{Z_g C_b}{N_0 Z} \left[\frac{H_A^{\text{sub}}}{a_A^2} - \frac{H_B^{\text{sub}}}{a_B^2} \right] \tag{6-44}$$

令单位面积的升华焓为

$$H_i^{\text{sub}*} = \frac{H_i^{\text{sub}}}{N_0 a_i^2} \tag{6-45}$$

将此式代入式（6-44）中有

$$W(0) - W(C_b) = \frac{Z_g}{Z} C_b [H_A^{\text{sub}*} - H_B^{\text{sub}*}] \tag{6-46}$$

这种简化处理得出这样简单的结论：单位面积升华焓较基体金属 A 为低的杂质 B，是脆化杂质；反之，则为韧化杂质。

尽管 Seah 理论在预测晶界偏析与晶间脆性方面取得一定的成果，但其结果中（参见文献[54]中图 3）有很多元素与实验结果并不相符。例如，将对铁起韧化作用的稀土（RE）元素，对 Ni 起韧化作用的 RE、Be、Zr、Hf 等均错划为脆性杂质。造成错划的根本原因在于过分简化，特别是忽略了杂质（或叫合金元素）B 的特性。梁成广等[55]在综合分析了 Seah 所提出的"新理论"之后，提出了如下改进：

①杂质原子成键的数目不同，不是所有的都能形成 AB 键。设断裂两面之间

的 AB 键数为

$$N_{AB} = \alpha_{AB} Z_g \tag{6-47}$$

α_{AB} 为校正系数，因杂质特性而异，$\alpha_{AB} \leqslant 1$。

②设断裂两面之间 AA 和 BB 键数分别为 N_{AA} 和 N_{BB}，因原子的特性不同而分别有校正系数 α_{AA} 和 α_{BB}：

$$N_{AA} = \alpha_{AA} Z_g \tag{6-48}$$

$$N_{BB} = \alpha_{BB} Z_g \tag{6-49}$$

③ω 不能忽略不计。

(1) α_{ij}

首先，分析原子对数目 N_{AA}、N_{AB}、N_{BB} 和校正系数 α_{AA}、α_{AB} 和 α_{BB}。Hume-Rothery 将元素分为 3 类[56]：

第 I 类元素在长周期表中，从 IA 族锂族到 IB 族铜族，形成以金属键为主的晶体。金属键的结合是由于公有化电子与离子之间的静电引力。正是由于电子公有化这一特点，结合键便没有方向性。为了增加系统的稳定性，即降低系统的内能 U，都是选择密堆程度高、配位数高、对称性高的晶体结构。除锰和铀的某些同素异形体外，其余的金属为了满足上述要求，都选择面心立方(fcc)、密排六方(hcp)或体心立方(bcc)结构。bcc 晶体结构的 6 个次近邻原子间距(a_0)仅较最近邻 8 个原子间距($\frac{\sqrt{3}}{2} a_0 = 0.866 a_0$)大 13.4%；fcc 晶体的相应数值为 a_0 和 $0.707 a_0$，大 29.3%；当 hcp 的相应数值 $c_0/a_0 = 1.633$ 时，与 fcc 晶体一样，配位数的分配见表 6-1。

表 6-1　各种晶体结构配位数的分配

晶体结构	fcc	hcp	bcc
层内配位数(Z_1)	6	6	(4)*
与上层之间配位数(Z_V)	3	3	4+(1)
与下层之间配位数(Z_L)	3	3	4+(1)
总配位数	12	12	8+(6)

*()内的数字为次近邻的原子数

若 A 与 B 都是金属，可以忽略这种校正，即 $\alpha_{AA} = \alpha_{AB} = \alpha_{BB} = 1$。

第 II 类元素包括 IIB(锌)族、IIIB(镓)族和白锡，铅共 8 个元素，其晶体结构介于 I 类和 III 类之间，其中锌及镉的 c_0/a_0 分别为 1.856 和 1.886，远大于密排六方的 1.633，即可以认为 $Z=6$(即层内 6 个最近邻原子)；但它们又是金属元素。第

IIIB 族的镓为复杂正交结构，铟为面心四方结构（c_0/a_0=1.075），铊为 hcp 结构（c_0/a_0=1.598），作为简化处理，将 IIB 族和 IIIB 族元素均作为第 I 类元素。

第 III 类元素在长周期表中，从 IVB（碳）族到 VIIA（氟）族，形成共价键晶体，所形成的键数，即配位数遵循 8–N 规律，即

$$Z = 8 - N \tag{6-50}$$

式中，N 为族序，例如硫的 N 为 6，则 Z 为 2，即需要两个最近邻原子成键。当基体元素 A 为金属时，第 III 类元素的校正系数为

$$\alpha_{AB} = \alpha_{BB} = \frac{8 - N}{12} \tag{6-51}$$

对于间隙型元素，例如铁中的碳和氮，一般位于八面体间隙，这是由于该间隙的空间较大，所导致的应变能较小；在另一方面，这种间隙的最近邻有 6 个原子，结合键较多，这种配位数为 6 的情况，类似于第 II 类元素的 Zn、Cd、Hg、Ga 等，可忽略键数的校正，即 α_{ij}=1。氢原子很小，只需获得一个电子，便形成稳定的饱和键，类似于卤族元素，故 $\alpha_{ij} = \frac{1}{12} = 0.0833$。

（2）沿晶断裂功 W

为了计算方便，假定溶质原子 B 集中在一个原子面上（图 6-6（a））沿虚线的平面（晶界）断开，所破坏的键数如图 6-6（b）所示。

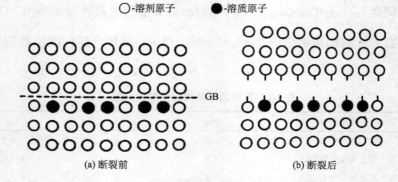

（a）断裂前　　　　　　　　　　　　（b）断裂后

图 6-6　沿晶断裂的能量分析示意图

对于纯金属 A，其断裂功为

$$W(0) = -\alpha_{AA} \left(\frac{Z_g}{a_A^2} \right) \varepsilon_{AA} \tag{6-52}$$

若晶界溶质浓度以原子分数计，设为 C_b，则

$$W(C_b) = -\frac{Z_g}{a_A^2}[(1-C_b)\alpha_{AA}\varepsilon_{AA} + C_b\alpha_{AB}\varepsilon_{AB}] \tag{6-53}$$

由式(6-52)和式(6-53)可得晶界偏析对沿晶断裂功影响的表达式如下：

$$W(0) - W(C_b) = -\frac{Z_g}{a_A^2}(C_b\alpha_{AA}\varepsilon_{AA} - C_b\alpha_{AB}\varepsilon_{AB}) \tag{6-54}$$

若基体元素 A 为 IA 至 IIIB 族元素，则 $\alpha_{AA}=1$，上式简化为

$$W(0) - W(C_b) = -\frac{Z_g}{a_A^2}(C_b\varepsilon_{AA} - C_b\alpha_{AB}\varepsilon_{AB}) = \frac{Z_g}{a_A^2}C_b(\alpha_{AB}\varepsilon_{AB} - \varepsilon_{AA}) \tag{6-55}$$

若杂质元素为 IA 至 IIIB 族元素，则 $\alpha_{AB}=1$，并将后面式(6-58)代入得

$$W(0) - W(C_b) = \frac{Z_g}{a_A^2}C_b(\varepsilon_{AB} - \varepsilon_{AA}) = \frac{Z_g}{a_A^2}C_b[\omega + \frac{1}{2}(\varepsilon_{BB} - \varepsilon_{AA})] \tag{6-56}$$

若杂质元素为 IVB 至 VIIB 族元素，则从式(6-51)得到

$$W(0) - W(C_b) = \frac{Z_g}{a_A^2}C_b\left(\frac{8-N}{12}\varepsilon_{AB} - \varepsilon_{AA}\right) \tag{6-57}$$

上列两式中的 ε_{AB}，可以按下式计算：

$$\varepsilon_{AB} = \omega + \frac{1}{2}(\varepsilon_{AA} + \varepsilon_{BB}) \tag{6-58}$$

而 ω 则由式(6-41)中组元的电负性差计算。

若杂质偏析在晶界，使沿晶断裂功 $W(C_b)$ 较纯金属的沿晶断裂功 $W(0)$ 小，则这种杂质为脆化杂质，此时，式(6-56)和式(6-67)等号右边[]数值为正；反之，若这个[]数值为负，则这种杂质为韧化杂质。

(3) ε_{ij}

对于金属，一般采用式(6-42)从升华焓 H_i^{sub} 计算每摩尔的结合键能：

$$D = N_0\varepsilon_{ii} = -\frac{2H_i^{sub}}{Z} \tag{6-59}$$

一般采用三维空间的总配位数作为 Z，即 fcc 和 bcc 的 Z 值分别为 12 和 8。Vijh[57]用这种方法计算出的 ε_{ii} 值太低，仅有 Pauling 值的 1/4 或 1/3(文献[58]，表 3-2)，这种系数因元素的族序而异。

从物理图像来看，升华从表面开始，逐层气化。而表面在原子尺度上是不平的，有平台(Terrace)、突壁(Ledge)、扭折(Kink)(这种表面结构的 TLK 模型可参见文献[57])、孤立原子、表面空位等缺陷，因此不能用三维的总配位数作为 Z。为了与 Pauling 的数据一致，Kaelble[58]提出用化学配位数 C 来代替 Z：从 IA 族到 VIA 族元素，$C=4$；从 VIIA 族到 VB 族元素，$C=3$。本书采用 Kaelble 所列关于

金属的 D 值。

对于非金属的 D 值，则采用 Pauling 关于化学键的数据[59]。

虽然梁成广等利用上述理论对铁基二元合金进行了较为成功的计算与预测，解决了 Seah 因过分简化处理而出现的若干错划问题，但是其工作仍存在下列不足：①计算时假定偏析原子位于晶界断裂面的同一侧，这与实际情况相差较大；②未考虑第三元素的影响。

2) 三元合金晶界偏析与沿晶断裂模型

由于实际应用的材料大部分为多元合金，而且常常发生两种或两种以上元素偏析在晶界上，但上述理论只考虑一种元素的偏析，且在预测时又没有考虑元素浓度的影响，因此在实际应用中必然有很大的局限性。

为了既计算简单，又与实际情况较相符合，作者以 Seah 的晶界偏析模型为基础，考虑(Mg 和 H)、(Cu 和 H)或(Mg 和 Cu)同时在晶界上偏析而形成的三元合金晶界偏析与沿晶断裂模型，如图 6-7 所示，以便研究多元合金晶界偏析对沿晶断裂功的影响。若偏析原子为间隙型元素，例如 H、C 等，则计算时在成键对数上加以修正。

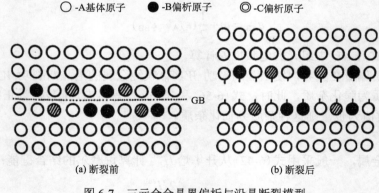

○ -A基体原子   ● -B偏析原子   ◎ -C偏析原子

(a) 断裂前   (b) 断裂后

图 6-7　三元合金晶界偏析与沿晶断裂模型

假定在 A-B-C 三元合金系统中，只考虑原子近邻作用，即晶界一侧对另一侧的原子对相互作用。设溶质原子 B 和 C 在晶界上的摩尔分数为 C_1 和 C_2，则 B 和 C 原子在晶界每一侧的概率分别为 $\frac{1}{2}C_1$ 和 $\frac{1}{2}C_2$，于是界面处一个原子所形成的各种原子对数将为

$$\text{A-A 对：} \left(1-\frac{1}{2}C_1-\frac{1}{2}C_2\right)^2 \alpha_{AA} Z_g \tag{6-60}$$

$$\text{A-B 对：} \frac{1}{2}C_1\left(1-\frac{1}{2}C_1-\frac{1}{2}C_2\right)\alpha_{AB} Z_g \tag{6-61}$$

$$\text{B-A 对：} \quad \frac{1}{2}C_1(1-\frac{1}{2}C_1-\frac{1}{2}C_2)\alpha_{\mathrm{BA}}Z_{\mathrm{g}} \tag{6-62}$$

$$\text{B-B 对：} \quad \frac{1}{4}C_1^2\alpha_{\mathrm{BB}}Z_{\mathrm{g}} \tag{6-63}$$

$$\text{A-C 对：} \quad \frac{1}{2}C_2(1-\frac{1}{2}C_1-\frac{1}{2}C_2)\alpha_{\mathrm{AC}}Z_{\mathrm{g}} \tag{6-64}$$

$$\text{C-A 对：} \quad \frac{1}{2}C_2(1-\frac{1}{2}C_1-\frac{1}{2}C_2)\alpha_{\mathrm{CA}}Z_{\mathrm{g}} \tag{6-65}$$

$$\text{C-C 对：} \quad \frac{1}{4}C_2^2\alpha_{\mathrm{CC}}Z_{\mathrm{g}} \tag{6-66}$$

$$\text{B-C 对：} \quad \frac{1}{4}C_1C_2\alpha_{\mathrm{BC}}Z_{\mathrm{g}} \tag{6-67}$$

$$\text{C-B 对：} \quad \frac{1}{4}C_1C_2\alpha_{\mathrm{CB}}Z_{\mathrm{g}} \tag{6-68}$$

其中，α_{AA}、α_{AB}、$\cdots$、α_{CB}、α_{CC} 是与原子特性有关的校正系数，$\alpha_{ij}=\alpha_{ji}$ 且 $\alpha_{ij}\leqslant 1$。

令 $\varepsilon_{\mathrm{AA}}$、$\varepsilon_{\mathrm{AB}}$、$\cdots$、$\varepsilon_{\mathrm{CB}}$、$\varepsilon_{\mathrm{CC}}$ 分别是 A-A、A-B、$\cdots$、B-C、C-C 原子对间的键合能，则合金晶界单位面积上的沿晶断裂功为

$$W(C_1,C_2)=-\frac{Z_{\mathrm{g}}}{a_{\mathrm{A}}^2}\{(1-\frac{1}{2}C_1-\frac{1}{2}C_2)^2\alpha_{\mathrm{AA}}\varepsilon_{\mathrm{AA}}+C_1(1-\frac{1}{2}C_1-\frac{1}{2}C_2)\alpha_{\mathrm{AB}}\varepsilon_{\mathrm{AB}}+$$
$$\frac{1}{4}C_1^2\alpha_{\mathrm{BB}}\varepsilon_{\mathrm{BB}}+C_2(1-\frac{1}{2}C_1-\frac{1}{2}C_2)\alpha_{\mathrm{AC}}\varepsilon_{\mathrm{AC}}+\frac{1}{2}C_1C_2\alpha_{\mathrm{BC}}\varepsilon_{\mathrm{BC}}+\frac{1}{4}C_2^2\alpha_{\mathrm{CC}}\varepsilon_{\mathrm{CC}}\} \tag{6-69}$$

如果是纯金属 A，同理可写出纯 A 单位面积的沿晶断裂功为

$$W(0,0)=-\frac{Z_{\mathrm{g}}}{a_{\mathrm{A}}^2}\alpha_{\mathrm{AA}}\varepsilon_{\mathrm{AA}} \tag{6-70}$$

由式(6-69)和(6-70)得

$$W(0,0)-W(C_1,C_2)=-\frac{Z_{\mathrm{g}}}{a_{\mathrm{A}}^2}\{(C_1+C_2-\frac{1}{2}C_1C_2-\frac{1}{4}C_1^2-\frac{1}{4}C_2^2)\alpha_{\mathrm{AA}}\varepsilon_{\mathrm{AA}}$$
$$-(C_1-\frac{1}{2}C_1C_2-\frac{1}{2}C_1^2)\alpha_{\mathrm{AB}}\varepsilon_{\mathrm{AB}}-\frac{1}{4}C_1^2\alpha_{\mathrm{BB}}\varepsilon_{\mathrm{BB}}-(C_2-\frac{1}{2}C_1C_2-\frac{1}{2}C_2^2)\alpha_{\mathrm{AC}}\varepsilon_{\mathrm{AC}} \tag{6-71}$$
$$-\frac{1}{2}C_1C_2\alpha_{\mathrm{BC}}\varepsilon_{\mathrm{BC}}-\frac{1}{4}C_2^2\alpha_{\mathrm{CC}}\varepsilon_{\mathrm{CC}}\}$$

将上式两边除以 $W(0,0)$ 便得到晶界偏析对沿晶断裂功下降百分数影响的表达如下：

$$\frac{1-W(C_1,C_2)}{W(0,0)} = \{(C_1 + C_2 - \frac{1}{2}C_1C_2 - \frac{1}{4}C_1^2 - \frac{1}{4}C_2^2) - (C_1 - \frac{1}{2}C_1C_2 - \frac{1}{2}C_1^2)\frac{\alpha_{AB}\varepsilon_{AB}}{\alpha_{AA}\varepsilon_{AA}}$$

$$-\frac{1}{4}C_1^2\frac{\alpha_{BB}\varepsilon_{BB}}{\alpha_{AA}\varepsilon_{AA}} - (C_2 - \frac{1}{2}C_1C_2 - \frac{1}{2}C_2^2)\frac{\alpha_{AC}\varepsilon_{AC}}{\alpha_{AA}\varepsilon_{AA}} - \frac{1}{2}C_1C_2\frac{\alpha_{BC}\varepsilon_{BC}}{\alpha_{AA}\varepsilon_{AA}} - \frac{1}{4}\frac{\alpha_{CC}\varepsilon_{CC}}{\alpha_{AA}\varepsilon_{AA}}\}$$

$$(6-72)$$

利用式(6-41)、式(6-59)和式(6-72)，便可以研究高强铝合金 Mg、Cu、H 晶界偏析对沿晶断裂功的影响变化规律。

3. 计算结果与讨论

1) Mg 偏析对晶界结合能及结合力的影响

首先我们采用自由电子理论研究 Mg 偏析对高强铝合金晶界结合能及结合力的影响。纯 Mg 的晶格常数 L_{Mg}=4.48Å[49]；a_{Al}=2.55Å，a_{Mg}=2.87Å[51]。改变晶界 Mg 偏析浓度，利用式(6-30)～式(6-33)及式(6-37)～式(6-39)进行计算，结果如表 6-2 所示。

表 6-2　晶界原子的结合能及结合力

晶界 Mg 偏析浓度/%（原子分数）	E_f/eV	$\|E_{coh}\|$/eV	$(1-F/F_0)$/%
11.2	0.731	2.521	3.3
7.2	0.734	2.531	2.1
6.1	0.736	2.538	1.8
3.2	0.738	2.545	1.0

计算结果表明，随着晶界上 Mg 偏析浓度的增加，晶界上每个原子的平均结合能随之减小，结合力也随之下降，即 Mg 偏析脆化了晶界。之所以出现这样的规律，是由于带有两个价电子的 Mg 原子在晶界上取代了具有三个价电子的 Al 原子后，改变了晶界局部电子密度状态，相对于无 Mg 偏析的晶界，Mg 的偏析导致晶界处 Al 原子间的电子密度减小。根据量子力学理论，电子密度及其分布状态是影响金属晶体原子间结合力的基本因素之一，电子密度越小，则原子间的结合力越弱。

之前的研究结果表明[60-62]，高强铝合金的 SCC 敏感性随着晶界 Mg 偏析浓度的增加而增大，这表明理论计算结果与实验结果相符。因为随着 Mg 偏析浓度的增加，晶界原子结合能减小及结合力下降，导致晶界脆化，从而使晶界的断裂应力也下降，因此合金的 SCC 敏感性随之升高。

2) Mg、H 偏析对沿晶断裂功的影响

下面我们采用准化学理论研究 Mg、H 偏析对高强铝合金沿晶断裂功的影响。

对于 Mg、H 在高强铝合金晶界上偏析，令 Al 原子为 A，Mg 原子为 B，H 原子为 C，则有关数据如下[63]：

$$\alpha_{AA}=\alpha_{AB}=\alpha_{BB}=1,\quad \alpha_{AC}=\alpha_{BC}=\alpha_{CC}=\frac{1}{12}$$

$$H_A^{sub}=328.93kJ/mol;\quad H_B^{sub}=148.81kJ/mol$$

$$N_0\varepsilon_{CC}=-435.61kJ/mol,\quad \chi_A=1.5,\quad \chi_B=1.2,\quad \chi_C=2.1$$

将这些数据代入式(6-41)、式(6-59)和式(6-72)进行计算，结果如表 6-3 及图 6-8 所示。

表 6-3　Mg、H 偏析与沿晶断裂功

Mg 偏析浓度 /%（原子分数）	H 偏析浓度 /%（原子分数）	$1-W(C_1,C_2)/W(0,0)$ /%
0	1	0.8578
0	2	1.7112
0	3	2.5602
0	4	3.4048
0	5	4.2450
1	0	0.2902
2	0	0.5808
3	0	0.8718
4	0	1.1632
5	0	1.4550
1	1	1.1466 (1.1450) *
2	2	2.2864 (2.2920) *
3	3	3.4194 (3.4320) *
4	4	4.5456 (4.5680) *
5	5	5.6650 (5.7000) *

*（）内数值为$[1-W(C_1,0)/W(0,0)]+[1-W(0,C_2)/W(0,0)]$

计算结果表明，随着晶界 Mg、H 偏析浓度的增加，沿晶断裂功下降百分数随之增大，即沿晶断裂功随之下降，且在相同偏析浓度的情况下，H 比 Mg 脆化晶界强烈，大约为 Mg 的 3 倍。同时，由表 6-3 还可看出：

$$1-W(C_1,C_2)/W(0,0)<\{[1-W(C_1,0)/W(0,0)]+[1-W(0,C_2)/W(0,0)]\} \tag{6-73}$$

这一结果表明 Mg、H 同时偏析导致的沿晶断裂功下降量略小于 Mg、H 分别偏析时而导致的沿晶断裂功下降量的叠加。由此充分说明 Mg 原子与 H 原子之间的相互作用较 Al 原子与 H 原子之间的相互作用强，即 Mg 与 H 有可能形成复合体，这与第 5 章的实验结果相一致。然而，Mg-H 复合体并未进一步脆化晶界，其原因在于 Mg 与 H 之间较强的相互作用降低了 H 脆化 Al 晶界的作用。至于 Mg-H 复合体究竟以何种方式存在，至今仍不十分清楚，尚有待进一步的研究。

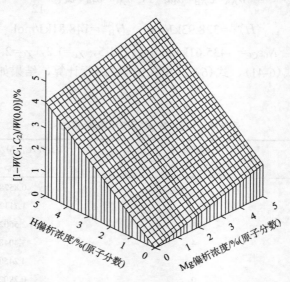

图 6-8　Mg、H 偏析对沿晶断裂功的影响

3) Cu、H 偏析对沿晶断裂功的影响

同理，令 A 原子为 A1、B 原子为 Cu、C 原子为 H，则有关数据如下[63]：

$$\alpha_{AA}=\alpha_{AB}=\alpha_{BB}=1, \quad \alpha_{AC}=\alpha_{BC}=\alpha_{CC}=\frac{1}{12}$$

$$H_A^{sub}=328.93kJ/mol; \quad H_B^{sub}=329.25kJ/mol$$

$$N_0\varepsilon_{CC}=-435.61kJ/mol, \quad \chi_A=1.5, \quad \chi_B=1.9, \quad \chi_C=2.1$$

将这些数据代入式(6-41)、式(6-59)和式(6-72)进行计算，结果如图 6-9 所示。

由此可见，H 仍脆化晶界，而 Cu 则韧化晶界，与 Seah 预测的结果相一致。比较图 6-8 与图 6-9 不难发现，Cu 偏析对沿晶断裂功的影响较 H、Mg 小得多。

根据上述理论和计算，很容易解释 Mg 晶界偏析在高强铝合金氢致断裂过程中的作用。一方面，Mg 偏析引起晶界结合力及沿晶断裂功下降，导致晶界脆化；另一方面，由于 Mg-H 之间较强的相互作用而促进 H 的吸收，加速其扩散并提高了氢在晶界上的固溶度，从而大大增强了晶界的脆化程度，因此加速了裂纹的形成与扩展。

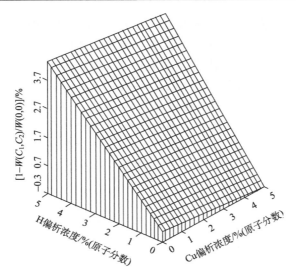

图 6-9　Cu、H 偏析对沿晶断裂功的影响

　　Mg 与 H 的电负性差值比 Al 与 H 的电负性差值大，因此 Mg 原子与 H 原子的亲和力较大，因而晶界上 Mg 偏析越多，H 富集也越多。而 H 原子在晶界富集后，因其电负性比 Al 原子的大，它将吸引 Al 的电子到其周围。正是由于这种电荷转移，使得参与金属–金属键合的电子密度下降。由此可见，高强铝合金氢致断裂的物理本质就是晶界偏析导致晶界处电子密度下降，从而使沿晶断裂功也随之下降，因而晶界发生了脆化。

6.4　阳极溶解和氢脆的共同作用

　　第 4 章通过实验的方式确定了开路以及不同极化条件下 7050 铝合金的应力腐蚀敏感性 I_{SCC}。开路条件下应力腐蚀敏感性大于氢脆敏感性，即 $I_{SCC}>I_H$，也就是说开路条件下既存在阳极溶解，也存在氢脆，是二者共同起作用。另外我们还在断口的显微照片中看到点蚀坑，说明试样在应力腐蚀时首先通过局部阳极溶解形成点蚀。一般均认为恒载荷下应力腐蚀时裂纹形核（局部溶解）寿命远比裂纹扩展寿命要高[64]。因此这也证明铝合金在水介质中开路应力腐蚀时阳极溶解和氢同时起作用，它们的相对重要性和材料组织结构、溶液成分、外加电位和应变速率有关。如第 4 章所述，其他条件都相同的情况下欠时效的 7050 铝合金的氢脆敏感性占比更大，因为欠时效状态下，作为氢陷阱的弥散相主要为尺寸小而弥散度很大的共格 GP 区，其更容易促进位错的运动，另外我们也曾利用 IMMA 测量了 7050 腐蚀疲劳断口上的氢分布，如图 6-10 所示[6]。图上 a、b 是断口上的裂纹扩展区，c 对应裂纹尖端，d 是过载拉断断口位置。图 6-10 表明，尽管已卸载，但在腐蚀疲劳裂尖处仍存在氢富集，而且欠时效的氢浓度远高于峰时效和过时效。另一方面，阳极极化条件下阳极溶解引起的应力腐蚀敏感性 I_{AD} 与氢引起的应力腐蚀敏感性的比值 I_{SCC}/I_H 明显大于开路条件下的 I_{SCC}/I_H，这说明阳极极化条件下阳极溶解占主导作用。反之，阴极极化条件下，I_{SCC}/I_H 明显小于开路条件下的 I_{SCC}/I_H，也就是说氢脆占主导作用，阴极是析氢反应，而且氢原子能进入试样，这一点我们在之前的实验中已经证实。另外，即使对阳极溶解型应力腐蚀，氢也能促进阳极溶解从而促进应力腐蚀，从这个意义上来说，即使氢不起控制作用，也会促进应力腐蚀。

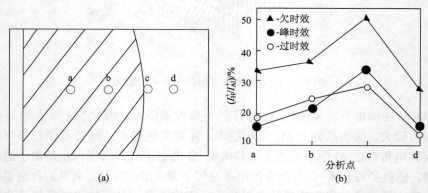

图 6-10　7050 腐蚀疲劳断口(a)及不同时效状态 a、b、c、d 各点的氢分布(b)

应变速率对应力腐蚀中阳极溶解和氢脆各自占比也有影响。按照氢与位错交互理论，假设氢主要靠在塑性变形中产生的运动位错来传输，那么在合金中携带氢的运动位错其运动速度可以由 Einstein-Stokes 公式来估计：

$$\bar{V} = M \cdot F \tag{6-74}$$

式中，M 为氢原子的活动能力，一般

$$M = D/kT \tag{6-75}$$

式中，D 为扩散系数；k 为玻尔兹曼常数；T 为绝对温度；F 为位错携带氢原子运动的驱动力。

只有位错的运动速度低于某一临界速度时，氢才能跟上位错的速度，并一起运动，而位错运动速度大于这一临界速度，氢就会与位错脱离。假设临界速度为 $\bar{V}_c$，与这一临界速度相对应的位错对氢原子的临界驱动力为 F_c，塑性变形的临界应变速度为 $\dot{\varepsilon}_c$，则有

$$\bar{V}_c = \frac{D}{kT} \cdot F_c \tag{6-76}$$

F_c 这个临界值与位错从氢 Cottrell 气团中脱离的最小值相一致，由位错理论可以估计：

$$F_c = \frac{E}{30b} \tag{6-77}$$

式中，E 为位错与氢的交互作用能，$E=0.3\text{eV}$；b 为位错的伯格斯矢量。

将式（6-77）代入式（6-76），得

$$\overline{V}_c = \frac{D}{kT} \cdot \frac{E}{30b} \tag{6-78}$$

又知

$$\dot{\varepsilon}_c = \rho_m b V \tag{6-79}$$

可得

$$\overline{V}_c = \frac{\dot{\varepsilon}_c}{\rho_m b} \tag{6-80}$$

比较式（6-78）和式（6-80），可知：

$$\dot{\varepsilon}_c = \rho_m \frac{DE}{30\kappa T} \tag{6-81}$$

设时效状态铝合金中的位错密度 $\rho_m = 10^8 \text{cm}^{-2}$，$T=298\text{K}$，$D = 10^{-12}\,\text{cm}^2/\text{s}$，$E=0.3\text{eV}$，$\kappa = 1.38 \times 10^{-23}\,\text{J/k} \cdot \text{atom}$，代入式（6-81），可得 $\dot{\varepsilon}_c \doteq 10^{-5}\text{s}^{-1}$。

由以上计算说明，只有当应变速率小于等于 10^{-5}s^{-1} 时，位错携带氢一起运动的概率才能大幅提升。因此当应变速率小于等于 10^{-5}s^{-1} 时，氢脆才有可能占主导地位。

即使是氢致开裂型应力腐蚀，阳极溶解也起一定作用。对光滑试样，通过局部溶解产生点蚀是裂纹形核的关键一步。此外，阳极溶解过程中的电化学反应会促进氢的产生，从这一点来说它们二者是互生的。

参 考 文 献

[1] 祁星，宋仁国，王超，等. 阴极极化对 7050 铝合金应力腐蚀行为的影响. 中国有色金属学报，2014, 24(3): 631-636.

[2] Li H L, Gao K W, Qiao L J, et al. Strength effect in stress corrosion cracking of high-strength steel in aqueous solution. Corrosion, 2001, 57(2): 295-314.

[3] 吕宏，郭献忠，高克玮，等. α-Ti 在甲醇中应力腐蚀及膜致应力的研究. 自然科学进展，2000, 10(8): 729-733.

[4] 褚武扬. 氢损伤与滞后断裂. 北京: 冶金工业出版社，1988.

[5] Qi W J, Qi X, Sun B, et al. Study on electrochemical corrosion of 7050 aluminum alloy. Materials Performance, 2017, 56(11): 58-61.

[6] Song R G, Tseng M K, Zhang B J, et al. Grain boundary segregation and hydrogen-induced fracture in 7050 aluminium alloy. Acta Materialia, 1996, 44(8): 3241-3248.

[7] Tanner D A, Robinson J S. Residual stress magnitudes and related properties in quenched aluminum alloys. Materials Science and Technology, 2006, 22(1): 77-85.

[8] Sankaran Krishnan K, Perez R, et al. Pitting corrosion and fatigue behavior of aluminum alloy 7075-T6. Advanced Materials and Processes, 2000, 158(2): 53-54.

[9] Diezel W, Pfuff M, Juilfs G G. Studies of SCC and hydrogen embrittlement of high strength alloys using fracture mechanics methods. Materials Science Forum, 2005, 48(3): 11-16.

[10] 金骥戎, 宋仁国, 祁星, 等. 阴极极化对 7050 铝合金 C-环应力腐蚀敏感性的影响. 腐蚀科学与防护技术, 2015, 27(3): 249-253.

[11] Song R G, Geng P, Tseng M K, et al. Aging characteristics, stress corrosion behavior and role of Mg segregation in 7175 high-strength aluminum alloy. Journal of Materials Science and Technology, 1998, 14: 259-264.

[12] Hardie D, Holroyd N J H, Parkins R N. Reduced ductility of a high strength aluminum alloy during and after exposure to water. Metal Science, 1979, 13(11): 604-610.

[13] Badawy W A, Al-Kharafi F M, El-Azab A S. Electrochemical behavior and corrosion inhibition of Al, Al-6061 and Al-Cu in neutral aqueous solutions. Corrosion Science, 1999, 41(4): 709-729.

[14] Song R G, Dietzel W, Zhang B J, et al. Stress corrosion cracking and hydrogen embrittlement of an Al-Zn-Mg-Cu alloy. Acta Materialia, 2004, 52(16): 4727-4743.

[15] 张晓燕, 宋仁国, 孙斌, 等. 时效和 pH 值对 7003 铝合金在 3.5%NaCl 溶液中预浸泡脆化的影响. 材料保护, 2016, 49(9): 82-86.

[16] Qi X, Song R G, Qi W J, et al. Effects of polarisation on mechanical properties and stress corrosion cracking susceptibility of 7050 aluminum alloy. Corrosion Engineering, Science and Technology, 2014, 49: 643-650.

[17] Tsai T C, Chuang T H. Role of grain size in the stress corrosion cracking of 7475 aluminum alloy. Material Science Engineering A, 1997, 225(4): 135-144.

[18] Klimowicz T F, Latanision R M. On the embrittlement of aluminum alloys by cathodic hydrogen: the role of surface films. Metallurgical Transactions A, 1978, 9(4): 597-599.

[19] Wang Z X, Li H, Miao F F, et al. Improving the intergranular corrosion resistance of Al-Mg-Si-Cu alloys without strength loss by a two-step aging treatment. Materials Science and Engineering A, 2014, 590: 267-273.

[20] Keles H, Emir D M, Keles M. A comparative study of the corrosion inhibition of low carbon steel in HCL solution by an imine compound and its cobalt complex. Corrosion Science, 2015, 101: 19-31.

[21] Takano N. Hydrogen diffusion and embrittlement in 7050 aluminum alloy. Material Science and Engineering A, 2008, 483-484: 336-339.

[22] Najjar D, Magnin T, Warner T J. Influence of critical surface defects and localized competition between anodic dissolution and hydrogen effects during stress corrosion cracking of a 7050 aluminum alloy. Material Science Engineering A, 1997, 238(2): 293-302.

[23] 祁星, 宋仁国, 祁文娟, 等. pH 值对 7050 铝合金膜致应力和应力腐蚀敏感性的影响. 材料工程, 2016, 44(5): 86-92.

[24] 刘继华, 李获, 朱国伟, 等. 7075 铝合金应力腐蚀敏感性的 SSRT 和电化学测试研究. 腐蚀与防腐, 2005, 26(1): 6-9.

[25] Woodtli J, Kieselbach R. Damage due to hydrogen embrittlement and stress corrosion cracking. Engineering Failure Analysis, 2000, 7: 427-450.

[26] 孙斌, 宋仁国, 李海, 等. 阴极极化对不同时效状态 7003 铝合金应力腐蚀行为的影响. 材料热处理学报, 2015, 36(10): 59-65.

[27] 孙斌, 宋仁国, 李海, 等. 7003 铝合金应力腐蚀裂纹扩展的电化学阻抗谱分析. 中国有色金属学报, 2016, 26(9): 1832-1842.

[28] 李海, 毛庆忠, 王芝秀, 等. 高温预时效+低温再时效对 Al-Mg-Si-Cu 合金力学性能及晶间腐蚀敏感性的影响. 金属学报, 2014, 50(11): 1357-1366.

[29] Pressouyre G M, Bernstein I M. An electrical analog model of hydrogen trapping in iron alloys. Corrosion Science, 1978, 18(9): 819-833.

[30] 褚武扬, 肖继美, 李世琼. 钢中氢致裂纹机构研究. 金属学报, 1981, 17 (1): 10-17.

[31] 张宇. 7075 铝合金的氢脆特性及其机理研究. 杭州: 浙江工业大学, 2010.

[32] 陈小明, 宋仁国, 李杰, 等. 固溶时间 7003 铝合金组织与性能的影响. 金属热处理, 2009, 34(2): 47-50.

[33] 宋仁国, 曾梅光, 张宝金. 7050 铝合金晶界偏析与应力腐蚀、腐蚀疲劳行为的研究. 中国腐蚀与防护学报, 1996, 16(1): 1-8.

[34] 宋仁国. 高强铝合金热处理工艺优化与氢致断裂机理研究. 沈阳: 东北大学, 1995.

[35] Knano M, Araki I, Cui Q. Precipitation behavior of 7000 alloys during retrogression and reaging treatment. Material Science and Technology, 1994, 10(7): 599-602.

[36] Song R G, Zhang B J, Tseng M K. Role of grain boundary segregation in corrosion fatigue process of high strength aluminum alloy. Materials Chemistry and Physics, 1996, 45(1): 84-87.

[37] 宋仁国, 耿平, 张宝金, 等. 7175 铝合金晶界偏析与阴极渗氢过程中的 Mg-H 相互作用. 航空材料学报, 1997, 17(4): 37-43.

[38] Qi W J, Song R G, Qi X, et al. Hydrogen embrittlement susceptibility and hydrogen-induced additive stress of 7050 aluminum alloy under various aging states. Journal of Materials Engineering and Performance, 2015, 24: 3343-3355.

[39] Viswanadham R K, Sun T S, Green J A S. Grain boundary segregation in Al-Zn-Mg-Cu implications to stress corrosion cracking. Metallurgical Transactions. 1980, 11(A): 151-154.

[40] 曾梅光, 刘新. LC9 合金晶界的微观结构影响应力腐蚀开裂的机理. 东北工学院学报, 1989, 10(1): 8-12.

[41] 郑磊, 徐庭栋, 邓群, 等. 高温合金 GH4169(Inconel 718)中磷晶界偏聚特性的研究. 金属学报, 2007, 43(8): 893-896.

[42] 宋仁国, 张宝金, 曾梅光. 7175 铝合金的应力腐蚀与晶界 Mg 偏析的作用. 金属学报, 1997, 33(6): 595-601.

[43] Scamans G M, Holroyd N J, Tuck C D. The role of magnesium segregation in the intergranular stress corrosion cracking of aluminium alloys. Corrosion Science, 1987, (27)4: 329-347.

[44] 林栋梁, 陈达. Ni3Al 晶界结构的计算机模拟. 金属学报, 1990, 26(3): 10-17.

[45] Song R G, Chen L, Lu H. Effects of nanoparticles on the corrosion resistance of fluoropolymer coatings on mild steel. Surface Engineering, 2017, 33(6): 451-459.

[46] Fumi F G, Tosi M P. Ionic sizes and born repulsive parameters in the nacl-type alkali halides—I: the Huggins-Mayer and pauling forms. Journal of Physics and Chemistry of Solids, 1964, 25(1): 31-43.

[47] 谢希德, 方俊鑫. 固体物理. 北京: 北京科学出版社, 1962.

[48] 方俊鑫, 陆栋. 固体物理学. 上海: 上海科学技术出版社, 1980.

[49] 黄昆, 韩汝琦. 固体物理学. 北京: 高等教育出版社, 1988.

[50] Doyama M, Koehler J S. The relation between the formation energy of a vacancy and the nearest neighbor interactions in pure metals and liquid metals. Acta Metallurgica, 1976, 24(9): 871-879.

[51] Seah M P. Adsorption-induced interface decohesion. Acta Metallurgica, 1980, 28(7): 955-962.

[52] Qi X, Jin J R, Dai C L, et al. A study on the susceptibility to SCC of 7050 aluminum alloy by DCB specimens. Materials, 2016, 9(11): 884-894.

[53] 宋仁国, 曾梅光. 高强铝合金晶界偏析与晶间脆性研究. 中国有色金属报, 1995, 4(增刊): 157-160.

[54] Hondros E D, Seah M P, Hofmann S, et al. Chapter 13: Interfacial and surface microchemistry// Cahn R W, Haasen P. Physical Metallurgy. 4th edt. Amsterdam: Elsevier, 1996, 2: 1201-1289.

[55] 梁成广, 张瑗, 佘冬苓, 等. 利用界面偏析控制沿晶断裂- II 晶界偏析与晶间脆性的预测. 中国科学(A 辑), 1993, 23(2): 211-218.

[56] Song R G, Tseng M K. Grain boundary segregation and intergranular brittleness in high strength aluminum alloys. Transaction of Nonferrous Metals Society of China, 1995, 5(3): 97-100.

[57] Vijh A K. Some new horizons in electrochemical surface science and technology. Surface Technology, 1984, 21(3): 309-312.

[58] Kaelble D H. Computer-aided design of polymers and composites. Computer-Aided Design, 1985, 17(6): 287-298.

[59] Song R G, Zhang B J, Tseng M K, et al. Investigation of hydrogen induced ductile-brittle transition in 7175 aluminum alloy. Acta MetallurgicaSinica (English Letters), 1996, 9(4): 287-290.

[60] 熊京远. 7003 铝合金"双级双峰"时效工艺及氢敏感性研究. 杭州: 浙江工业大学, 2010.

[61] 任建平. 7000 系铝合金热处理工艺、组织和性能研究. 杭州: 浙江工业大学, 2010.

[62] Zhang X Y, Song R G, Sun B, et al. Effects of applied potentionals on stress corrosion cracking behavior of 7003 aluminum alloy in acid and alkaline chloride solutions. International Journal of Minerals, Metallurgy and Materials, 2016, 23(7): 819-826.

[63] 张克从. 近代晶体学基础. 北京: 科学出版社, 1987.

[64] 祁星. 极化和 pH 值对 7050 高强铝合金应力腐蚀开裂行为及膜致应力的影响. 常州: 常州大学, 2014.